全国二级造价工程师职业资格考试（广东省）辅导用书

《建设工程计量与计价实务（土木建筑工程）》

通关必刷习题集

王　飞　何继坤　霍海娥　曹　丹　主编

黄　莉　主审

《JIANSHE GONGCHENG JILIANG YU JIJIA SHIWU (TUMU JIANZHU GONGCHENG)》

TONGGUAN BISHUA XITIJI

中国计划出版社

北　京

图书在版编目（CIP）数据

《建设工程计量与计价实务（土木建筑工程）》通关必刷习题集 / 王飞等主编. -- 北京 : 中国计划出版社, 2022.8
全国二级造价工程师职业资格考试（广东省）辅导用书
ISBN 978-7-5182-1481-5

Ⅰ. ①建… Ⅱ. ①王… Ⅲ. ①土木工程－建筑造价管理－资格考试－习题集 Ⅳ. ①TU723.3-44

中国版本图书馆CIP数据核字(2022)第142513号

责任编辑：刘 涛 李晴文　　封面设计：思梵星尚
责任校对：杨奇志　　责任印制：李 晨 王亚军

中国计划出版社出版发行
网址：www.jhpress.com
地址：北京市西城区木樨地北里甲11号国宏大厦C座3层
邮政编码：100038 电话：（010）63906433（发行部）
北京市科星印刷有限责任公司印刷

787mm×1092mm 1/16 15.25印张 379千字
2022年8月第1版 2022年8月第1次印刷

定价：75.00元

前　言

2017年，人力资源社会保障部发布了《关于公布国家职业资格目录的通知》（人社部发〔2017〕68号），随后住房城乡建设部、交通运输部、水利部、人力资源社会保障部发布了《关于印发〈造价工程师职业资格制度规定〉和〈造价工程师职业资格考试实施办法〉的通知》（建人〔2018〕67号），对我国造价工程师考试制度做出了重大调整，将原造价工程师职业资格考试分为一级造价工程师职业资格考试和二级造价工程师职业资格考试。一级造价工程师职业资格考试全国统一大纲、统一命题、统一组织（纸考），二级造价工程师职业资格考试全国统一大纲，各省、自治区、直辖市自主命题并组织实施（纸考、机考）。

2019年，住房城乡建设部、交通运输部、水利部联合发布了经人力资源社会保障部审定的《全国二级造价工程师职业资格考试大纲》，标志着二级造价工程师职业资格考试正式拉开帷幕。2021年，国务院印发了《关于深化"证照分离"改革 进一步激发市场主体发展活力的通知》（国发〔2021〕7号），进一步强化了市场对造价工程师的职业资格要求。

广东省于2019年开始组织二级造价工程师职业资格考试，于2020年11月进行了首次无纸化考试，并取得了良好的效果。鉴于广大考生平时工作任务繁重，备考时间紧，很难在短期内熟悉考试大纲的要求和掌握考试培训教材内容的现状，我们特聘请了长期从事造价师职业资格考试培训的专家，在剖析考试大纲、准确把握命题规律、全面预测考题动向的基础上，严格按照广东省二级造价工程师职业资格考试指定教材用书、《建设工程工程量清单计价规范》GB 50500—2013、《房屋建筑与装饰工程工程量计算规范》GB 50854—2013、《广东省房屋建筑与装饰工程综合定额（2018）》、《关于实施〈房屋建筑与装饰工程工程量计算规范〉（GB 50854—2013）等的若干意见》（粤建造发〔2013〕4号）编写了本丛书，旨在帮助考生尽快掌握二级造价工程师考试大纲、最新培训教材及最新考试命题动态，在较短的时间内顺利通过考试，早日拿到职业资格证书持证上岗。

建议考生按照以下顺序和方法进行复习以便顺利通过考试：

（1）全面掌握"本章知识导图"，准确领会本章考试重点，对本章的主要内容及其逻辑关系有充分了解，勾勒出本章清晰轮廓，明确各知识点在整个章节体系中的地位和作用，形成脉络分明的复习主线。

（2）根据每章节的复习主线，认真通过章节练习题进行自测，结合专家解析达到查缺补漏、巩固考点的效果。

（3）通过3套模拟测试卷，考生可深刻把握本科目的重要考点。同时，结合每道题的详细解析，考生能够掌握正确的解题思路和规范的解题步骤。此外，考生还可积累考试经验和掌握应试技巧，达到临场练兵、融会贯通，最终顺利通过考试。

本书紧扣《全国二级造价工程师职业资格考试大纲》和广东省二级造价工程师职业资格考试指定教材，并结合《广东省房屋建筑与装饰工程综合定额（2018）》，紧贴机考，全面覆盖所有知识点，总结归纳考点，突出重点和难点。题型按照《全国二级造价工程师职业资格考试大纲》及广东省二级造价工程师职业资格考试相关要求，力求丰富，难易程度适中，编排按照教材每节知识点的先后顺序排列，便于考生与教材配合同步学习，为考生提供大量练习、对比、掌握和提高的机会。希望本书能帮助考生提高复习效率，快速掌握本科目考试重点，最终顺利通过考试，为从事建设工程造价管理工作打下坚实的基础，从而为我国建设工程造价管理事业做出贡献。

本套丛书是专门针对广东省二级造价工程师职业资格考试的辅导用书，也可作为建设、设计、施工和工程咨询等单位从事工程造价的专业人员用书和高等院校工程造价专业的教学参考用书。

由于时间仓促，书中难免存在疏漏之处，希望广大考生和读者批评指正。如有意见或建议，请发至电子邮箱：3262069255@qq.com，以便再版时修正。

2022 年 6 月

兑换增值服务说明

为了提供更优质、更高效的知识服务，我社为购买正版造价工程师考试用书的读者提供网上视频增值服务，由名师对考试用书的重点、难点内容进行详细讲解，帮助读者掌握理解，提高应试水平。网上增值服务使用方法如下：

1. 计算机用户

访问 weike.jhpress.com → 注册用户并登录 → 进入个人中心点击“兑换增值服务” → 输入封面二维码涂层下的 20 位数字，验证兑换 → 在个人中心“我的增值服务包”享受增值服务

2. 移动端用户

扫描上面微课程二维码 → 关注“计划社微课程”服务号 → 点击菜单“我的服务”—“兑换增值服务” → 扫描或输入封面二维码涂层下的 20 位数字，验证兑换 → 在个人中心“我的增值服务包”享受增值服务

注：增值服务从兑换之日起 12 个月内有效，提供形式为在线观看。如果输入卡号或扫码后无法通过验证，请及时与我社联系。

客服电话：400 670 6390（工作日 9：00—17：00）

网上增值服务如有不完善之处，敬请广大读者提出宝贵意见和建议！

目　录

第一篇　土木建筑工程专业基础知识

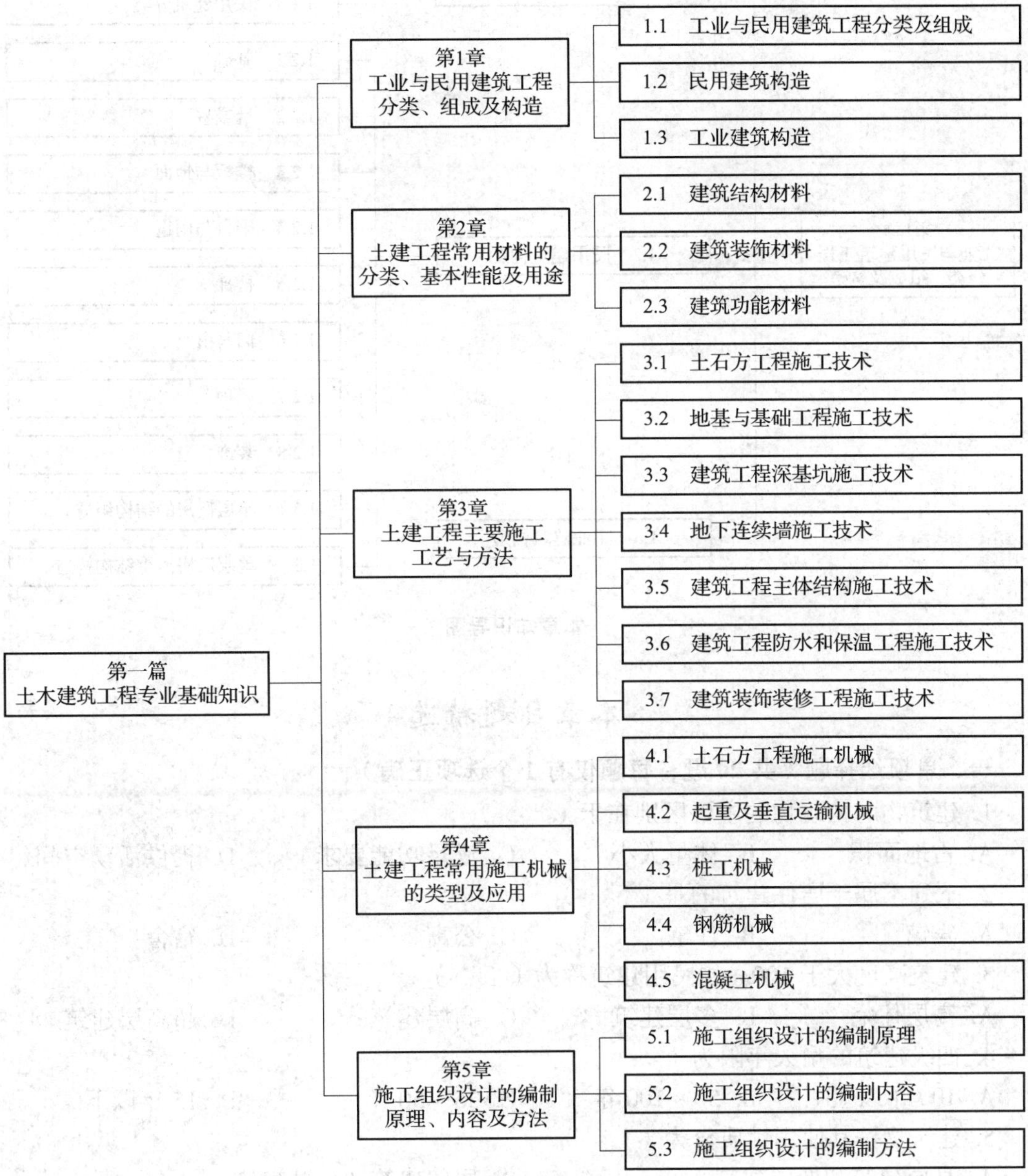

本篇知识导图

第 1 章　工业与民用建筑工程分类、组成及构造

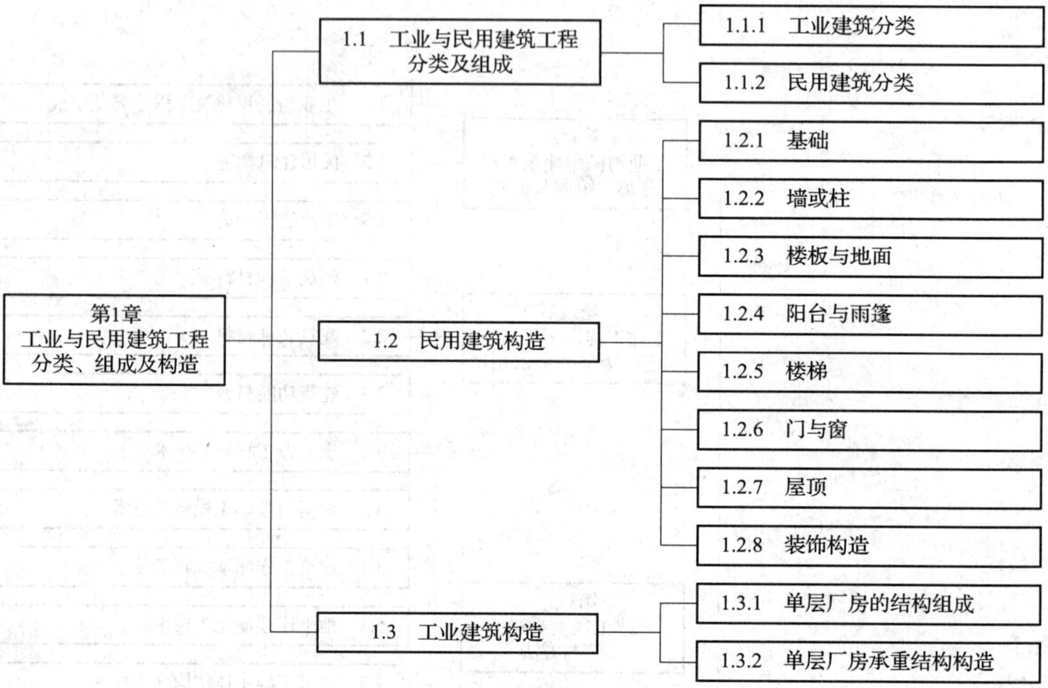

本章知识导图

本章习题精选

一、单项选择题（共 20 题，每题仅有 1 个选项正确）

1. 建筑物与构筑物的主要区别在于（　　）。

A. 占地面积　B. 体量大小　C. 满足功能要求　D. 提供活动空间

2. 下列不属于居住建筑的是（　　）。

A. 宾馆　B. 住宅　C. 公寓　D. 宿舍

3. 建筑高度大于 100m 的民用建筑称为（　　）。

A. 高层住宅　B. 多层建筑　C. 高层建筑　D. 超高层建筑

4. 四级建筑的耐久年限为（　　）。

A. 100 年以上　B. 50 ~ 100 年　C. 25 ~ 50 年　D. 15 年以下

5. 建筑物按其使用性质分为（　　）。

A. 高层建筑和低层建筑　B. 居住建筑和公共建筑

C. 一级建筑和二级建筑　D. 民用建筑和工业建筑

6. 基础顶面应低于设计地面（　　）mm 以上，以避免基础外露，遭受外界的破坏。

A. 50　B. 60　C. 100　D. 80

7. 当地下室地坪位于最高设计地下水位以下时，地下室四周墙体及底板均受水压影响，应具备（　）功能。

A. 防潮　B. 防火　C. 防水　D. 抗震

8. 采用箱形基础较多的建筑是（　）。

A. 单层建筑　B. 多层建筑　C. 高层建筑　D. 超高层建筑

9. 宽度超过（　）mm 的洞口上部，应设置过梁。

A. 300　B. 500　C. 200　D. 100

10. 地下室需做防潮处理的基本条件是，地下室地坪位于（　）。

A. 最高设计地下水位以下　B. 常年地下水位以下

C. 常年地下水位以上　D. 最高设计地下水位以上

11. 预应力钢筋混凝土 T 形吊车梁适用于（　）t 的厂房。

A. 10 ~ 50　B. 10 ~ 30　C. 30 ~ 50　D. 10 ~ 50

12. 装配式结构可分为很多种类，其中（　）是国家重点发展的方向。

A. 装配式混凝土结构　B. 装配式钢结构

C. 装配式木结构　D. 装配式混合结构

13. 剪力墙体系的适用高度为（　）m 以内。

A. 150　B. 180　C. 190　D. 200

14. 下列墙体不属于按构造方式进行分类的是（　）。

A. 实体墙　B. 空体墙　C. 组合墙　D. 空心墙

15. 建筑工程中，变形缝不包括（　）。

A. 伸缩缝　B. 沉降缝　C. 防震缝　D. 防水缝

16. 悬挑板只有一边支承，其主要受力钢筋放在板的（　）。

A. 中部　B. 上方　C. 下方　D. 不受限制

17. 决定房间中门的最小宽度的因素不包括（　）。

A. 人体尺寸　B. 通过人流数　C. 房间大小　D. 家具设备的大小

18. 屋顶的作用不包括（　）。

A. 防御自然界的风、雨、雪、太阳辐射热和冬季低温等的影响

B. 承受自重及风、沙、雨、雪等荷载及施工或屋顶检修人员的活荷载

C. 人工照明和空气调节作用

D. 屋顶是建筑物的重要组成部分，对建筑形象的美观起着重要的作用

19. 地下室的所有墙体都必须设（　）道水平防潮层。

A. 一　B. 三　C. 两　D. 五

20. 平屋面的涂膜防水构造有正置式和倒置式之分，所谓正置式是指（　）。

A. 隔热保温层在涂膜防水层之上　B. 隔热保温层在找平层之上

C. 隔热保温层在找平层之下　D. 隔热保温层在涂膜防水层之下

二、多项选择题（共 20 题，每题选项中有 2 个或 2 个以上正确，至少有 1 个错项）

1. 工业建筑按厂房层数分类可以分为（　）。

A. 单层厂房　　B. 多层厂房
C. 混合层数厂房　　D. 高层厂房
E. 中层厂房
2. 民用建筑按建筑的耐久年限分类可以分为（　　）。
A. 一级建筑　　B. 二级建筑
C. 三级建筑　　D. 四级建筑
E. 五级建筑
3. 基础按受力特点及材料性能可以分为（　　）。
A. 独立基础　　B. 刚性基础
C. 条形基础　　D. 柔性基础
E. 桩基础
4. 下列属于浅基础的是（　　）。
A. 大于 5m　　B. 等于 5m
C. 埋深大于或等于基础宽度 4 倍　　D. 埋深在 0.5 ~ 5m
E. 埋深小于基础宽度 4 倍
5. 在建筑物中，墙体的主要作用有（　　）。
A. 围护　　B. 防护
C. 承重　　D. 分割
E. 分隔
6. 下列属于预制装配式钢筋混凝土板侧缝形式的是（　　）。
A. V 形缝　　B. S 形缝
C. U 形缝　　D. E 形缝
E. 凹槽缝
7. 楼梯一般由（　　）三部分组成。
A. 梯段　　B. 平台
C. 栏杆扶手　　D. 过道
E. 坡道
8. 平屋顶的节能构造做法包括（　　）。
A. 高效保温材料节能屋顶构造
B. 架空型保温节能屋顶构造
C. 保温、找坡结合型保温节能屋顶构造
D. 倒置型保温节能屋顶构造
E. 混合型保温节能屋顶构造
9. 民用建筑的基础按构造形式可以分为（　　）。
A. 单独基础　　B. 条形基础
C. 柱下十字交叉基础　　D. 箱板形基础
E. 桩基础
10. 隔墙按构造方式可以分为（　　）。
A. 块材隔墙　　B. 板块隔墙

C. 骨架隔墙　D. 板材隔墙
E. 钢筋隔墙

11. 为了防止地表水对建筑基础的侵蚀，可在建筑物的四周地面上设置（　　）。
A. 勒脚　B. 防潮层
C. 暗沟　D. 明沟
E. 散水

12. 外墙的保温构造，按其保温层所在的位置不同分为（　　）。
A. 多层保温外墙　B. 单一保温外墙
C. 外保温外墙　D. 内保温外墙
E. 夹芯保温外墙

13. 空心楼板具有的优点有（　　）。
A. 自重小　B. 用料少
C. 强度低　D. 强度高
E. 经济

14. 门窗是建筑节能的重要部位，提高建筑门窗的节能效率包括（　　）。
A. 提高门窗的防潮性　B. 增加门窗的开阔性
C. 改善门窗的保温隔热性能　D. 加强门窗的气密性
E. 调整门窗的厚度

15. 柔性防水屋顶可采用的防水构造包括（　　）。
A. 卷材防水　B. 涂膜防水
C. 沥青防水　D. 复合防水
E. 砂浆防水

16. 关于无檩钢屋架特点，说法正确的是（　　）。
A. 用料省　B. 构件的种类和数量少
C. 安装效率高　D. 施工进度快
E. 易于进行铺设保温层等屋面工序的施工

17. 下列关于木屋盖结构适用范围，说法正确的是（　　）。
A. 跨度不超过 15m　B. 室内相对湿度不大于 70%
C. 室内温度不大于 50℃　D. 吊车起重量不超过 5t
E. 悬挂吊车不超过 1t

18. 关于平屋顶排水方式，说法正确的有（　　）。
A. 高层建筑屋面采用外排水　B. 多层建筑屋面采用有组织排水
C. 低层建筑屋面采用无组织排水　D. 汇水面积较大屋面采用天沟排水
E. 多跨屋面采用天沟排水

19. 坡屋顶的承重屋架，常见的形式有（　　）。
A. 梯形　B. 多边形
C. 三角形　D. 椭圆形
E. 矩形

20. 单层工业厂房屋盖结构，常见的承重构件有（　　）。

A. 钢筋混凝土屋架　　B. 钢筋混凝土屋面板
C. 钢木屋架　　D. 木屋架
E. 钢屋架

本章习题解析

一、单项选择题

1.【答案】D

【解析】本题考查的是建筑物与构筑物的主要区别。建筑一般包括建筑物和构筑物，满足功能要求并提供活动空间和场所的建筑称为建筑物；仅满足功能要求的建筑称为构筑物。

2.【答案】A

【解析】本题考查的是居住建筑和公共建筑的区别。居住建筑包括住宅、公寓、宿舍等，公共建筑是供人们进行各类社会、文化、经济、政治等活动的建筑物，如图书馆、车站、办公楼、电影院、宾馆、医院等。

3.【答案】D

【解析】本题考查的是民用建筑按建筑物的层数和高度分类。建筑高度大于 100m 的民用建筑为超高层建筑。

4.【答案】D

【解析】本题考查的是民用建筑按建筑的耐久年限分类。四级建筑：耐久年限为 15 年以下，适用于临时性建筑。

5.【答案】D

【解析】本题考查的建筑物分类。建筑物通常按其使用性质分为民用建筑和工业建筑两大类。

6.【答案】C

【解析】本题考查的是基础埋深。基础顶面应低于设计地面 100mm 以上，避免基础外露，遭受外界的破坏。

7.【答案】C

【解析】本题考查的是地下室防水功能。当地下室地坪位于最高设计地下水位以下时，地下室四周墙体及底板均受水压影响，应有防水功能。

8.【答案】C

【解析】本题考查的是基础类型。高层建筑中多采用箱形基础。

9.【答案】A

【解析】本题考查的是墙体的细部构造——过梁。宽度超过 300mm 的洞口上部，应设置过梁。

10.【答案】C

【解析】本题考查的是地下室防潮与防水构造。当地下室地坪位于常年地下水位以上时，地下室需做防潮处理。

11.【答案】B

【解析】本题考查的是 T 形吊车梁的适用范围。预应力钢筋混凝土 T 形吊车梁适用于

10～30t 的厂房。

12.【答案】A

【解析】本题考查的是民用建筑按施工方法分类。按照建筑材料的不同，装配式结构可分为装配式混凝土结构、装配式钢结构、装配式木结构，其中装配式混凝土结构是国家重点发展的方向。

13.【答案】B

【解析】本题考查的是剪力墙体系。剪力墙一般为钢筋混凝土墙，厚度不小于 160mm，剪力墙的墙段长度一般不超过 8m，适用于小开间的住宅和旅馆等。在 180m 高的范围内都可以适用。

14.【答案】D

【解析】本题考查的是墙的类型。按构造方式不同，又分为实体墙、空体墙和组合墙三种类型。

15.【答案】D

【解析】本题考查的是变形缝。变形缝包括伸缩缝、沉降缝和防震缝，它的作用是保证房屋在温度变化、基础不均匀沉降或地震时能有一些自由伸缩，以防止墙体开裂，结构破坏。

16.【答案】B

【解析】本题考查的是悬挑板。悬挑板只有一边支承，其主要受力钢筋放在板的上方，分布钢筋放在主要受力筋的下方，板厚为挑长的 1/35，且根部不小于 80mm。

17.【答案】C

【解析】本题考查的是门的尺度。房间中门的最小宽度，是由人体尺寸、通过人流数及家具设备的大小决定的。

18.【答案】C

【解析】本题考查的是屋顶的作用。屋顶的作用主要有三个：①防御自然界的风、雨、雪、太阳辐射热和冬季低温等的影响；②承受自重及风、沙、雨、雪等荷载及施工或屋顶检修人员的活荷载；③屋顶是建筑物的重要组成部分，对建筑形象的美观起着重要作用。

19.【答案】C

【解析】本题考查的是地下室防潮。地下室的所有墙体都必须设两道水平防潮层。

20.【答案】D

【解析】本题考查的是屋顶。正置式屋面，其构造一般为隔热保温层在防水层的下面。

二、多项选择题

1.【答案】ABC

【解析】本题考查的是工业建筑的分类。按厂房层数分类可以分为单层厂房、多层厂房、混合层数厂房。

2.【答案】ABCD

【解析】本题考查的是民用建筑的分类。按建筑的耐久年限分类可以分为一级建筑、二级建筑、三级建筑、四级建筑。

3.【答案】BD

【解析】本题考查的是民用建筑构造中基础的分类。基础按受力特点及材料性能可分为刚性基础和柔性基础。

4.【答案】DE

【解析】本题考查的是基础的埋深。埋深在 0.5 ~ 5m 或埋深小于基础宽度 4 倍的基础称为浅基础。

5.【答案】ACE

【解析】本题考查的是墙的作用。墙在建筑物中主要起承重、围护及分隔作用，按墙在建筑物中的位置、受力情况、所用材料和构造方式不同可分不同类型。

6.【答案】ACE

【解析】本题考查的是预制装配式钢筋混凝土板的细部构造。板的侧缝有 V 形缝、U 形缝、凹槽缝三种形式。

7.【答案】ABC

【解析】本题考查的是楼梯的组成。楼梯一般由梯段、平台、栏杆扶手三部分组成。

8.【答案】ABCD

【解析】本题考查的是平屋顶的几种节能构造做法。平屋顶的节能构造做法有高效保温材料节能屋顶构造；架空型保温节能屋顶构造；保温、找坡结合型保温节能屋顶构造和倒置型保温节能屋顶构造。

9.【答案】ABCE

【解析】本题考查的是民用建筑的基础。民用建筑的基础，按基础的构造形式分类有：①独立基础（单独基础）；②条形基础；③柱下十字交叉基础；④片筏基础；⑤箱形基础；⑥桩基础。

10.【答案】ACD

【解析】本题考查的是隔墙的分类。隔墙的类型很多，按其构造方式可分为块材隔墙、骨架隔墙、板材隔墙三大类。

11.【答案】CDE

【解析】本题考查的是散水和暗沟（明沟）。为了防止地表水对建筑基础的侵蚀，在建筑物的四周地面上设置暗沟（明沟）或散水。

12.【答案】BCDE

【解析】本题考查的是墙体保温隔热。外墙的保温构造，按其保温层所在的位置不同分为单一保温外墙、外保温外墙、内保温外墙和夹芯保温外墙四种类型。

13.【答案】ABDE

【解析】本题考查的是空心楼板。空心楼板具有自重小、用料少、强度高、经济等优点，因而在建筑中被广泛采用。

14.【答案】CD

【解析】本题考查的是门窗节能。门窗是建筑节能的重要部位，提高建筑门窗的节能效率应从改善门窗的保温隔热性能和加强门窗的气密性两个方面进行。

15.【答案】ABD

【解析】本题考查的是平屋顶柔性防水及构造。防水层是指能够隔绝水而不使水向建筑物内部渗透的构造层。柔性防水屋顶可采用防水卷材防水、涂膜防水或复合防水。

16.【答案】BCDE

【解析】本题考查的是无檩钢屋架的特点。无檩钢屋架是将大型屋面直接支承在钢屋架上，屋架间距就是大型屋面板的跨度，一般为 6m。特点是：构件的种类和数量少，安装效率高，施工进度快，易于进行铺设保温层等屋面工序的施工。

17.【答案】BCDE

【解析】本题考查的是木屋架、钢木屋架的适用范围。木屋盖结构适用范围：跨度不超过 12m，室内相对湿度不大于 70%，室内温度不大于 50℃，吊车起重量不超过 5t，悬挂吊车不超过 1t。

18.【答案】BCDE

【解析】本题考查的是平屋顶的排水方式。高层建筑屋面宜采用内排水；多层建筑屋面宜采用有组织外排水；低层建筑及檐高小于 10m 的屋面，可采用无组织排水。多跨及汇水面积较大的屋面宜采用天沟排水，天沟找坡较长时，宜采用中间内排水和两端外排水。

19.【答案】ABCE

【解析】本题考查的是坡屋顶的构造。屋架的形式较多，有三角形、梯形、矩形、多边形等。

20.【答案】ACDE

【解析】本题考查的是单层厂房承重结构构造。屋架是屋顶结构的主要承重构件，直接承受屋面荷载。按制作材料分为钢筋混凝土屋架或屋面梁、钢屋架、木屋架和钢木屋架。

第 2 章　土建工程常用材料的分类、基本性能及用途

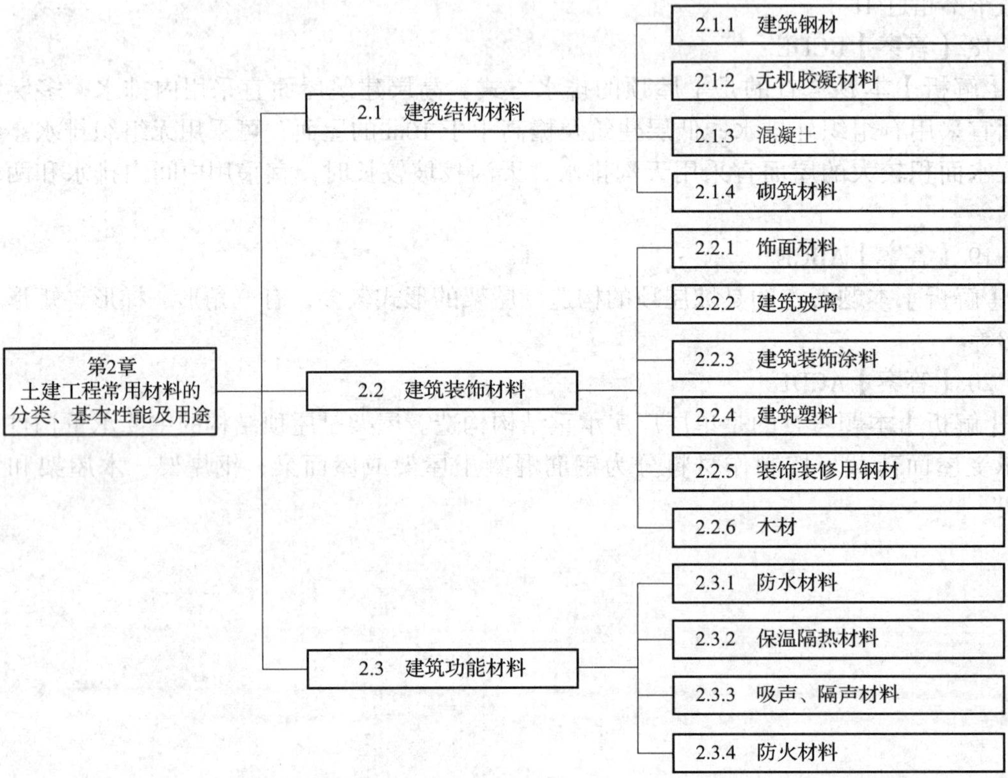

本章知识导图

本章习题精选

一、单项选择题（共 21 题，每题仅有 1 个选项正确）

1. 钢材的主要性能包括（　　）。

A. 力学性能和工艺性能　　B. 化学性能和物理性能
C. 物理性能和工艺性能　　D. 美学性能和力学性能

2. 下列属于水硬性胶凝材料的是（　　）。

A. 石膏　　B. 水泥　　C. 砂浆　　D. 石灰

3. 烧结多孔砖的孔洞率不小于（　　）。

A. 25%　　B. 20%　　C. 30%　　D. 28%

4. MU10 蒸压灰砂砖可用于的建筑部位是（　　）。

A. 基础底面以上　B. 有酸性介质侵蚀
C. 冷热交替　D. 防潮层以上

5. 石棉是一种天然矿物纤维，其最高使用温度可达到（　）℃。
A. 300～500　B. 300～600　C. 400～600　D. 500～600

6. 室外装饰较少使用大理石板材的主要原因在于大理石（　）。
A. 吸水率大　B. 耐磨性差　C. 光泽度低　D. 抗风化差

7. 矿渣硅酸盐水泥的代号是（　）。
A. P·P　B. P·S　C. P·F　D. P·C

8. 石灰的主要成分是（　）。
A. 氯化钙　B. 氢氧化钙　C. 氧化钙　D. 碳化钙

9. 下列不属于混凝土外加剂按化学成分进行分类的是（　）。
A. 有机外加剂　B. 无机外加剂
C. 有机无机复合外加剂　D. 有机无机混合外加剂

10. 采用商品混凝土时应考虑混凝土的经济运距，一般以 15～20km 为宜，运输时间不宜超过（　）h。
A. 1　B. 1.5　C. 2　D. 0.5

11. 作为建筑饰面材料的天然花岗岩有很多优点，但其不能被忽视的缺点是（　）。
A. 耐酸性差　B. 抗风化差　C. 吸水率低　D. 耐火性差

12. 关于实现混凝土自防水的技术途径，下列说法错误的是（　）。
A. 掺入化学外加剂降低密实度
B. 调整混凝土的配合比提高密实度
C. 掺入化学外加剂提高密实度
D. 使用膨胀水泥（或掺用膨胀剂）提高混凝土密实度，提高抗渗性

13. 蒸养（压）砖根据尺寸偏差和外观划分的等级不包括（　）。
A. 优等品　B. 次等品　C. 一等品　D. 合格品

14. 钢结构常用的热轧型钢不包括（　）。
A. 工字钢　B. 槽钢　C. 角钢　D. L 型钢

15. 钢材冷弯时的弯曲角度越（　）、弯心直径越（　），表示其冷弯性能越好。
A. 大，大　B. 小，小　C. 小，大　D. 大，小

16. 建筑石膏一般储存 3 个月后，强度将降低（　）左右。
A. 10%　B. 20%　C. 30%　D. 50%

17. 对混凝土抗渗性起决定作用的是（　）。
A. 混凝土内部孔隙特性　B. 水泥强度和品质
C. 混凝土水灰比　D. 养护的温度和湿度

18. 下列钢筋牌号，属于抗震钢筋的是（　）。
A. HRB500　B. HPB300　C. HRB400E　D. HRBF400

19. 根据国家的有关规定，终凝时间不得长于 6.5h 的水泥是（　）。
A. 普通硅酸盐水泥　B. 矿渣硅酸盐水泥
C. 硅酸盐水泥　D. 火山硅酸盐水泥

20. 下列强度等级的水泥品种中，属于早强型水泥的是（ ）。
A. P·S42.5 B. P·F42.5R C. P·P42.5 D. P·C42.5
21. 薄型和超薄型防火涂料的耐火极限一般与涂层厚度无关，与之有关的是（ ）。
A. 物体可燃性 B. 物体耐火极限
C. 基材的厚度 D. 膨胀后的发泡层厚度

二、多项选择题（共 31 题，每题选项中有 2 个或 2 个以上正确，至少有 1 个错项）

1. 混凝土结构用钢按照加工方式分类主要包括（ ）。
A. 热轧钢筋 B. 冷加工钢筋
C. 预应力混凝土热处理钢筋 D. 预应力混凝土钢丝
E. H 型钢
2. 热处理钢筋的方法包括（ ）。
A. 退火 B. 正火
C. 淬火 D. 回火
E. 烧火
3. 普通混凝土的组成材料主要包括（ ）。
A. 水泥 B. 砂
C. 钢筋 D. 石
E. 水
4. 预拌砂浆按照生产方式可以分为（ ）。
A. 干拌砂浆 B. 湿拌砂浆
C. 干混砂浆 D. 混合砂浆
E. 防水砂浆
5. 关于平板玻璃的特性，下列说法正确的是（ ）。
A. 良好的透视、透光性 B. 隔声，有一定的保温性
C. 有较高的化学稳定性 D. 热稳定性较差
E. 热稳定性高
6. 关于内墙涂料的基本要求，下列说法正确的是（ ）。
A. 色彩丰富、细腻、调和 B. 耐碱性、耐水性、耐粉化性良好
C. 透气性良好 D. 涂刷方便，重涂容易
E. 手感好
7. 木地板可分为（ ）。
A. 实木地板 B. 强化木地板
C. 实木复合地板 D. 软木地板
E. 颗粒板
8. 防水涂料按成膜物质的主要成分可分为（ ）。
A. 氯化聚乙烯防水涂料 B. 聚氯乙烯防水涂料
C. 三元乙丙（EPDM）橡胶防水涂料 D. 聚合物改性沥青防水涂料
E. 合成高分子防水涂料

9. 冷轧带肋钢筋的优点有（　　）。
A. 柔韧性好　　B. 强度高
C. 握裹力强　　D. 节约钢材
E. 质量稳定
10. 钢材的最主要性能是抗拉性能，其技术指标包括（　　）。
A. 屈服强度　　B. 弯曲性能
C. 抗拉强度　　D. 伸长率
E. 焊接性能
11. 掺混合材料的硅酸盐水泥按其性能可以分为（　　）。
A. 活性混合材料　　B. 水硬性混合材料
C. 水活性混合材料　　D. 非活性混合材料
E. 填充性混合材料
12. 混凝土拌合物的和易性包括（　　）。
A. 保水性　　B. 耐久性
C. 黏聚性　　D. 流动性
E. 抗冻性
13. 天然砂包括（　　）。
A. 人工砂　　B. 河砂
C. 湖砂　　D. 海砂
E. 山砂
14. 在混凝土中应用外加剂，其特点是（　　）。
A. 投资少　　B. 见效快
C. 技术经济效益显著　　D. 投入高
E. 收益时间长
15. 影响混凝土和易性的主要因素有（　　）。
A. 水泥浆　　B. 骨料品种与品质
C. 水质　　D. 砂率
E. 其他因素
16. 混凝土的抗渗等级可分为（　　）。
A. P6　　B. P8
C. P10　　D. P12
E. P14
17. 制备高性能混凝土的技术途径有（　　）。
A. 选用低效减水剂　　B. 选用优质的、符合要求的水泥和粗细集料
C. 选用高效减水剂　　D. 选用微细粉
E. 改善混凝土的施工工艺
18. 关于高强混凝土组成材料的要求，下列说法正确的是（　　）。
A. 应选用质量稳定的硅酸盐水泥或普通硅酸盐水泥
B. 粗骨料应采用连续级配，其最大公称粒径不应大于 25.0mm

C. 细骨料的细度模数为 2.6 ~ 3.0，含泥量不大于 2.0%

D. 高强混凝土的水泥用量不应大于 550kg/m^3

E. 高强混凝土的水泥用量应大于 55.kg/m^3

19. 水泥混合砂浆的强度等级可以分为（　　）。

A. M7.5　　B. M5

C. M12.5　　D. M15

E. M10

20. 建筑陶瓷制品按产品种类可以分为（　　）。

A. 砖器　　B. 陶器

C. 瓷器　　D. 炻器（半瓷）

E. 釉器

21. 真空玻璃比中空玻璃具有更好的（　　）。

A. 保温性能　　B. 隔热性能

C. 防潮性能　　D. 隔声性能

E. 防辐射性能

22. 外墙涂料主要起装饰和保护外墙墙面的作用，要求有良好的（　　），并要求施工及维修容易。

A. 装饰性　　B. 耐水性

C. 耐候性　　D. 耐污染性

E. 耐腐蚀性

23. 纤维板按密度大小可以分为（　　）。

A. 低密度纤维板　　B. 高密度纤维板

C. 硬质纤维板　　D. 中密度纤维板

E. 软质纤维板

24. 水泥的凝结时间可分为（　　）。

A. 速凝时间　　B. 初凝时间

C. 水凝时间　　D. 终凝时间

E. 冻凝时间

25. 混凝土养护用水的监测项目可适当减少，可不检验（　　）。

A. 不溶物　　B. 可溶物

C. pH 值　　D. 泥凝结时间

E. 水泥胶砂强度

26. 聚合物混凝土主要分为（　　）。

A. 聚合物浸渍混凝土　　B. 聚合物水泥混凝土

C. 聚合物胶结混凝土　　D. 树脂混凝土

E. 无机混凝土

27. 下列防水卷材中，更适于寒冷地区建筑工程防水的有（　　）。

A. SBS 改性沥青防水卷材　　B. APP 改性沥青防水卷材

C. 沥青复合胎柔性防水卷材　　D. 氯化聚乙烯防水卷材

E. 氯化聚乙烯－橡胶共混型防水卷材

28. 下列关于地面涂料的基本要求，说法正确的是（　　）。

A. 防晒性良好　　B. 耐碱性良好

C. 耐水性良好　　D. 抗冲击性良好

E. 涂刷施工方便，重涂容易

29. 可用于预应力钢筋混凝土的钢筋有（　　）。

A. CRB600H　　B. CRB650

C. CRB550　　D. CRB680H

E. CRB800H

30. 可用于室外装饰的饰面材料有（　　）。

A. 大理石板材　　B. 釉面砖

C. 合成石面板　　D. 瓷质砖

E. 石膏饰面板

31. 下列属于安全玻璃的是（　　）。

A. 钢化玻璃　　B. 防火玻璃

C. 平板玻璃　　D. 夹层玻璃

E. 刻花玻璃

本章习题解析

一、单项选择题

1.【答案】A

【解析】本题考查的是钢材的性能。钢材的主要性能包括力学性能和工艺性能。

2.【答案】B

【解析】本题考查的是无机凝胶材料。水泥是一种良好的矿物胶凝材料，属于水硬性胶凝材料。

3.【答案】D

【解析】本题考查的是烧结多孔砖的定义。烧结多孔砖是以黏土、页岩、煤矸石、粉煤灰等为主要原料烧制的主要用于结构承重的多孔砖。多孔砖大面有孔，孔多而小，孔洞垂直于大面（即受压面），孔洞率不小于28%。

4.【答案】D

【解析】本题考查的是蒸压灰砂砖的使用。MU10蒸压灰砂砖可用于防潮层以上的建筑部位，不得用于长期经受200℃高温、急冷急热或有酸性介质侵蚀的建筑部位。

5.【答案】D

【解析】本题考查的是石棉的特性。石棉是一种天然矿物纤维，具有耐火、耐热、耐酸碱、绝热、防腐、隔声及绝缘等特性，最高使用温度可达到500～600℃。

6.【答案】D

【解析】本题考查的是建筑装饰材料。大理石板材具有吸水率小、耐磨性好以及耐久等优点，但其抗风化性能较差。

7.【答案】B

【解析】本题考查的是水泥的定义与代号。由硅酸盐水泥熟料和20%~70%粒化高炉矿渣、适量的石膏磨细制成的水硬性胶凝材料，称为矿渣硅酸盐水泥，代号P·S。

8.【答案】C

【解析】本题考查的是石灰的原料。石灰是由含碳酸钙较多的石灰石经过高温锻炼生成的气硬性胶凝材料，其主要成分是氧化钙。

9.【答案】D

【解析】本题考查的是外加剂的分类。混凝土外加剂按化学成分分为有机外加剂、无机外加剂和有机无机复合外加剂。

10.【答案】A

【解析】本题考查的是预拌混凝土。国家提倡或强制要求采用商品混凝土施工，在采用商品混凝土时要考虑混凝土的经济运距，一般以15~20km为宜，运输时间一般不宜超过1h。

11.【答案】D

【解析】本题考查的是建筑装饰材料。花岗石板材质地坚硬密实，抗压强度高，具有优异的耐磨性及良好的化学稳定性，不易风化变质，耐久性好。但花岗石板材耐火性差。

12.【答案】A

【解析】本题考查的是防水混凝土。实现混凝土自防水的技术途径有：

（1）提高混凝土的密实度。

1）调整混凝土的配合比提高密实度；

2）掺入化学外加剂提高密实度；

3）使用膨胀水泥（或掺用膨胀剂）提高混凝土密实度，提高抗渗性。

（2）改善混凝土内部孔隙结构。

13.【答案】B

【解析】本题考查的是蒸养（压）砖。蒸养（压）砖根据尺寸偏差和外观分为优等品（A）、一等品（B）、合格品（C）三种质量等级。

14.【答案】D

【解析】本题考查的是钢结构用钢。钢结构常用的热轧型钢有工字钢、H型钢、T型钢、槽钢、等边角钢、不等边角钢等。型钢是钢结构中采用的主要钢材。

15.【答案】D

【解析】本题考查的是钢材的冷弯性能。冷弯性能是指钢材在常温下承受弯曲变形的能力，是钢材的重要工艺性能。冷弯时的弯曲角度越大、弯心直径越小，则表示其冷弯性能越好。

16.【答案】C

【解析】本题考查的是建筑石膏。建筑石膏在运输及储存时应注意防潮，一般储存3个月后，强度将降低30%左右。

17.【答案】C

【解析】本题考查的是建筑结构材料。混凝土水灰比对抗渗性起决定性作用。

18.【答案】C

【解析】本题考查的是建筑结构材料。带“E”的钢筋牌号属于抗震钢筋。

19.【答案】C

【解析】本题考查的是建筑结构材料。硅酸盐水泥初凝时间不得早于45min，终凝时间不得迟于6.5h。

20.【答案】B

【解析】本题考查的是建筑结构材料。水泥强度等级中，“R”表示早强型。

21.【答案】D

【解析】本题考查的是建筑功能材料。薄型和超薄型防火涂料的耐火极限一般与涂层厚度无关，而与膨胀后的发泡层厚度有关。

二、多项选择题

1.【答案】ABCD

【解析】本题考查的是常用建筑钢材中钢筋混凝土结构用钢按照加工方式的分类。混凝土结构用钢主要有热轧钢筋、冷加工钢筋、预应力混凝土热处理钢筋、预应力混凝土钢丝和钢绞线。

2.【答案】ABCD

【解析】本题考查的是预应力混凝土热处理钢筋的热处理的方法。热处理是指将钢材按一定规则加热、保温和冷却，以改变其组织，从而获得所需要性能的一种工艺措施。热处理的方法有退火、正火、淬火和回火。

3.【答案】ABDE

【解析】本题考查的是普通混凝土组成材料。普通混凝土一般是由水泥、砂、石和水组成。

4.【答案】BC

【解析】本题考查的是预拌砂浆的分类。按生产方式，可将预拌砂浆分为湿拌砂浆和干混砂浆两大类。

5.【答案】ABCD

【解析】本题考查的是平板玻璃的特性。具有良好的透视、透光性；隔声，有一定的保温性；有较高的化学稳定性；热稳定性较差，急冷急热，易发生炸裂。

6.【答案】ABCD

【解析】本题考查的是对内墙涂料的基本要求。对于内墙饰面，多数是近距离看的，与人接触也很密切，对内墙涂料的基本要求有色彩丰富、细腻、调和；耐碱性、耐水性、耐粉化性良好；透气性良好；涂刷方便，重涂容易。

7.【答案】ABCD

【解析】本题考查的是木地板的分类。木地板可分为实木地板、强化木地板、实木复合地板和软木地板。

8.【答案】DE

【解析】本题考查的是防水涂料的分类。防水涂料按成膜物质的主要成分可分为聚合物改性沥青防水涂料和合成高分子防水涂料两类。

9.【答案】BCDE

【解析】本题考查的是冷轧带肋钢筋。冷轧带肋钢筋克服了冷拉、冷拔钢筋握裹力低的缺点，具有强度高、握裹力强、节约钢材、质量稳定等优点，但塑性降低，强屈比变小。

10.【答案】ACD

【解析】本题考查的是钢材的性能。抗拉性能是钢材的最主要性能，表征其性能的技术指标主要是屈服强度、抗拉强度和伸长率。

11.【答案】ABDE

【解析】本题考查的是水泥。掺混合材料的硅酸盐水泥按其性能分为活性（水硬性）混合材料和非活性（填充性）混合材料两类。

12.【答案】ACD

【解析】本题考查的是混凝土的和易性。和易性是一项综合技术指标，包括流动性、黏聚性、保水性三个主要方面。

13.【答案】BCDE

【解析】本题考查的是砂。天然砂包括河砂、湖砂、海砂和山砂。

14.【答案】ABC

【解析】本题考查的是普通混凝土组成材料中的外加剂。在混凝土中应用外加剂，具有投资少、见效快、技术经济效益显著的特点。

15.【答案】ABDE

【解析】本题考查的是影响混凝土和易性的主要因素。影响混凝土和易性的主要因素有：①水泥浆；②骨料品种与品质；③砂率；④其他因素。

16.【答案】ABCD

【解析】本题考查的是混凝土的抗渗性。抗渗性，指混凝土抵抗水、油等液体渗透的能力。抗渗性好坏用抗渗等级表示。根据标准试件 28d 龄期试验时所能承受的最大水压，分为 P4、P6、P8、P10、P12 共 5 个等级，相应所能承受的水压分别为 0.4MPa、0.6MPa、0.8MPa、1.0MPa、1.2MPa。

17.【答案】BCDE

【解析】本题考查的是高性能混凝土。制备高性能混凝土的技术途径包括：①选用优质的、符合要求的水泥和粗细集料；②选用高效减水剂；③选用微细粉；④改善混凝土的施工工艺。

18.【答案】ABCD

【解析】本题考查的是高强混凝土组成材料的要求。对高强混凝土组成材料的要求有：①应选用质量稳定的硅酸盐水泥或普通硅酸盐水泥；②粗骨料应采用连续级配，其最大公称粒径不应大于 25.0mm；③细骨料的细度模数为 2.6 ~ 3.0，含泥量不大于 2.0%；④高强混凝土的水泥用量不应大于 550kg/m^3。

19.【答案】ABDE

【解析】本题考查的是砌筑砂浆。水泥混合砂浆的强度等级可分为 M5、M7.5、M10、M15。

20.【答案】BCD

【解析】本题考查的是饰面陶瓷。建筑陶瓷制品按产品种类分为陶器、瓷器与炻器（半瓷）三类，每类又可分为粗、细两种。

21.【答案】BD

【解析】本题考查的是真空玻璃。真空玻璃比中空玻璃有更好的隔热、隔声性能。

22.【答案】ABCD

【解析】本题考查的是对外墙涂料的基本要求。外墙涂料主要起装饰和保护外墙墙面的作用，要求有良好的装饰性、耐水性、耐候性、耐污染性，并要求施工及维修容易。

23.【答案】CDE

【解析】本题考查的是人造木材纤维板。纤维板按密度大小分为硬质纤维板、中密度纤维板和软质纤维板。

24.【答案】BD

【解析】本题考查的是硅酸盐水泥及普通硅酸盐水泥的技术性质。凝结时间分为初凝时间和终凝时间。

25.【答案】ABDE

【解析】本题考查的是普通混凝土组成材料。对混凝土养护用水的要求，监测项目可适当减少，可不检验不溶物和可溶物、泥凝结时间和水泥胶砂强度。

26.【答案】ABCD

【解析】本题考查的是聚合物混凝土。聚合物混凝土主要分为：聚合物浸渍混凝土、聚合物水泥混凝土和聚合物胶结混凝土（树脂混凝土）三类。

27.【答案】AE

【解析】本题考查的是建筑功能材料。SBS 改性沥青防水卷材尤其适用于寒冷地区和结构变形频繁的建筑物防水。氯化聚乙烯 – 橡胶共混型防水卷材特别适用于寒冷地区或变形较大的土木建筑防水工程。

28.【答案】BCDE

【解析】本题考查的是对地面涂料的基本要求。地面涂料的主要功能是装饰与保护室内地面。为了获得良好的装饰效果和使用性能，对地面涂料的基本要求有：①耐碱性良好；②耐水性良好；③耐磨性良好；④抗冲击性良好；⑤与水泥砂浆有好的粘接性能；⑥涂刷施工方便，重涂容易。

29.【答案】BDE

【解析】本题考查的建筑结构材料。CRB650、CRB680H、CRB800、CRB800H 为预应力混凝土用钢筋。

30.【答案】CD

【解析】本题考查的是建筑装饰材料。大理石、釉面砖、石膏饰面板一般用于室内装修。

31.【答案】ABD

【解析】本题考查的是建筑装饰材料。安全玻璃包括钢化玻璃、防火玻璃和夹层玻璃、夹丝玻璃。

第3章 土建工程主要施工工艺与方法

- 第3章 土建工程主要施工工艺与方法
  - 3.1 土石方工程施工技术
    - 3.1.1 土石方工程的准备与辅助工作
    - 3.1.2 土石方的填筑与压实
  - 3.2 地基与基础工程施工技术
    - 3.2.1 地基加固处理
    - 3.2.2 桩基础施工
  - 3.3 建筑工程深基坑施工技术
    - 3.3.1 深基坑土方开挖施工
    - 3.3.2 深基坑降排水施工
    - 3.3.3 深基坑支护施工
  - 3.4 地下连续墙施工技术
    - 3.4.1 地下连续墙的分类方法与优缺点
    - 3.4.2 施工工艺
  - 3.5 建筑工程主体结构施工技术
    - 3.5.1 砌体结构工程施工
    - 3.5.2 混凝土结构工程施工
    - 3.5.3 预应力混凝土工程施工
    - 3.5.4 钢结构工程施工
    - 3.5.5 结构吊装工程施工
    - 3.5.6 装配式混凝土施工
  - 3.6 建筑工程防水和保温工程施工技术
    - 3.6.1 屋面防水工程施工
    - 3.6.2 地下防水工程施工
    - 3.6.3 楼层、厕浴间、厨房间防水
    - 3.6.4 保温工程
  - 3.7 建筑装饰装修工程施工技术
    - 3.7.1 抹灰工程
    - 3.7.2 吊顶工程
    - 3.7.3 轻质隔墙工程
    - 3.7.4 墙面铺装工程
    - 3.7.5 涂饰工程
    - 3.7.6 地面工程
    - 3.7.7 幕墙工程

本章知识导图

本章习题精选

一、单项选择题（共 30 题，每题仅有 1 个选项正确）

1. 根据地下水量大小、基坑平面形状及水泵能力，集水坑每隔（　　）m 设置一个。

A. 20 ~ 40　　B. 20 ~ 30　　C. 30 ~ 40　　D. 20 ~ 50

2. 成桩直径为 0.3 ~ 0.8m 的是（　　）。

A. 三重管法　　B. 单管法　　C. 二重管法　　D. 多重管法

3. 实际工程中，常用的预应力混凝土管桩直径为（　　）mm。

A. 400 ~ 500　　B. 500 ~ 600　　C. 400 ~ 600　　D. 300 ~ 500

4. 不同规格的预制桩应分别堆放，堆放层数不宜超过（　　）层。

A. 2　　B. 3　　C. 4　　D. 5

5. 关于钢管桩的施工顺序，描述正确的是（　　）。

A. 桩机安装→桩机移动就位→吊桩→插桩→锤击下沉→接桩→锤击至设计深度→内切钢管桩→精割→焊桩盖→浇筑垫层混凝土→绑钢筋→支模板→浇筑混凝土基础承台

B. 桩机移动就位→桩机安装→吊桩→插桩→锤击下沉→接桩→锤击至设计深度→内切钢管桩→精割→焊桩盖→浇筑垫层混凝土→绑钢筋→支模板→浇筑混凝土基础承台

C. 桩机移动就位→桩机安装→吊桩→插桩→锤击下沉→接桩→锤击至设计深度→内切钢管桩→精割→焊桩盖→浇筑垫层混凝土→支模板→绑钢筋→浇筑混凝土基础承台

D. 桩机安装→桩机移动就位→插桩→吊桩→锤击下沉→接桩→锤击至设计深度→内切钢管桩→精割→焊桩盖→浇筑垫层混凝土→绑钢筋→浇筑混凝土基础承台

6. 钻孔扩底灌注桩适用于黏性土、砂土时，孔深一般小于或等于（　　）m。

A. 60　　B. 40　　C. 50　　D. 30

7. 最经济的挖土方案是（　　）。

A. 放坡开挖　　B. 中心岛式挖土　　C. 盆式挖土　　D. 墩式挖土

8. 地下连续墙施工中采用最多的接头是（　　）。

A. 接头管接头　　B. 接头箱接头　　C. 隔板式接头　　D. 分段式接头

9. 地下连续墙施工中，钢筋间接连接的结构接头是（　　）。

A. 预埋连接钢筋法　　B. 预埋剪力连接件法

C. 隔板式接头法　　D. 预埋连接钢板法

10. 正常施工条件下，石砌体每日砌筑高度宜控制在（　　）m 以内。

A. 1.0　　B. 1.1　　C. 1.5　　D. 1.2

11. 高温施工是当日平均气温达到（　　）℃及以上。

A. 30　　B. 35　　C. 38　　D. 40

12. 屋面防水采用结构找坡时，坡度不应小于（　　）。

A. 2%　　B. 3%　　C. 4%　　D. 5%

13. 喷射井点的井点间距一般采用 2 ~ 3m，每套喷射井点宜控制在（　　）根井管。

A. 10 ~ 20　　B. 10 ~ 15　　C. 15 ~ 25　　D. 20 ~ 30

14. 在实际工程中采用不同透水性的土分层填筑时，说法正确的是（　　）。

A. 下层宜填筑透水性较小的填料　　B. 上层宜填筑透水性较大的填料
C. 下层宜填筑透水性较大的填料　　D. 不受限制

15. 沉桩的主要方式不包括（　　）。
A. 锤击沉桩　　B. 旋转沉桩　　C. 振动沉桩　　D. 静力压桩

16. 压浆后的桩通常要求保养至少（　　）d 以便桩底浆液凝固。
A. 20　　B. 25　　C. 15　　D. 30

17. 地下连续墙施工时，钢筋笼入槽后须尽快浇灌混凝土，混凝土要连续浇灌，一般可允许中断（　　）min 以保持混凝土的均匀性。
A. 10 ~ 20　　B. 10 ~ 15　　C. 5 ~ 10　　D. 15 ~ 20

18. 对快硬硅酸盐水泥质量有怀疑或水泥出厂超过（　　），应复查试验并按复验结果使用。
A. 六个月　　B. 三个月　　C. 二个月　　D. 一个月

19. 不属于钢构件拼装方法的是（　　）。
A. 平装法　　B. 立拼法　　C. 组装法　　D. 利用模具拼装法

20. 只适用于重量和高度不大的中小型网架结构的吊装方法是（　　）。
A. 多机抬吊法　　B. 桅杆吊升法　　C. 单机抬吊法　　D. 单杆吊升法

21. 在土桩和灰土桩挤密地基施工中，地下水位以下或含水量超过（　　）的土，不宜采用。
A. 15%　　B. 20%　　C. 25%　　D. 30%

22. 钢筋混凝土预制桩的混凝土达到其设计强度的（　　）后方可打桩。
A. 50%　　B. 70%　　C. 90%　　D. 100%

23. 钢筋混凝土预制桩的运输和堆放应满足以下要求（　　）。
A. 混凝土强度达到设计强度的 100% 方可运输
B. 混凝土强度达到设计强度的 50% 方可起吊
C. 堆放层数不宜超过 6 层
D. 不同规格的桩按上小下大的原则堆放

24. 关于卷材防水层搭接缝的做法，正确的有（　　）。
A. 平行屋脊的搭接缝顺流水方向搭接
B. 上下层卷材接缝对齐
C. 同一层相邻两幅卷材短边搭接缝错开不应小于幅宽的 1/3
D. 留设于天沟底部

25. 导墙是地下连续墙挖槽之前修筑的导向墙，底面不宜设置在新近填土上，且埋深不宜小于（　　）m。
A. 1.0　　B. 1.5　　C. 2.0　　D. 2.5

26. 地下连续墙在进行槽段内混凝土浇筑时，钢筋笼就位后应及时浇筑混凝土，导管埋入混凝土面的适宜深度为（　　）m。
A. 3.5　　B. 4.5　　C. 5.5　　D. 6.5

27. 厕浴间蒸压加气混凝土砌块墙底部（　　）mm 高度范围内应做混凝土坎台。
A. 300　　B. 250　　C. 200　　D. 150

28. 直接承受动力荷载的钢筋混凝土结构构件，其纵向钢筋连接应优先采用（ ）。

A. 闪光对焊 B. 压力埋弧焊 C. 直螺纹套筒连接 D. 电渣压力焊

29. 在大体积混凝土养护的温控过程中，其降温速率一般不宜大于（ ）℃/d。

A. 5.0 B. 4.0 C. 3.0 D. 2.0

30. 在单层工业厂房吊装工程施工过程中，当安装4层以下结构时，应选择的起重机为（ ）。

A. 履带式起重机 B. 自升式塔式起重机

C. 塔式起重机 D. 汽车式起重机

二、多项选择题（共30题，每题选项中有2个或2个以上正确，至少有1个错项）

1. 土木工程中常见的土石方工程有（ ）。

A. 场地平整 B. 基坑（槽）开挖

C. 基坑（槽）回填 D. 地下工程大型土石方开挖

E. 桩基础施工

2. 填土压实方法主要包括（ ）。

A. 按压法 B. 碾压法

C. 夯实法 D. 振动压实法

E. 颤动压实法

3. 下列属于振动沉管灌注桩施工方法的是（ ）。

A. 单打法 B. 多打法

C. 正插法 D. 反插法

E. 复打法

4. 在深基坑支护结构中，排桩与桩墙的主要施工形式包括（ ）。

A. 排桩式 B. 板桩式

C. 板墙式 D. 组合式

E. 混合式

5. 砌块砌体工程施工的主要工序有（ ）。

A. 铺灰 B. 拆除

C. 校正 D. 灌缝

E. 镶砖

6. 混凝土的养护方式可分为（ ）。

A. 低温养护 B. 标准养护

C. 常温养护 D. 加热养护

E. 自然养护

7. 地下工程施工，防水方案主要包括（ ）。

A. 结构自防水 B. 表面防水层防水

C. 防排结合 D. 内部防水层防水

E. 内外结合防水

8. 关于轻钢龙骨的安装，下列说法正确的是（ ）。

A. 应按弹线位置固定沿地龙骨、沿顶龙骨及边框龙骨，龙骨的边线应与弹线重合
B. 安装竖向龙骨应垂直，龙骨间距应符合设计要求
C. 安装支撑龙骨时，应先将支撑卡安装在竖向龙骨的开口方向，卡距宜为 500～600mm，距龙骨两端的距离宜为 20～30mm
D. 安装贯通系列龙骨时，低于 3m 的隔墙安装一道，3～5m 隔墙安装两道
E. 饰面板横向接缝处不在沿地龙骨、沿顶龙骨上时，应加横撑龙骨固定

9. 建筑幕墙按幕墙材料可分为（　　）。
A. 玻璃幕墙　　B. 石材幕墙
C. 金属幕墙　　D. 组合幕墙
E. 砌体幕墙

10. 板式支护结构主要包括（　　）。
A. 撑地式系统　　B. 连接式系统
C. 挡墙系统　　D. 悬挂式系统
E. 支撑（或拉锚）系统

11. 夯实地基施工方法主要包括（　　）。
A. 重锤夯实法　　B. 强夯法
C. 预压法　　D. 冲水法
E. 换填法

12. 关于钢管桩的优点，下列说法正确的是（　　）。
A. 接头连接复杂　　B. 承载力高
C. 排土量小　　D. 接头连接简单
E. 排土量大

13. 实际施工中套管成孔灌注桩采用较为广泛，主要类型包括（　　）。
A. 锤击沉管灌注桩　　B. 振动沉管灌注桩
C. 拔管夯打灌注桩　　D. 旋挖钻孔灌注桩
E. 套管夯打灌注桩

14. 下列属于爆扩桩成孔方法的是（　　）。
A. 多次爆扩法　　B. 反复爆扩法
C. 无限爆扩法　　D. 一次爆扩法
E. 两次爆扩法

15. 旋挖钻孔灌注桩施工，钻进方式主要包括（　　）。
A. 碾压　　B. 切削
C. 破碎　　D. 拨动
E. 碾磨

16. 灌注桩后压浆的施工技术措施主要有（　　）。
A. 桩底后压浆
B. 桩侧后压浆
C. 复式压浆（桩底和桩侧同时后压浆）
D. 桩顶压浆

E. 多层压浆

17. 关于基坑结构安全等级及重要性系数，下列说法正确的是（　　）。

A. 安全等级：一级，支护结构失效、土体失稳或过大变形对基坑周边环境及地下结构施工影响很严重，系数1.10%

B. 安全等级：二级，支护结构失效、土体失稳或过大变形对基坑周边环境及地下结构施工影响严重，系数1.00%

C. 安全等级：三级，支护结构失效、土体失稳或过大变形对基坑周边环境及地下结构施工影响不严重，系数0.90%

D. 安全等级：三级，支护结构失效、土体失稳或过大变形对基坑周边环境及地下结构施工影响不严重，系数1.10%

E. 安全等级：一级，支护结构失效、土体失稳或过大变形对基坑周边环境及地下结构施工影响很严重，系数0.90%

18. 下列关于导墙的作用，说法正确的是（　　）。

A. 作为防风墙　　B. 作为挡土墙

C. 作为测量的基准　　D. 作为重物的支承

E. 储蓄泥浆

19. 地下连续墙施工，成槽常用的方法有（　　）。

A. 多头钻施工法　　B. 钻抓斗施工法

C. 单头钻施工法　　D. 冲击式施工法

E. 填挖式施工法

20. 搅拌桩成桩主要依据水泥掺入比及土质情况而定，其工艺可分为（　　）。

A. 一次喷浆，一次搅拌　　B. 一次喷浆、二次搅拌

C. 二次喷浆、三次搅拌　　D. 二次喷浆，二次搅拌

E. 多次喷浆，多次搅拌

21. 轻型井点施工，主要工序包括（　　）。

A. 施工前查验　　B. 施工准备

C. 井点系统安装　　D. 井点系统使用

E. 井点系统监测

22. 下列可作为填方土料的是（　　）。

A. 碎石类土　　B. 砂土

C. 淤泥　　D. 爆破石渣及含水量符合压实要求的黏性土

E. 冻土

23. 在地下连续墙的施工中，泥浆的作用主要是（　　）。

A. 携砂　　B. 护壁

C. 冷却　　D. 润滑

E. 清理

24. 钢筋的连接方法有（　　）。

A. 焊接连接　　B. 绑扎搭接连接

C. 机械连接　　D. 铆钉连接

E. 螺栓连接

25. 滑升模板是一种工具式模板，其组成部分包括（　　）。

A. 模板系统　　B. 操作平台系统

C. 面板系统　　D. 液压系统

E. 机械系统

26. 液压爬模的施工工艺包括（　　）。

A. 安装　　B. 浇筑混凝土

C. 建模　　D. 脱模

E. 爬升

27. 关于大体积混凝土施工温度控制的规定，下列说法正确的是（　　）。

A. 混凝土入模温度不宜大于 25℃

B. 在覆盖养护或带模养护阶段，混凝土浇筑体表面以内 40 ~ 100mm 位置处的温度与混凝土浇筑体表面温度差值不宜大于 25℃

C. 混凝土降温速率不宜大于 2.0℃ /d

D. 混凝土浇筑体最大温升不宜大于 50℃

E. 结束覆盖养护或拆模后，混凝土浇筑体表面以内 40 ~ 100mm 位置处的温度与环境温度差值不应大于 25℃

28. 现浇混凝土灌注桩，按成孔方法分为（　　）。

A. 柱锤冲扩桩　　B. 泥浆护壁成孔灌注桩

C. 干作业成孔灌注桩　　D. 人工挖孔灌注桩

E. 爆扩成孔灌注桩

29. 地下连续墙具有很多功能用途，主要包括（　　）。

A. 承重、防爆　　B. 深基坑支护

C. 浅基坑支护　　D. 边坡支护

E. 防渗、截水

30. 在预应力混凝土结构中，当采用钢绞线、钢丝、热处理钢筋作预应力钢筋时，混凝土强度等级可采用（　　）。

A. C20　　B. C30

C. C40　　D. C50

E. C55

本章习题解析

一、单项选择题

1.【答案】A

【解析】本题考查的是明排水法施工。集水坑应设置在基础范围以外，地下水走向的上游。根据地下水量大小、基坑平面形状及水泵能力，集水坑每隔 20 ~ 40m 设置一个。

2.【答案】B

【解析】本题考查的是高压喷射注浆桩施工方法。单管法是利用一根单管喷射高压水泥浆液作为喷射流。成桩直径较小，一般为 0.3 ~ 0.8m。

3.【答案】C

【解析】本题考查的是钢筋混凝土预制桩施工。常用的钢筋混凝土预制桩断面有实心方桩与预应力混凝土空心管桩两种。预应力混凝土管桩直径为 400～600mm，在工厂内用离心法制成。

4.【答案】C

【解析】本题考查的是钢筋混凝土预制桩的堆放。桩堆放时应设置垫木，垫木的位置与吊点位置相同，各层垫木应上下对齐，堆放层数不宜超过 4 层。不同规格的桩应分别堆放。

5.【答案】A

【解析】本题考查的是钢管桩的施工顺序。钢管桩的施工顺序是：桩机安装→桩机移动就位→吊桩→插桩→锤击下沉→接桩→锤击至设计深度→内切钢管桩→精割→焊桩盖→浇筑垫层混凝土→绑钢筋→支模板→浇筑混凝土基础承台。

6.【答案】B

【解析】本题考查的是混凝土灌注桩施工。钻孔扩底灌注桩适用于黏性土、砂土、细粒碎石土、全风化、强风化、中等风化岩石时，孔深一般小于或等于 40m。

7.【答案】A

【解析】本题考查的是深基坑土方开挖施工。放坡开挖通常是最经济的挖土方案。

8.【答案】A

【解析】本题考查的是槽段接头施工中的施工接头方法。接头管接头是目前地下连续墙施工中采用最多的一种接头。

9.【答案】D

【解析】本题考查的是槽段接头施工中的结构接头方法。预埋连接钢板法，是钢筋间接连接的接头方式。

10.【答案】D

【解析】本题考查的是砌体结构施工基本规定。正常施工条件下，砖砌体、小砌块砌体每日砌筑高度宜控制在 1.5m 或一步脚手架高度内；石砌体不宜超过 1.2m。

11.【答案】A

【解析】本题考查的是混凝土季节性施工。当日平均气温达到 30℃及以上时，应按高温施工要求采取措施。

12.【答案】B

【解析】本题考查的是屋面防水的基本要求。混凝土结构层宜采用结构找坡，坡度不应小于 3%。

13.【答案】D

【解析】本题考查的是喷射井点。喷射井点的井点间距一般采用 2～3m，每套喷射井点宜控制在 20～30 根井管。

14.【答案】C

【解析】本题考查的是土石方的填筑与压实。填方宜采用同类土填筑，如采用不同透水性的土分层填筑时，下层宜填筑透水性较大、上层宜填筑透水性较小的填料，或将透水性较小的土层表面做成适当坡度，以免形成水囊。

15.【答案】B

【解析】本题考查的是沉桩。沉桩的方式主要有锤击沉桩、静力压桩、射水沉桩和振动沉桩。

16.【答案】B

【解析】本题考查的是灌注桩后压浆。压浆后的桩通常要求保养至少 25d 以上，以便桩底浆液凝固，方可按规定采用弹性波反射法进行桩基检测，以取得真实的注浆桩基承载力。

17.【答案】C

【解析】本题考查的是混凝土浇筑。在钢筋笼入槽后须尽快浇灌混凝土，混凝土要连续浇灌，不能长时间中断，一般可允许中断 5 ~ 10min，最长也只允许中断 20 ~ 30min，以保持混凝土的均匀性。

18.【答案】D

【解析】本题考查的是砌筑砂浆。在使用中对水泥质量有怀疑或水泥出厂超过三个月（快硬硅酸盐水泥超过一个月）时，应复查试验，并按复验结果使用。

19.【答案】C

【解析】本题考查的是钢构件预拼装。钢构件拼装方法有平装法、立拼法和利用模具拼装法三种。

20.【答案】A

【解析】本题考查的是大跨度结构吊装。多机抬吊法的特点是准备工作简单，吊装比较方便，但只适用于重量和高度不大的中小型网架结构（多在 40m × 40m 以内）。

21.【答案】C

【解析】本题考查的是土桩和灰土桩挤密地基。土桩和灰土桩挤密地基是由桩间挤密土和填夯的桩体组成的人工“复合地基”，适用于处理地下水位以上深度 5 ~ 15m 的湿陷性黄土或人工填土地基。土桩主要适用于消除湿陷性黄土地基的温陷性，灰土桩主要适用于提高人工填土地基的承载力。地下水位以下或含水量超过 25% 的土，不宜采用。

22.【答案】D

【解析】本题考查的是地基与基础工程施工技术。钢筋混凝土预制桩在混凝土达到设计强度的 100% 后方可打桩。

23.【答案】A

【解析】本题考查的是地基与基础工程施工技术。钢筋混凝土预制桩应在混凝土达到设计强度的 70% 方可起吊，达到 100% 方可运输和打桩。堆放层数不宜超过 4 层。不同规格的桩应分别堆放。

24.【答案】A

【解析】本题考查的是建筑工程防水和保温工程施工技术。

卷材搭接缝应符合下列规定：

（1）平行屋脊的搭接缝应顺流水方向；

（2）同一层相邻两幅卷材短边搭接缝错开不应小于 500mm；

（3）上下层卷材长边搭接缝应错开，且不应小于幅宽的 1/3；

（4）叠层铺贴的各层卷材，在天沟与屋面的交接处，应采用叉接法搭接，搭接缝应错开；搭接缝宜留在屋面与天沟侧面，不宜留在沟底。

25.【答案】B

【解析】本题考查的是地下连续墙施工技术。导墙底面不宜设置在新近填土上，且埋深不宜小于 1.5m。

26.【答案】A

【解析】本题考查的是地下连续墙施工技术。地下连续墙槽段内，混凝土浇筑过程中，导管埋入混凝土面的深度宜在 2.0 ~ 4.0m。

27.【答案】D

【解析】本题考查的是建筑工程主体结构施工技术。在厨房、卫生间、浴室等处采用轻骨料混凝土小型空心砌块、蒸压加气混凝土砌块砌筑墙体时，墙底部宜现浇混凝土坎台，其高度宜为 150mm。

28.【答案】C

【解析】本题考查的是建筑工程主体结构施工技术。直接承受动力荷载的结构构件中，纵向钢筋不宜采用焊接接头，宜采用机械连接。

29.【答案】D

【解析】本题考查的是建筑工程主体结构施工技术。大体积混凝土降温速率不宜大于 2.0℃ /d。

30.【答案】A

【解析】本题考查的是结构吊装工程施工。起重机的选择要根据所吊装构件的尺寸、重量及吊装位置来确定，可选择的机械有履带式起重机、塔式起重机或自升式塔式起重机等。履带式起重机适于安装 4 层以下结构，塔式起重机适于 4 ~ 10 层结构，自升式塔式起重机适于 10 层以上结构。

二、多项选择题

1.【答案】ABCD

【解析】本题考查的是土石方工程施工技术。土木工程中常见的土石方工程有场地平整、基坑（槽）开挖、基坑（槽）回填、地下工程大型土石方开挖、路基修筑。

2.【答案】BCD

【解析】本题考查的是填土压实方法。填土压实方法有碾压法、夯实法及振动压实法。

3.【答案】ADE

【解析】本题考查的是振动沉管灌注桩的施工方法。根据承载力的不同要求，可采用单打法、反插法或复打法施工。

4.【答案】ABCD

【解析】本题考查的是深基坑的支护形式。排桩与桩墙形式有：①排桩式；②板桩式；③板墙式；④组合式。

5.【答案】ACDE

【解析】本题考查的是混凝土小型空心砌块砌体工程的主要工序。砌块砌筑的主要工序有铺灰、砌块安装就位、校正、灌缝、镶砖。

6.【答案】BDE

【解析】本题考查的是混凝土的养护。混凝土养护一般可分为标准养护、加热养护和自然养护。

7.【答案】ABC

【解析】本题考查的是地下防水工程施工。地下工程防水方案主要有以下三类：一是结构自防水，二是表面防水层防水，三是防排结合。

8.【答案】ABDE

【解析】本题考查的是轻钢龙骨的安装规定。轻钢龙骨的安装应符合下列规定：①应按弹线位置固定沿地龙骨、沿顶龙骨及边框龙骨，龙骨的边线应与弹线重合；②安装竖向龙骨应垂直，龙骨间距应符合设计要求；③安装支撑龙骨时，应先将支撑卡安装在竖向龙骨的开口方向，卡距宜为 400 ~ 600mm，距龙骨两端的距离宜为 20 ~ 25mm；④安装贯通系列龙骨时，低于 3m 的隔墙安装一道，3 ~ 5m 隔墙安装两道；⑤饰面板横向接缝处不在沿地龙骨、沿顶龙骨上时，应加横撑龙骨固定。

9.【答案】ABCD

【解析】本题考查的是建筑幕墙按幕墙材料划分的种类。建筑幕墙按幕墙材料可分为玻璃幕墙、石材幕墙、金属幕墙、混凝土幕墙和组合幕墙。

10.【答案】CE

【解析】本题考查的是板式支护结构。板式支护结构由两大系统组成：挡墙系统和支撑（或拉锚）系统。

11.【答案】AB

【解析】本题考查的是常用的地基处理方法。夯实地基法主要有重锤夯实法和强夯法两种。

12.【答案】BCD

【解析】本题考查的是钢管桩。钢管桩具有重量轻、刚性好，承载力高，桩长易于调节，排土量小，对邻近建筑物影响小，接头连接简单，工程质量可靠，施工速度快的优点。

13.【答案】ABE

【解析】本题考查的是套管成孔灌注桩。套管成孔灌注桩是目前采用最为广泛的一种灌注桩。它有锤击沉管灌注桩、振动沉管灌注桩和套管夯打灌注桩三种。

14.【答案】DE

【解析】本题考查的是爆扩成孔灌注桩。爆扩桩成孔方法有两种，即一次爆扩法及两次爆扩法。

15.【答案】BCDE

【解析】本题考查的是旋挖钻孔灌注桩。旋挖钻机根据地质情况可分为四种钻进方式：切削、破碎、拨动和碾磨。

16.【答案】ABC

【解析】本题考查的是灌注桩后压浆。钻孔灌注桩后压浆施工技术主要有桩底后压浆、桩侧后压浆、复式压浆（桩底和桩侧同时后压浆）三类。

17.【答案】ABC

【解析】本题考查的是深基坑支护形式。以下列出基坑结构安全等级及重要性系数关系。

安全等级：一级，支护结构失效、土体失稳或过大变形对基坑周边环境及地下结构施工影响很严重，系数 1.10%；

安全等级：二级，支护结构失效、土体失稳或过大变形对基坑周边环境及地下结构施工影响严重，系数 1.00%；

安全等级：三级，支护结构失效、土体失稳或过大变形对基坑周边环境及地下结构施工影响不严重，系数 0.90%。

18.【答案】BCDE

【解析】本题考查的是导墙施工。导墙的作用有：①作为挡土墙；②作为测量的基准；③作为重物的支承；④储蓄泥浆。

19.【答案】ABD

【解析】本题考查的是开挖槽段的挖槽方法。地下连续墙挖槽常见的方法有多头钻施工法、钻抓斗施工法和冲击式施工法。

20.【答案】BC

【解析】本题考查的是重力式支护结构。搅拌桩成桩工艺可采用“一次喷浆、二次搅拌”或“二次喷浆、三次搅拌”工艺，主要依据水泥掺入比及土质情况而定。

21.【答案】BCD

【解析】本题考查的是轻型井点施工。轻型井点系统的施工，主要包括施工准备、井点系统安装与使用。

22.【答案】ABD

【解析】本题考查的是土料选择与填筑方法。碎石类土、砂土、爆破石渣及含水量符合压实要求的黏性土可作为填方土料。

23.【答案】ABCD

【解析】本题考查的是地下连续墙施工中的泥浆护壁。泥浆的作用主要有：护壁、携砂、冷却和润滑，其中以护壁为主。

24.【答案】ABC

【解析】本题考查的是钢筋连接。钢筋的连接方法有焊接连接、绑扎搭接连接和机械连接。

25.【答案】ABD

【解析】本题考查的是模板工程。滑升模板是一种工具式模板，由模板系统、操作平台系统和液压系统三部分组成。

26.【答案】ABDE

【解析】本题考查的是模板工程。液压爬模施工工艺包括爬模的安装、浇筑混凝土、脱模及爬升。

27.【答案】BCDE

【解析】本题考查的是大体积混凝土结构浇筑温度控制的相关规定。要防止大体积混凝土结构浇筑后产生裂缝，就要降低混凝土的温度应力，大体积混凝土施工温度控制应符合下列规定：①混凝土入模温度不宜大于 30℃，混凝土浇筑体最大温升不宜大于 50℃；②在覆盖养护或带模养护阶段，混凝土浇筑体表面以内 40～100mm 位置处的温度与混凝土浇筑体表面温度差值不宜大于 25℃；结束覆盖养护或拆模后，混凝土浇筑体表面以内

40～100mm 位置处的温度与环境温度差值不应大于 25℃；③混凝土降温速率不宜大于 2.0℃ /d。

28.【答案】BCDE

【解析】本题考查的是地基与基础工程施工技术。混凝土灌注桩根据成孔工艺不同，分为泥浆护壁成孔、干作业成孔、人工挖孔、套管成孔和爆扩成孔等。

29.【答案】ABE

【解析】本题考查的是地下连续墙施工技术。地下连续墙具有很多功能用途，如防渗、截水、承重、挡土、防爆等，强度可靠，承压力大。地下连续墙可以用作深基坑的支护结构。

30.【答案】CDE

【解析】本题考查的是建筑工程主体结构施工技术。当采用钢绞线、钢丝，热处理钢筋作预应力钢筋时，混凝土强度等级不宜低于 C40。

第 4 章 土建工程常用施工机械的类型及应用

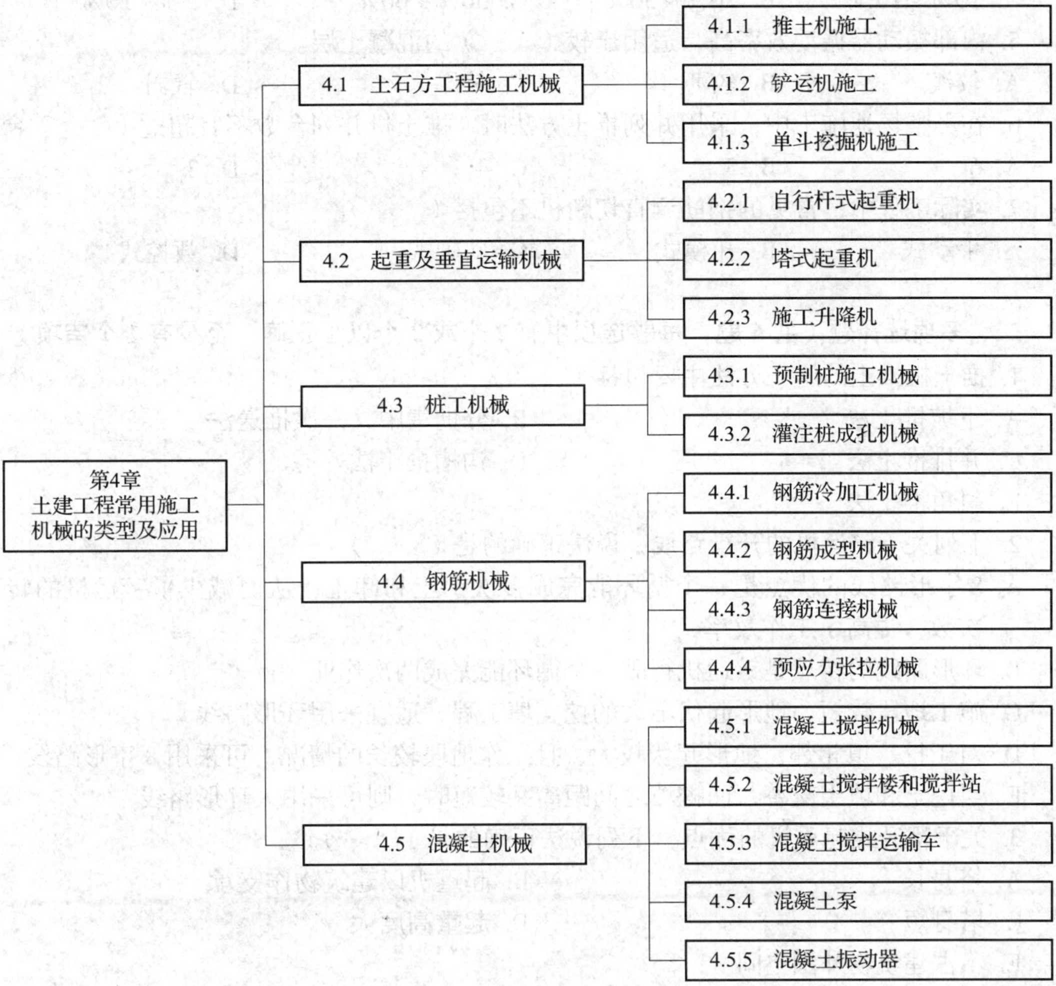

本章知识导图

本章习题精选

一、单项选择题（共 7 题，每题仅有 1 个选项正确）

1. 关于单斗挖掘机作业特点，说法正确的是（　　）。

A. 正铲挖掘机：前进向下，自重切土

B. 反铲挖掘机：后退向上，强制切土

C. 拉铲挖掘机：后退向下，自重切土

D. 抓铲挖掘机：前进向上，强制切土

2. 塔式起重机具有较高的有效高度和较大的工作半径，起重臂可以回转（　　）。

A. 180°　　B. 360°　　C. 90°　　D. 270°

3. 回旋钻机在施工过程中，切削形成的土渣通过（　　）循环排出桩孔。

A. 水　　B. 泥浆　　C. 水泥　　D. 建渣

4. 采用机械搅拌能提高生产效率，与手工搅拌相比，可提高混凝土强度约（　　）。

A. 10% ~ 20%　　B. 20% ~ 30%　　C. 50% ~ 60%　　D. 5% ~ 10%

5. 内部振动器振动效率高，适用于较（　　）的混凝土层。

A. 较浅　　B. 较薄　　C. 较厚　　D. 软弱

6. 在平整场地施工中，采用并列推土方法时，推土机并列台数不宜超过（　　）台。

A. 6　　B. 5　　C. 4　　D. 3

7. 实际工程中，常见的钢筋调直切断机不包括（　　）。

A. 手动式　　B. 孔模式　　C. 斜辊式　　D. 数控式

二、多项选择题（共 6 题，每题选项中有 2 个或 2 个以上正确，至少有 1 个错项）

1. 推土机推土的施工方法主要包括（　　）。

A. 下坡推土法　　B. 分批集中，一次推送法

C. 并排推土法　　D. 沟槽推土法

E. 斜角推土法

2. 下列关于铲运机的开行路线，说法正确的是（　　）。

A. 8 字形路线的优点是一个循环能完成多次铲土和卸土，从而减少了铲运机的转弯次数，提高了工作效率

B. 环形路线的特点是铲运机行驶一个循环能完成两次作业

C. 施工地段较短、地形起伏不大的挖、填工程，适宜采用环形路线

D. 对于挖、填相邻，地形起伏较大，且工作地段较长的情况，可采用 8 字形路线

E. 当挖土和填土交替，而挖填之间距离又较短时，则可采用大环形路线

3. 关于爬升式起重机的优点，下列说法正确的是（　　）。

A. 塔身长　　B. 起重机以建筑物作支承

C. 塔身短　　D. 起重高度大

E. 不占建筑物外围空间

4. 实际工程中，施工电梯可分为（　　）。

A. 多笼　　B. 三笼

C. 单笼　　D. 四笼

E. 双笼

5. 桩工机械按其工作原理，可分为（　　）。

A. 冲击式　　B. 振动式

C. 静压式　　D. 成孔灌注式

E. 多孔灌注式

6. 下列关于混凝土工厂的特点，说法正确的是（　　）。

A. 混凝土集中搅拌可实现机械化和自动化

B. 对混凝土配合比可严格控制
C. 质量稳定
D. 成本低
E. 价格高

本章习题解析

一、单项选择题

1.【答案】C

【解析】本题考查的是单斗挖掘机施工。正铲挖掘机的挖土特点是：前进向上，强制切土。反铲挖掘机的特点是：后退向下，强制切土。拉铲挖掘机的挖土特点是：后退向下，自重切土。抓铲挖掘机的挖土特点是：直上直下，自重切土。

2.【答案】B

【解析】本题考查的是塔式起重机。塔式起重机具有较高的塔身，起重臂安装在塔身顶部，具有较高的有效高度和较大的工作半径，起重臂可以回转 360°。

3.【答案】B

【解析】本题考查的是回旋钻机。回旋钻机是由动力装置带动钻机的回旋装置转动，并带动带有钻头的钻杆转动，由钻头切削土壤。切削形成的土渣通过泥浆循环排出桩孔。

4.【答案】B

【解析】本题考查的是混凝土搅拌机械。机械搅拌与手工搅拌相比，强度可提高 20%～30%，且能减轻劳动强度，提高生产效率。

5.【答案】C

【解析】本题考查的是混凝土振动器。内部振动器又称插入式振动器，施工时插入混凝土拌合物内进行密实振动。其密实振动效率高，适用于较厚的混凝土层，如桥墩、基础、沉井、柱、梁等的施工，应用较广泛。

6.【答案】D

【解析】本题考查的是推土机施工。并列推土法是指在较大面积的平整场地施工中，采用 2 台或 3 台推土机并列推土的方法。

7.【答案】A

【解析】本题考查的是钢筋调直切断机。常见的钢筋调直切断机的模式有孔模式、斜辊式、数控式三种。

二、多项选择题

1.【答案】ABDE

【解析】本题考查的是推土机的施工方法。使用推土机推土的几种施工方法：①下坡推土法；②分批集中，一次推送法；③并列推土法；④沟槽推土法；⑤斜角推土法。

2.【答案】CDE

【解析】本题考查的是铲运机施工。根据实践，铲运机的开行路线有：①环形路线。施工地段较短、地形起伏不大的挖、填工程，适宜采用环形路线。当挖土和填土交替，而挖填之间距离又较短时，则可采用大环形路线。大环形路线的优点是一个循环能完成多次铲土和卸土，从而减少了铲运机的转弯次数，提高了工作效率。② 8 字形路线。对于挖、填相邻，地形起伏较大，且工作地段较长的情况，可采用 8 字形路线。其特点是铲运机行驶一个循环能完成两次作业，而每次铲土只需转弯一次，比环形路线可缩短运行时间，提高生产效率。同时，一个循环中两次转弯方向不同机械磨损较均匀。

3.【答案】BCDE

【解析】本题考查的是爬升式起重机。爬升式起重机的优点是：起重机以建筑物作支承，塔身短，起重高度大，而且不占建筑物外围空间。

4.【答案】CE

【解析】本题考查的是施工电梯。施工电梯分单笼和双笼两种。

5.【答案】ABCD

【解析】本题考查的是桩工机械。桩工机械按其工作原理分为冲击式、振动式、静压式和成孔灌注式四类。

6.【答案】ABCD

【解析】本题考查的是混凝土搅拌楼和搅拌站。混凝土搅拌楼和搅拌站也叫混凝土工厂，它主要用来集中搅拌混凝土。它的主要特点：混凝土集中搅拌可实现机械化和自动化，对混凝土配合比可严格控制，质量稳定，成本低。

第5章　施工组织设计的编制原理、内容及方法

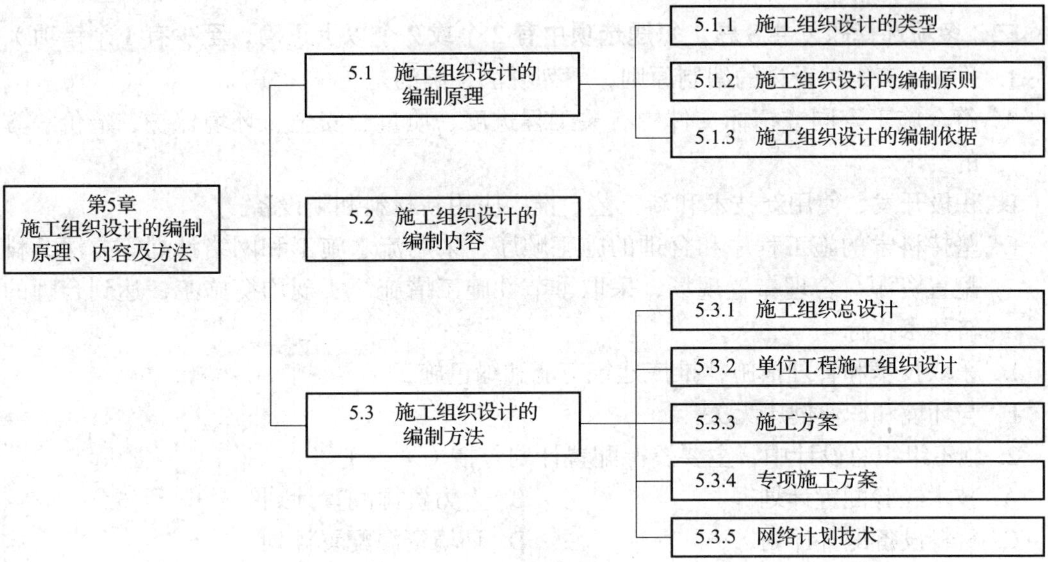

本章知识导图

本章习题精选

一、单项选择题（共6题，每题仅有1个选项正确）

1. 根据《建筑施工组织设计规范》GB/T 50502—2009的规定，单位工程施工组织设计应由（　　）主持编制。

A. 施工项目负责人　　B. 施工单位技术负责人
C. 施工单位授权的技术人员　　D. 施工项目部技术负责人

2. 超过一定规模的危险性较大的分部分项工程专项施工方案应当由（　　）组织召开专家论证会。

A. 监理单位　B. 建设单位　C. 施工单位　D. 设计单位

3. 在网络计划中，（　　）为关键工作。

A. 自由时差最大的工作　　B. 自由时差最小的工作
C. 总时差最小的工作　　D. 总时差最大的工作

4. 专项施工方案内容不包括（　　）。

A. 工程概况　B. 编制依据　C. 施工计划　D. 人员管理

5. 某网络计划中，工作N的持续时间为7天，最迟完成时间为第26天，该工作三项紧前工作的最早完成时间分为第10天，第12天和第15天，则工作N的总时差是（　）天。

A. 10　　B. 8　　C. 6　　D. 4

6. 某工程网络计划中，工作 K 最早完成时间为 18 天，持续时间为 5 天，该工作有三项紧后工作，它们的最早开始时间分别为第 25 天、第 28 天和第 29 天，则工作 K 的自由时差为（　　）天。

A. 7　　B. 2　　C. 3　　D. 8

二、多项选择题（共 8 题，每题选项中有 2 个或 2 个以上正确，至少有 1 个错项）

1. 关于施工组织设计的编制原则，下列说法正确的是（　　）。

A. 符合施工合同或招标文件中有关工程进度、质量、安全、环境保护、造价等方面的要求

B. 积极开发、使用新技术和新工艺，推广应用新材料和新设备

C. 坚持科学的施工程序和合理的施工顺序，采用流水施工和网络计划等方法，科学配置资源，合理布置现场，采取季节性施工措施，实现均衡施工，达到合理的经济技术指标

D. 采取技术和管理措施，推广建筑节能和绿色施工

E. 与环境和职业健康无关

2. 施工组织总设计中，主要资源配置计划包括（　　）。

A. 技术经验配置计划　　B. 人力资源配置计划

C. 材料设备配置计划　　D. 环境资源配置计划

E. 施工部署计划

3. 施工组织总设计的主要内容包括（　　）。

A. 总体施工部署　　B. 施工总进度计划

C. 施工方法及工艺要求　　D. 总体施工准备

E. 施工总平面布置

4. 施工方案的主要内容有（　　）。

A. 工程概况　　B. 施工安排

C. 施工进度计划　　D. 施工图预算

E. 施工方法及工艺要求

5. 在施工组织总设计中，确定主要施工方法需要兼顾（　　）。

A. 工艺技术的先进性　　B. 可预见性

C. 可操作性　　D. 经济方面的合理性

E. 滞后性

6. 根据《建筑施工组织设计规范》GB/T 50502—2009 的规定，按编制对象和范围不同，施工组织设计可分为（　　）。

A. 施工组织总设计　　B. 单位工程施工组织设计

C. 分部分项工程施工组织设计　　D. 施工组织分项设计

E. 单位工程总设计

7. 项目施工过程中，对施工组织总设计进行修改或补充的情形有（　　）。

A. 工程设计有修改　　B. 有关法律法规、标准的实施、修订或废止

C. 主要施工方法有重大调整　　D. 主要施工资源配置有重大调整

E. 施工环境有重大改变

8. 施工组织设计的编制依据有（　　）。

A. 与工程有关的资源供应条件　　B. 招投标文件

C. 工程现场条件　　D. 工程施工合同文件

E. 工程设计文件

本章习题解析

一、单项选择题

1.【答案】A

【解析】本题考查的是单位工程施工组织设计。单位工程施工组织设计应由施工项目负责人主持编制，应由施工单位技术负责人或其授权的技术人员负责审批。

2.【答案】C

【解析】本题考查的是专项施工方案。超过一定规模的危险性较大的分部分项工程专项施工方案应当由施工单位组织召开专家论证会。

3.【答案】C

【解析】本题考查的是确定关键工作。在网络计划中，总时差最小的工作为关键工作。

4.【答案】D

【解析】本题考查的是专项施工方案。专项施工方案应当包括以下内容：①工程概况；②编制依据；③施工计划；④施工工艺技术；⑤施工安全保证措施；⑥劳动力计划；⑦计算书及相关图纸。

5.【答案】D

【解析】本题考查的是双代号网络计划图。

工作 N 最早开始时间 =Max｛所有紧前工作最早完成时间｝

=Max｛10，12，15｝

=15（天）

工作 N 最迟开始时间 = 工作 N 最迟完成时间 – 工作 N 持续时间

=26–7

=19（天）

所以工作 N 总时差 = 工作 N 最迟开始时间 – 工作 N 最早开始时间

=19–15

=4（天）

6.【答案】A

【解析】本题考查的是双代号网络计划图。

工作 K 自由时差 =Min｛所有紧后工作最早开始时间｝– 本工作的最早完成时间

=Min｛25，28，29｝–18

=25–18

=7（天）

二、多项选择题

1.【答案】ABCD

【解析】本题考查的是施工组织设计的编制原则。施工组织设计的编制原则有：①符合施工合同或招标文件中有关工程进度、质量、安全、环境保护、造价等方面的要求；②积极开发、使用新技术和新工艺，推广应用新材料和新设备；③坚持科学的施工程序和合理的施工顺序，采用流水施工和网络计划等方法，科学配置资源，合理布置现场，采取季节性施工措施，实现均衡施工，达到合理的经济技术指标；④采取技术和管理措施，推广建筑节能和绿色施工；⑤与质量、环境和职业健康安全三个管理体系有效结合。

2.【答案】BC

【解析】本题考查的是主要资源配置计划。主要资源配置计划包括人力资源配置计划和材料设备配置计划。

3.【答案】ABDE

【解析】本题考查的是工程项目施工组织设计。施工组织总设计的主要内容包括：工程概况总体施工部署、施工总进度计划、总体施工准备与主要资源配置计划、主要施工方法、施工总平面布置。

4.【答案】ABCE

【解析】本题考查的是单位工程施工方案的内容。施工方案包括工程概况、施工安排、施工进度计划、施工准备与资源配置计划、施工方法及工艺要求。

5.【答案】ACD

【解析】本题考查的是总体施工准备的主要施工方法。对施工方法的确定要兼顾工艺技术的先进性、可操作性及经济方面的合理性。

6.【答案】ABC

【解析】本题考查的是施工组织设计的类型。施工组织设计按编制对象和范围不同可划分为三类：施工组织总设计、单位工程施工组织设计和分部分项工程施工组织设计。

7.【答案】BCDE

【解析】本题考查的是施工组织总设计的修改和补充。工程项目施工过程中，发生下列情形之一时，应及时修改、补充施工组织总设计：①工程设计有重大修改；②有关法律法规、标准的实施、修订或废止；③主要施工方法有重大调整；④主要施工资源配置有重大调整；⑤施工环境有重大改变。

8.【答案】ACDE

【解析】本题考查的是工程项目施工组织设计。施工组织设计的编制依据有：①工程建设有关法律法规及政策；②工程建设标准和技术经济指标；③工程设计文件；④工程施工合同文件；⑤工程现场条件；工程地质与水文地质、气象等条件；⑥与工程有关的资源供应条件；⑦施工单位的生产能力、机具设备状况及技术水平等。

第二篇　工 程 计 量

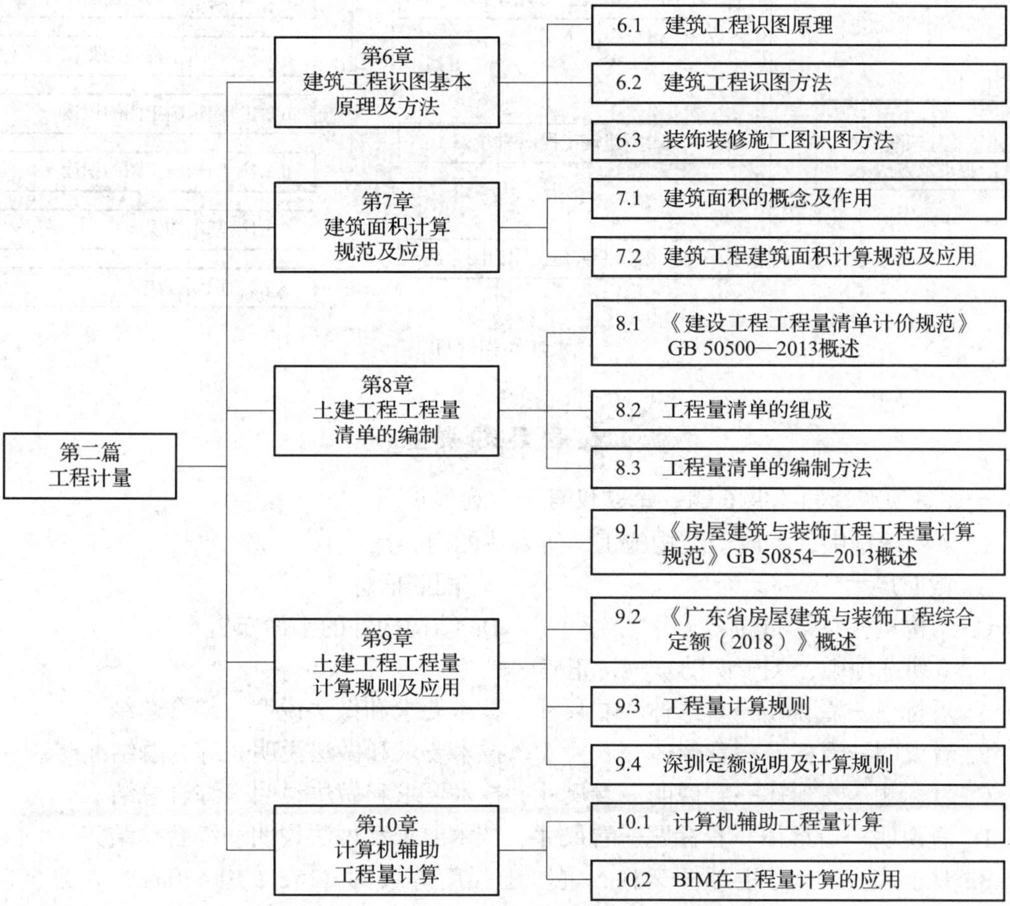

本篇知识导图

第 6 章　建筑工程识图基本原理及方法

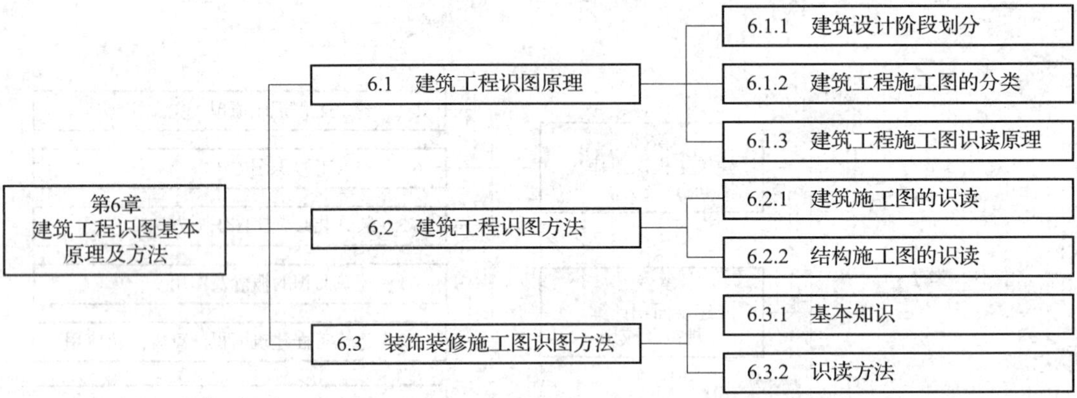

本章知识导图

本章习题精选

一、单项选择题（共 6 题，每题仅有 1 个选项正确）

1. 下列选项中，不属于结构施工图所表达的内容是（　　）。

A. 截面尺寸　　B. 配筋信息

C. 结构构件总体布局　　D. 结构构件的平面布置

2. 下列选项中，关于识图步骤，正确的是（　　）。

A. 看标题→看说明→看形体→看尺寸、技术要求和做法说明→综合总结

B. 看说明→看标题→看形体→看尺寸、技术要求和做法说明→综合总结

C. 看标题→看形体→看说明→看尺寸、技术要求和做法说明→综合总结

D. 看说明→看形体→看标题→看尺寸、技术要求和做法说明→综合总结

3. 对于表述“8 号矩形框架柱，混凝土强度等级为 C25，*b* 边 450mm，*h* 边 500mm，角筋为 4 根直径 20mm 的三级钢，箍筋为直径 10mm 的一级钢，加密区间距 100mm，非加密区间距 200mm”，平法注写正确的是（　　）。

A. KZ（8）　450×550　4Φ20　φ10@100/200

B. KZ（8）　550×450　4Φ20　φ10@100/200

C. KZ8　450×550　4Φ20　φ10@100/200

D. KZ8　550×450　4Φ25　φ10@100/200

4. 对于表述“6 号楼层框架梁，4 跨，一端悬挑，截面高 500mm，截面宽 250mm，箍筋为直径 8mm 的一级钢，加密区间距 100mm，非加密区间距 200mm，上部通长筋为 2 根直径为 22mm 的三级钢，构造钢筋为 4 根直径 10mm 的一级钢”，平法注写正确的是（　　）。

A. KL6（4A）　500×250　φ8@100/200　2Φ22　G4φ10

B. KL6（4B）　500×250　ϕ8@100/200　2Φ22　4Gϕ10

C. KL6（4B）　250×500　ϕ8@100/200　2Φ22　4Gϕ10

D. KL6（4A）　250×500　ϕ8@100/200　2Φ22　G4ϕ10

5. 关于梁的平面注写方式，下列说法中正确的是（　　）。

A. 集中标注表达梁的特殊数值，是指与原位标注不同的数值

B. 原位标注表达梁的特殊数值，一般注写在数值变化处的梁上部或下部部位

C. 在施工中集中标注优于原位标注

D. 原位标注表达梁的通用数值，从梁的任一跨用一条引线引出注写

6. 对于有梁楼盖的描述“3 号楼面板、轴网正交布置，板厚 120mm，板下部配置的贯通纵筋从左至右为Φ10 和Φ12 隔一布一、间距 100mm，贯通纵筋从下至上为Φ10、间距 120mm”，下列平法注写正确的是（　　）。

A. LB3 h=120　T：XΦ10/12@100；YΦ10@120

B. LB3 h=120　B：XΦ10/12@100；YΦ10@120

C. LB3 h=120　T：XΦ10@120；YΦ10/12@100

D. LB3 h=120　B：XΦ10@120；YΦ10/12@100

二、多项选择题（共 6 题，每题选项中有 2 个或 2 个以上正确，至少有 1 个错项）

1. 下列选项中，属于建筑工程施工图纸主要组成部分的是（　　）。

A. 总平面布置图　　B. 结构施工图

C. 设备施工图　　D. 装饰施工图

E. 建筑施工图

2. 总平面图的比例一般为（　　）。

A. 1∶200　　B. 1∶500

C. 1∶1 000　　D. 1∶2 000

E. 1∶2 500

3. 配置在混凝土中的钢筋根据其作用及位置的不同分为（　　）。

A. 拉筋　　B. 受力筋

C. 构造钢筋　　D. 抗扭钢筋

E. 箍筋

4. 关于混凝土结构平法施工图的描述，下列选项中正确的是（　　）。

A. 梁平法的集中标注包括五项必注值和一项选注值

B. 现浇板分为有梁楼盖、井字楼盖、无梁楼盖

C. 柱平法施工图有列表注写方式和截面注写方式

D. 梁配筋平面图，是在梁平面布置图上采用集中标注与原位标注两种注写方式表达梁的尺寸

E. 梁侧面的纵向构造钢筋可以不在集中标注中体现

5. 下列有关平法标注的描述，正确的选项是（　　）。

A. 实施平法标注可以有效减少图纸数量

B. 板配筋平面图的平面注写方式分为板块集中标注和板支座原位标注

C. ф10@100（4）/200（2），表示箍筋为 HPB300 钢筋，直径为 10mm，加密区间距为 100mm，四肢箍；非加密区间距为 200mm，双肢箍

D. 某梁标注“300×700，PY500×250”，表示梁竖向加腋截面的尺寸为 500×250

E. 注写为“LB3 *h*=100，T：*X*⌀12@100；*Y*⌀10@150”表示 5 号楼面板、板厚 100mm，板上部配置的贯通纵筋 *X* 向⌀12@100、间距 100mm，*Y* 向⌀10@150、间距 100mm

6. 下列有关装饰装修施工图识图的描述，正确的选项是（　　）。

A. 吊顶平面图反映细部装饰做法

B. 装饰装修施工图中，以详图在前基本图在后的顺序排列

C. 平面布置图是装施图的主要图样，体现室内的功能分区，是确定装修空间平面尺度、形体定位的主要依据

D. 墙柱面立面图是按内视投影符号的指向，将墙体装饰面向直立投影面所做的正投影图

E. 装饰面完成后的结构面标高为 ±0.00

本章习题解析

一、单项选择题

1.【答案】C

【解析】本题考查的是结构施工图所表达的内容。结构施工图主要表达建筑结构构件的类型、平面布置、材料、截面尺寸、配筋信息及构造做法等。它包括结构设计说明、基础平面布置图和详图、各层结构平面布置图、结构构件详图。

2.【答案】A

【解析】本题考查的是施工图的识读步骤。识读建筑工程施工图时，应按照先整体后局部，先文字说明后图样，先基本图样后详图，先图形后尺寸等原则进行。具体步骤是：一看标题，二看说明，三看形体，四看尺寸，五看要求，最后总结。

3.【答案】C

【解析】本题考查的是柱平法施工图的注写方式。

4.【答案】D

【解析】本题考查的是梁平法施工图的注写方式。

5.【答案】B

【解析】本题考查的是梁的平面注写方式相关知识。梁配筋平面图一般采用平面注写方式来表示，平面注写方式包括集中标注与原位标注。集中标注表达梁的通用数值，从梁的任一跨用一条引线引出注写，包括五项必注值（梁编号、梁截面尺寸、梁箍筋、梁上部通长筋或架立筋、梁侧面构造筋）和一项选注值（梁顶面标高高差）；原位标注表达梁的特殊数值，反映的是与集中标注不同的数值、附加箍筋或吊筋，一般注写在数值变化处的梁上部或下部部位，在施工中原位标注优于集中标注。

6.【答案】B

【解析】本题考查的是有梁楼盖平法施工图的注写方式。注写为“LB3 *h*=120 B：*X*⌀10/12@100；*Y*⌀10@120”表示 3 号楼面板、板厚 110mm，板下部配置的贯通纵筋 *X* 向为⌀10 和⌀12 隔一布一、间距 100mm，*Y* 向贯通纵筋⌀10@110。

二、多项选择题

1.【答案】BCDE

【解析】本题考查的是建筑工程施工图的分类。一套完整的建筑工程施工图包括建筑、结构、设备和装饰装修等专业施工图，具有图纸齐全，表达准确，要求具体的特点。

2.【答案】BCD

【解析】本题考查的是总平面图的比例。总平面图可以作为新建房屋定位、施工放线、土方施工以及绘制水暖电等管线总平面图和施工总平面图布置的依据。因区域面积大，故建筑总平面图的比例采用小比例，一般为 1∶500、1∶1 000、1∶2 000 等。

3.【答案】BCE

【解析】本题考查的是钢筋混凝土结构基本知识。总建筑结构构件中的钢筋按其强度、品种的不同分为四个等级七种类型。根据配置在混凝土中的钢筋的作用及位置不同分为以下几种：①受力筋；②架立筋；③箍筋；④分布筋；⑤构造钢筋。

4.【答案】AC

【解析】本题考查的是结构施工图的识读。梁配筋平面图，是在梁平面布置图上采用平面注写方式或截面注写方式表达梁的尺寸、位置及配筋等信息。梁配筋平面图一般采用平面注写方式来表示，平面注写方式包括集中标注与原位标注。集中标注表达梁的通用数值，从梁的任一跨用一条引线引出注写，包括五项必注值（梁编号、梁截面尺寸、梁箍筋、梁上部通长筋或架立筋、梁侧面构造筋）和一项选注值（梁顶面标高高差）。现浇板分为有梁楼盖和无梁楼盖，柱平法施工图有列表注写方式和截面注写方式。

5.【答案】ABCE

【解析】本题考查的是结构施工图的识读。选项 D 错误，若梁出现标注“300×700，PY500×250”，则表明梁的水平加腋，腋长 500mm，腋宽 250mm。

6.【答案】CD

【解析】本题考查的是装饰装修施工图的识读。平面布置图是装施图的主要图样，主要表达室内的家具布置，绿化与陈设的布局，设计尺寸及选材等内容，体现室内的功能分区，是确定装修空间平面尺度、形体定位的主要依据。墙柱面立面图是按内视投影符号的指向，将墙体装饰面向直立投影面所做的正投影图。是反映墙体面层的装饰装修设计尺寸、材料、色彩等做法内容的主要图样之一，也是确定墙面做法的主要依据。选项 A 错误，装饰装修构造详图反映细部装饰做法。选项 B 错误，一套图纸中，以基本图在前详图在后的顺序排列。选项 E 错误，完成装饰面后的建筑面标高为 ±0.00。

第 7 章　建筑面积计算规范及应用

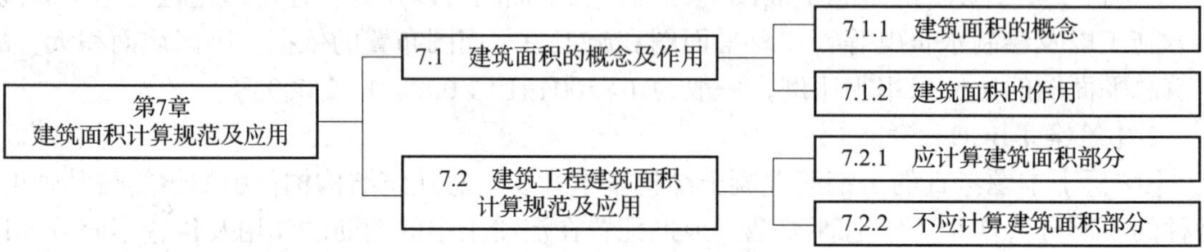

本章知识导图

本章习题精选

一、单项选择题（共 20 题，每题仅有 1 个选项正确）

1. 建筑面积是指建筑物（包括墙体）所形成的（　　）。

A. 围合面积　　B. 水平投影面积　　C. 正投影面积　　D. 楼地面面积

2. 下列选项中，关于有效面积计算正确的是（　　）。

A. 建筑面积 + 使用面积　　B. 使用面积 + 结构面积

C. 结构面积 + 辅助面积　　D. 辅助面积 + 使用面积

3. 根据《建筑工程建筑面积计算规范》GB/T 50353—2013 的相关规定，对于单层建筑物的建筑面积计算，下列说法错误的是（　　）。

A. 结构层高在 2.20m 及以上的，应计算全面积

B. 结构层高在 2.20m 以下的，应计算 1/2 面积

C. 结构净高在 1.20m 及以下的部位不应计算建筑面积

D. 外墙结构本身在一个层高范围内不等厚时，以楼地面结构标高处的外围水平面积计算

4. 根据《建筑工程建筑面积计算规范》GB/T 50353—2013 的相关规定，若建筑物内设有局部楼层，局部二层层高 2.45m，关于其建筑面积计算，下列说法正确的是（　　）。

A. 无围护结构的按其结构底板水平面积计算全面积

B. 无围护结构的不计算面积

C. 有围护结构的按围护结构外围水平面积的 1/2 计算

D. 有围护结构的按其结构底板水平面积计算全面积

5. 根据《建筑工程建筑面积计算规范》GB/T 50353—2013 的相关规定，形成建筑空间的坡屋顶的建筑面积计算规则，下列说法正确的是（　　）。

A. 结构净高在 2.20m 及以上的部分按 1/2 计算

B. 结构净高在 2.20m 及以上的部分计算全面积

C. 结构净高在 1.20m 以上的部分计算 1/2 面积

D. 结构净高在 1.20m 以下的部分不计算建筑面积

6. 根据《建筑工程建筑面积计算规范》GB/T 50353—2013 的相关规定，对于“有永久性顶盖，结构净高为 3.10m，但无围护结构的场馆看台”，关于其建筑面积计算，说法正确的是（　　）。

A. 结构净高在 2.20m 及以上的部位应计算全面积

B. 按顶盖水平投影面积的 1/2 计算

C. 按顶盖水平投影面积计算全面积

D. 按看台结构底板水平投影面积的 1/2 计算

7. 根据《建筑工程建筑面积计算规范》GB/T 50353—2013 的相关规定，对于地下室、半地下室的建筑面积计算规定，下列说法正确的是（　　）。

A. 结构层高在 2.20m 及以上的，应计算全面积

B. 结构净高在 2.00m 及以上的，应计算全面积

C. 结构净高在 2.10m 以下的，应计算 1/2 面积

D. 结构净高在 2.20m 以下的，不应计算建筑面积

8. 根据《建筑工程建筑面积计算规范》GB/T 50353—2013 的相关规定，建筑物门厅、大厅内设置的走廊，其建筑面积计算应按（　　）。

A. 围护设施外围水平面积计算　　B. 结构底板水平投影面积计算

C. 围护结构外围水平面积计算　　D. 其顶盖的水平投影面积计算

9. 根据《建筑工程建筑面积计算规范》GB/T 50353—2013 的相关规定，对于出入口外墙外侧坡道有顶盖的部位，其建筑面积计算应按（　　）。

A. 结构底板水平投影面积计算全面积

B. 外墙结构外围水平面积计算全面积

C. 外墙结构外围水平面积的 1/2 计算面积

D. 按结构底板水平面积的 1/2 计算面积

10. 根据《建筑工程建筑面积计算规范》GB/T 50353—2013 的相关规定，对于有顶盖和围护设施的架空走廊，其建筑面积计算应按（　　）。

A. 围护结构外围水平面积的 1/2 计算　B. 围护结构外围水平面积计算全面积

C. 结构底板水平投影面积的 1/2 计算　D. 结构底板水平投影面积计算全面积

11. 根据《建筑工程建筑面积计算规范》GB/T 50353—2013 的相关规定，结构层高为 2.20m 且有围护结构的立体书库，其建筑面积应按（　　）。

A. 围护结构外围水平面积的 1/2 计算　B. 围护结构外围水平面积计算全面积

C. 结构底板水平投影面积的 1/2 计算　D. 结构底板水平投影面积计算全面积

12. 根据《建筑工程建筑面积计算规范》GB/T 50353—2013 的相关规定，层高在 2.10m 且有围护结构的舞台灯光控制室，其建筑面积应按（　　）。

A. 围护结构外围水平面积计算　　B. 围护结构外围水平面积的 1/2 计算

C. 结构底板水平面积计算　　D. 结构底板水平面积的 1/2 计算

13. 根据《建筑工程建筑面积计算规范》GB/T 50353—2013 的相关规定，关于建筑面积计算，下列说法正确的是（　　）。

A. 附属在建筑物外墙的落地橱窗应按围护结构外围水平面积计算 1/2 面积

B. 有围护结构的舞台灯光控制室，应按围护结构外围的水平面积计算

C. 凸窗应按围护结构的外围水平面积计算

D. 凸窗应按围护结构的外围水平面积计算 1/2 面积

14. 根据《建筑工程建筑面积计算规范》GB/T 50353—2013 的相关规定，对于有柱的檐廊，其建筑面积应按（　　）。

A. 围护结构外围水平面积计算　　B. 围护结构外围水平面积的 1/2 计算

C. 柱外围水平面积的 1/2 面积计算　　D. 柱外围水平面积计算全面积

15. 根据《建筑工程建筑面积计算规范》GB/T 50353—2013 的相关规定，对于结构层高为 4.20m 的门斗，其建筑面积应按（　　）。

A. 围护结构外围水平面积计算全面积　　B. 围护结构外围水平面积计算 1/2 面积

C. 顶盖水平投影面积计算全面积　　D. 顶盖水平投影面积计算 1/2 面积

16. 根据《建筑工程建筑面积计算规范》GB/T 50353—2013 的相关规定，对于建筑物的门廊，其建筑面积应按（　　）。

A. 顶板水平投影面积计算全面积　　B. 顶板水平投影面积的 1/2 计算

C. 围护结构外围水平面积计算全面积　　D. 围护结构外围水平面积计算 1/2 面积

17. 根据《建筑工程建筑面积计算规范》GB/T 50353—2013 的相关规定，围护结构不垂直于水平面，结构净高为 1.60m 部位，其建筑面积应按（　　）。

A. 顶盖水平投影面积计算全面积

B. 顶盖水平投影面积的 1/2 计算

C. 底板面的外墙外围水平面积计算全面积

D. 底板面的外墙外围水平面积的 1/2 计算

18. 根据《建筑工程建筑面积计算规范》GB/T 50353—2013 的相关规定，对于建筑物室外楼梯的建筑面积计算，下列说法正确的是（　　）。

A. 应按其结构外围面积计算全面积

B. 应按其水平投影面积计算全面积

C. 应并入所依附建筑物的自然层，并按水平投影面积的 1/2 计算建筑面积

D. 应并入所依附建筑物的自然层，并按结构外围面积的 1/2 计算建筑面积

19. 根据《建筑工程建筑面积计算规范》GB/T 50353—2013 的相关规定，对于有顶盖无围护结构的加油站，其建筑面积应按（　　）。

A. 顶盖水平投影面积的 1/2 计算建筑面积

B. 顶盖水平投影面积计算全面积

C. 结构底板水平投影面积的 1/2 计算建筑面积

D. 结构底板水平投影面积计算全面积

20. 根据《建筑工程建筑面积计算规范》GB/T 50353—2013 的相关规定，对于建筑物内的管道层的建筑面积计算，下列说法正确的是（　　）。

A. 按管道层图示结构的内边线计算全面积

B. 按自然层计算建筑面积，并与普通楼层相同

C. 按管道层净空面积的 1/2 计算

D. 不计算建筑面积

二、多项选择题（共 9 题，每题选项中有 2 个或 2 个以上正确，至少有 1 个错项）

1. 下列选项中，关于建筑面积的说法正确的是（　　）。

A. 容积率 = 建筑总面积 / 建筑占地面积 ×100%

B. 单位面积工程造价 = 工程造价 / 有效面积

C. 建筑密度 = 建筑面积 / 建筑占地总面积 ×100%

D. 建筑面积是计算有关分项工程量的依据和基础

E. 用概算指标编制概算时，要以建筑面积为计算基础

2. 根据《建筑工程建筑面积计算规范》GB/T 50353—2013 的相关规定，关于建筑面积计算规则，下列说法错误的是（　　）。

A. 过街楼底层的开放公共空间不计算建筑面积

B. 建筑物花架按围护结构外围水平面积的 1/2 计算

C. 挑出宽度 2.2m 的无柱雨篷不计算建筑面积

D. 建筑物室外台阶不计算建筑面积

E. 不与阳台相通的空调室外机搁板不计算建筑面积

3. 根据《建筑工程建筑面积计算规范》GB/T 50353—2013 的相关规定，下列选项中应计算 1/2 建筑面积的情况有（　　）。

A. 结构净高不足 1.20m 的坡屋顶空间　B. 结构层高不足 2.20m 的单层建筑物

C. 结构层高不足 2.20m 的半地下室　D. 有永久性顶盖无围护结构建筑物

E. 外挑宽度不足 2.10m 的雨篷

4. 根据《建筑工程建筑面积计算规范》GB/T 50353—2013 的相关规定，下列选项中不计算建筑面积的是（　　）。

A. 舞台布景的天桥　B. 空调室外机搁板

C. 露天游泳池　D. 室外爬梯

E. 建筑物内的变形缝

5. 根据《建筑工程建筑面积计算规范》GB/T 50353—2013 的相关规定，下列选项中不计算建筑面积的情况有（　　）。

A. 建筑物首层地面有围护设施的露台

B. 作为建筑物的唯一通道，兼顾消防的室外钢楼梯

C. 与建筑物相连的室外台阶

D. 无围护结构的观光电梯

E. 形成建筑空间，结构净高 1.50m 的坡屋顶

6. 根据《建筑工程建筑面积计算规范》GB/T 50353—2013 的相关规定，下列选项中不计算建筑面积的情况有（　　）。

A. 结构层高 1.8m 的管道层　B. 层高为 3.3m 的骑楼

C. 有顶盖但无围护结构的车棚　D. 与室内相通的变形缝

E. 独立的烟囱

7. 根据《建筑工程建筑面积计算规范》GB/T 50353—2013 的相关规定，下列选项中不应计算全面积的情况是（　　）。

A. 结构层高为 2.20m 的单层建筑物

B. 结构层高为 2.10m 的地下室

C. 建筑物层高为 3.30m 的外墙外保温层

D. 结构层高为 2.20m 的建筑物内的局部楼层

E. 结构层高为 2.20m 的有顶盖无围护结构的架空走廊

8. 根据《建筑工程建筑面积计算规范》GB/T 50353—2013 的相关规定，下列选项中不计算建筑面积的是（　　）。

A. 附属在建筑物外墙的落地橱窗

B. 悬挑长度为 1.60m 的无柱雨篷

C. 主体结构外的阳台

D. 窗台与室内楼地面高差为 0.5m 且结构净高为 2.20m 的飘窗

E. 有围护设施的室外挑廊

9. 根据《建筑工程建筑面积计算规范》GB/T 50353—2013 的相关规定，关于雨篷建筑面积的计算，下列选项中说法正确的是（　　）。

A. 有柱雨篷应按其结构板水平投影面积计算全面积

B. 有柱雨篷应按其结构板水平投影面积的 1/2 计算建筑面积

C. 首层无柱雨篷的结构外边线至外墙结构外边线的宽度在 2.20m 及以上的，应按雨篷结构板的水平投影面积的 1/2 计算建筑面积

D. 首层无柱雨篷的结构外边线至外墙结构外边线的宽度在 2.10m 及以上的，应按雨篷结构板的水平投影面积的 1/2 计算建筑面积

E. 有柱雨篷，没有出挑宽度的限制，也不受跨越层数的限制，均计算建筑面积

本章习题解析

一、单项选择题

1.【答案】D

【解析】本题考查的是建筑面积的概念。建筑面积是指建筑物（包括墙体）所形成的楼地面面积。面积是所占平面图形的大小，建筑面积主要是墙体围合的楼地面面积（包括墙体的面积）。因此计算建筑面积时，首先以外墙结构外围水平面积计算。

2.【答案】D

【解析】本题考查的是建筑面积的概念。建筑面积包括使用面积、辅助面积和结构面积。使用面积与辅助面积的总和称为“有效面积”。

3.【答案】C

【解析】本题考查的是建筑工程建筑面积计算规范及应用。建筑物的建筑面积应按自然层外墙结构外围水平面积之和计算。结构层高在 2.20m 及以上的，应计算全面积；结构层高在 2.20m 以下的，应计算 1/2 面积。建筑面积计算在主体结构内形成的建筑空间，满足计算面积结构层高要求的，均应按上述规定计算建筑面积。主体结构外的室外阳台、雨篷、檐廊、室外走廊、室外楼梯等按相应条款计算建筑面积。当外墙结构本身在一个层高范围内不等厚时，以楼地面结构标高处的外围水平面积计算。

4.【答案】A

【解析】本题考查的是建筑工程建筑面积计算规范及应用。建筑物内设有局部楼层时，

对于局部楼层的二层及以上楼层，有围护结构的应按其围护结构外围水平面积计算，无围护结构的应按其结构底板水平面积计算，且结构层高在2.20m及以上的，应计算全面积。结构层高在2.20m以下的，应计算1/2面积。

5.【答案】D

【解析】本题考查的是建筑工程建筑面积计算规范及应用。形成建筑空间的坡屋顶，结构净高在2.10m及以上的部位应计算全面积；结构净高在1.20m及以上至2.10m以下的部位应计算1/2面积；结构净高在1.20m以下的部位不应计算建筑面积。

6.【答案】B

【解析】本题考查的是建筑工程建筑面积计算规范及应用。场馆看台下的建筑空间，结构净高在2.10m及以上的部位应计算全面积；结构净高在1.20m及以上至2.10m以下的部位应计算1/2面积；结构净高在1.20m以下的部位不应计算建筑面积。室内单独设置的有围护设施的悬挑看台，应按看台结构底板水平投影面积计算建筑面积。有顶盖无围护结构的场馆看台应按其顶盖水平投影面积的1/2计算面积。

7.【答案】A

【解析】本题考查的是建筑工程建筑面积计算规范及应用。地下室、半地下室应按其结构外围水平面积计算。结构层高在2.20m及以上的，应计算全面积；结构层高在2.20m以下的，应计算1/2面积。

8.【答案】B

【解析】本题考查的是建筑工程建筑面积计算规范及应用。建筑物的门厅、大厅应按一层计算建筑面积，门厅、大厅内设置的走廊应按走廊结构底板水平投影面积计算建筑面积。结构层高在2.20m及以上的，应计算全面积；结构层高在2.20m以下的，应计算1/2面积。

9.【答案】C

【解析】本题考查的是建筑工程建筑面积计算规范及应用。出入口外墙外侧坡道有顶盖的部位，应按其外墙结构外围水平面积的1/2计算面积。出入口坡道分有顶盖出入口坡道和无顶盖出入口坡道，出入口坡道顶盖的挑出长度，为顶盖结构外边线至外墙结构外边线的长度；顶盖以设计图纸为准，对后增加及建设单位自行增加的顶盖等，不计算建筑面积。

10.【答案】C

【解析】本题考查的是建筑工程建筑面积计算规范及应用。建筑物间的架空走廊，有顶盖和围护结构的，应按其围护结构外围水平面积计算全面积；无围护结构、有围护设施的，应按其结构底板水平投影面积计算1/2面积。

11.【答案】B

【解析】本题考查的是建筑工程建筑面积计算规范及应用。立体书库、立体仓库、立体车库，有围护结构的，应按其围护结构外围水平面积计算建筑面积；无围护结构、有围护设施的，应按其结构底板水平投影面积计算建筑面积。无结构层的应按一层计算，有结构层的应按其结构层面积分别计算。结构层高在2.20m及以上的，应计算全面积；结构层高在2.20m以下的，应计算1/2面积。

12.【答案】B

【解析】本题考查的是建筑工程建筑面积计算规范及应用。有围护结构的舞台灯光控制室，应按其围护结构外围水平面积计算。结构层高在 2.20m 及以上的，应计算全面积；结构层高在 2.20m 以下的，应计算 1/2 面积。

13.【答案】B

【解析】本题考查的是建筑工程建筑面积计算规范及应用。选项 B 正确，有围护结构的舞台灯光控制室应按其围护结构外围水平面积计算。选项 A 错误，附属在建筑物外墙的落地橱窗应按其围护结构外围水平面积计算。选项 C、D 均错误，窗台与室内楼地面高差在 0.45m 以下且结构净高在 2.10m 及以上的凸（飘）窗，应按其围护结构外围水平面积计算 1/2 面积。

14.【答案】C

【解析】本题考查的是建筑工程建筑面积计算规范及应用。有围护设施的室外走廊（挑廊）结构，应按其结构底板水平投影面积计算 1/2 面积；有围护设施（或柱）的檐廊，应按其围护设施（或柱）外围水平面积计算 1/2 面积。

15.【答案】A

【解析】本题考查的是建筑工程建筑面积计算规范及应用。门斗应按其围护结构外围水平面积计算建筑面积。结构层高在 2.20m 及以上的，应计算全面积；结构层高在 2.20m 以下的，应计算 1/2 面积。

16.【答案】B

【解析】本题考查的是建筑工程建筑面积计算规范及应用。门廊应按其顶板水平投影面积的 1/2 计算建筑面积。

17.【答案】D

【解析】本题考查的是建筑工程建筑面积计算规范及应用。围护结构不垂直于水平面的楼层，应按其底板面的外墙外围水平面积计算。结构净高在 2.10m 及以上的部位，应计算全面积；结构净高在 1.20m 及以上至 2.10m 以下的部位，应计算 1/2 面积；结构净高在 1.20m 以下的部位，不应计算建筑面积。以上规定对于向内、向外倾斜均适用。在划分高度上，本规定使用的是结构净高，与其他正常平楼层按层高划分不同，但与斜屋面的划分原则一致。

18.【答案】C

【解析】本题考查的是建筑工程建筑面积计算规范及应用。室外楼梯应并入所依附建筑物自然层，并应按其水平投影面积的 1/2 计算建筑面积。室外楼梯作为连接该建筑物层与层之间交通不可缺少的基本部件，无论从其功能还是工程计价的要求来说，均需计算建筑面积。层数为室外楼梯所依附的楼层数，即梯段部分投影到建筑物范围的层数。利用室外楼梯下部的建筑空间不得重复计算建筑面积；利用地势砌筑的室外踏步，不计算建筑面积。

19.【答案】A

【解析】本题考查的是建筑工程建筑面积计算规范及应用。有顶盖、无围护结构的车棚、货棚、站台、加油站、收费站等，应按其顶盖水平投影面积的 1/2 计算建筑面积。

20.【答案】B

【解析】本题考查的是建筑工程建筑面积计算规范及应用。对于建筑物内的设备层、管道层、避难层等有结构层的楼层，结构层高在 2.20m 及以上的，应计算全面积；结构层高在 2.20m 以下的，应计算 1/2 面积。设备、管道楼层归为自然层，其计算规则与普通楼层相同。在吊顶空间内设置管道的，则吊顶空间部分不能被视为设备层、管道层。

二、多项选择题

1.【答案】ADE

【解析】本题考查的是建筑面积的作用。选项 B 错误，单位面积工程造价 = 工程造价 / 建筑面积；选项 C 错误，建筑密度 = 建筑物底层面积 / 建筑占地总面积 ×100%。

2.【答案】BC

【解析】本题考查的是建筑工程建筑面积计算规范及应用。选项 A 正确，骑楼、过街楼底层的开放公共空间和建筑物通道，不计算建筑面积；选项 B 错误，露台、露天游泳池、花架、屋顶的水箱及装饰性结构构件，不计算建筑面积。选项 C 错误，挑出宽度在 2.10m 以下的无柱雨篷不计算建筑面积。选项 D、E 均正确。

3.【答案】BCD

【解析】本题考查的是建筑工程建筑面积计算规范及应用。建筑物的建筑面积应按自然层外墙结构外围水平面积之和计算，结构层高在 2.20m 及以上的，应计算全面积；结构层高在 2.20m 以下的，应计算 1/2 面积。地下室、半地下室应按其结构外围水平面积计算，结构层高在 2.20m 及以上的，应计算全面积；结构层高在 2.20m 以下的，应计算 1/2 面积。结构净高不足 1.20m 的坡屋顶空间不应计算建筑面积。建筑物架空层及坡地建筑物吊脚架空层，应按其顶板水平投影计算建筑面积，结构层高在 2.20m 及以上的，应计算全面积；结构层高在 2.20m 以下的，应计算 1/2 面积。外挑宽度不足 2.10m 的雨篷不计算建筑面积。有顶盖无围护结构的建筑物应按其顶盖水平投影面积的 1/2 计算建筑面积。

4.【答案】ACD

【解析】本题考查的是建筑工程建筑面积计算规范及应用。选项 A，舞台及后台悬挂幕布和布景的天桥、挑台等。指的是影剧院的舞台及为舞台服务的可供上人维修、悬挂幕布、布置灯光及布景等搭设的天桥和挑台等构件设施均不计算建筑面积；选项 B，勒脚、附墙柱、垛、台阶、墙面抹灰、装饰面、镶贴块料面层、装饰性幕墙，主体结构外的空调室外机搁板（箱）、构件、配件，挑出宽度在 2.10m 以下的无柱雨篷和顶盖高度达到或超过两个楼层的无柱雨篷等均不计算建筑面积；选项 C，露台、露天游泳池、花架、屋顶的水箱及装饰性结构构件均不计算建筑面积；选项 D，室外爬梯、室外专用消防钢楼梯均不计算建筑面积；选项 E，与室内相通的变形缝，应按其自然层合并在建筑物建筑面积内计算。

5.【答案】ACD

【解析】本题考查的是建筑工程建筑面积计算规范及应用。露台不计算建筑面积，室外台阶不计算建筑面积。室外爬梯、室外专用消防钢楼梯；室外钢楼梯需要区分具体用途，如专用于消防楼梯，则不计算建筑面积，如果是建筑物唯一通道，兼用于消防，则需计算建筑面积。无围护结构的观光电梯。

6.【答案】BE

【解析】本题考查的是建筑工程建筑面积计算规范及应用。选项 A，对于建筑物内的设备层、管道层、避难层等有结构层的楼层，结构层高在2.20m及以上的，应计算全面积；结构层高在2.20m以下的，应计算1/2面积。选项B，骑楼、过街楼底层的开放公共空间和建筑物通道不需要计算建筑面积。选项C，有顶盖无围护结构的车棚、货棚、站台、加油站、收费站等，应按其顶盖水平投影面积的1/2计算建筑面积。选项D，与室内相通的变形缝，是指暴露在建筑物内，在建筑物内可以看得见的变形缝，应按其自然层合并在建筑物面积内计算。选项E，建筑物以外的地下人防通道，独立的烟囱、烟道、地沟、油（水）罐、气柜、水塔、贮油（水）池、贮仓、栈桥等构筑物不计算建筑面积。

7.【答案】BE

【解析】本题考查的是建筑工程建筑面积计算规范及应用。选项A，是建筑物的建筑面积应按自然层外墙结构外围水平面积之和计算，结构层高在2.20m及以上的，应计算全面积；结构层高在2.20m以下的，应计算1/2面积。选项B，地下室、半地下室应按其结构外围水平面积计算，结构层高在2.20m及以上的，应计算全面积；结构层高在2.20m以下的，应计算1/2面积。选项C，建筑物的外墙外保温层，应按其保温材料的水平截面积计算，并计入自然层建筑面积。选项D，建筑物内设有局部楼层时，对于局部楼层的二层及以上楼层，有围护结构的应按其围护结构外围水平面积计算，无围护结构的应按其结构底板水平面积计算，且结构层高在2.20m及以上的，应计算全面积，结构层高在2.20m以下的，应计算1/2面积。选项E，建筑物间的架空走廊，有顶盖和围护结构的，应按其围护结构外围水平面积计算全面积；无围护结构、有围护设施的，应按其结构底板水平投影面积计算1/2面积。

8.【答案】BD

【解析】本题考查的是建筑工程建筑面积计算规范及应用。选项A，附属在建筑物外墙的落地橱窗应按其围护结构外围水平面积计算，结构层高在2.20m及以上的，应计算全面积；结构层高在2.20m以下的，应计算1/2面积。选项B，门廊应按其顶板水平投影面积的1/2计算建筑面积；有柱的雨篷按结构板水平投影面积的1/2计算建筑面积；无柱雨篷的结构外边线至外墙结构外边线的宽度在2.10m及以上的，应按雨篷结构板的水平投影面积的1/2计算建筑面积。选项C，在主体结构内的阳台，应按其结构外围水平面积计算全面积；在主体结构外的阳台，应按其结构底板水平投影面积计算1/2面积。选项D，窗台与室内楼地面高差在0.45m以下且结构净高在2.10m及以上的凸（飘）窗，应按其围护结构外围水平面积计算1/2面积。选项E，有围护设施的室外走廊（挑廊），应按其结构底板水平投影面积计算1/2面积；有围护设施（或柱）的檐廊，应按其围护设施（或柱）外围水平面积计算1/2面积。

9.【答案】BDE

【解析】本题考查的是建筑工程建筑面积计算规范及应用。有柱雨篷应按其结构板水平投影面积的1/2计算建筑面积；无柱雨篷的结构外边线至外墙结构外边线的宽度在2.10m及以上的，应按雨篷结构板的水平投影面积的1/2计算建筑面积。雨篷分为有柱雨篷和无柱雨篷。有柱雨篷，没有出挑宽度的限制，也不受跨越层数的限制，均计算建筑面积。无柱雨篷，其结构板不能跨层，并受出挑宽度的限制，设计出挑宽度大于或等于2.10m时，计算建筑面积。出挑宽度是指雨篷结构外边线至外墙结构外边线的宽度，弧形或异型时，取最大宽度。

第 8 章　土建工程工程量清单的编制

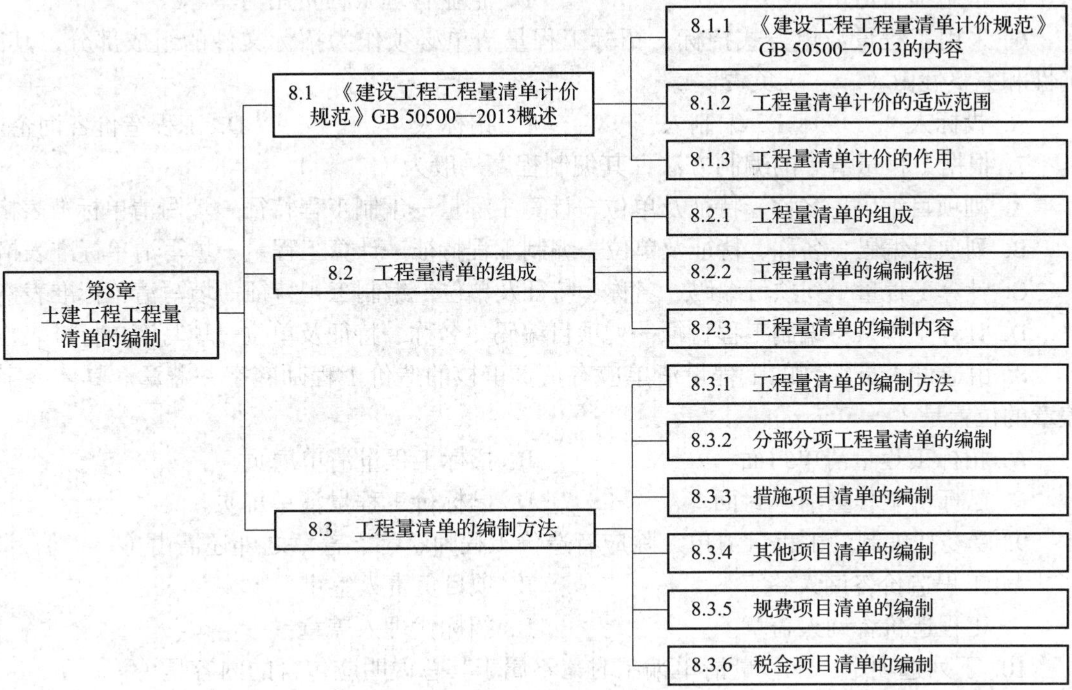

本章知识导图

本章习题精选

一、单项选择题（共 24 题，每题仅有 1 个选项正确）

1. 工程量清单应由（　　）编制。

A. 投标人　　B. 投资人　　C. 招标人　　D. 工程造价咨询企业

2.《建设工程工程量清单计价规范》GB 50500—2013 主要适用于建设工程（　　）的计价活动。

A. 招投标阶段　　B. 施工阶段　　C. 全过程　　D. 发承包及实施阶段

3. 下列选项中，不属于使用国有资金投资的工程建设项目是（　　）。

A. 使用各级财政预算资金的项目

B. 使用国家政策性贷款的项目

C. 使用纳入财政管理的各种政府性专项建设基金的项目

D. 使用国有企业事业单位自有资金，并且国有资产投资者实际拥有控制权的项目

4. 下列选项中，不属于工程量清单计价作用的是（　　）。

A. 有利于提高工程计量效率，真正实现快速报价

B. 提供一个平等的竞争条件

C. 满足市场经济条件下竞争的需要

D. 有利于工程款的拨付和工程造价的最终结算

5. 工程量清单是招标文件的重要组成部分，工程量清单的组成不包括（　　）。

A. 分部分项工程工程量清单　　B. 其他项目清单

C. 措施项目清单　　D. 企业管理工程费用清单

6. 采用工程量清单方式招标，招标工程量清单必须作为招标文件的组成部分，其准确性和完整性由（　　）负责。

A. 投标人　　B. 编制人　　C. 招标人　　D. 工程造价咨询企业

7. 根据工程量清单的编制方法，其编制程序一般为（　　）。

A. 列项目编码、名称、特征及单位→计算工程量→编制工程特征→填写清单标准表格

B. 列项目编码、名称、特征及单位→编制工程特征→计算工程量→填写清单标准表格

C. 计算工程量→列项目编码、名称、特征及单位→编制工程特征→填写清单标准表格

D. 计算工程量→编制工程特征→列项目编码、名称、特征及单位→填写清单标准表格

8. 由造价人员编制的工程量清单应有负责审核的造价工程师签字、盖章。具体签字、盖章的位置是（　　）。

A. 招标工程量清单封面　　B. 招标工程量清单扉页

C. 已标价工程量清单封面　　D. 已标价工程量清单扉页

9. 受委托编制的工程量清单，除应有造价工程师签字、盖章之外还需由（　　）。

A. 工程造价咨询人签字　　B. 项目负责人签字

C. 工程造价咨询人盖章　　D. 招标代理人盖章

10. 下列选项中，工程量清单编制时，不属于其总说明应包含的内容是（　　）。

A. 工程概况　　B. 工程质量、材料、施工等的特殊要求

C. 工程量清单编制依据　　D. 工程投标须知和专业工程发包范围

11. 在分部（分项）工程项目清单中，表示附录分类顺序码的是（　　）。

A. 第一级编码　　B. 第二级编码　　C. 第三级编码　　D. 第四级编码

12. 在分部（分项）工程项目清单中，第四级编码又称（　　）。

A. 专业工程代码　　B. 附录分类顺序码

C. 分部工程顺序码　　D. 分项工程项目名称顺序码

13. 项目编码是分部（分项）工程量清单项目名称的数字标识，应采用（　　）位阿拉伯数字表示。

A. 10　　B. 11　　C. 12　　D. 13

14. 某分部分项工程的清单编码为030401006001，则其中专业工程代码为（　　）。

A. 03　　B. 04　　C. 006　　D. 001

15. 当同一标段（或合同段）的一份工程量清单中含有多个单位工程且工程量清单是以单位工程为编制对象时，编制工程量清单时应特别注意对项目编码（　　）的设置不得有重码的规定。

A. 三到四位　　B. 五到六位　　C. 七到九位　　D. 十到十二位

16. 关于分部分项工程项目清单的项目名称，下列说法正确的是（　　）。

A. 应按各专业工程量计算规范附录的项目名称确定
B. 应按各专业工程量计价规范附录的项目名称确定
C. 应按各专业工程量计算规范附录的项目名称并结合拟建工程的实际来确定
D. 应按各专业工程量计价规范附录的项目名称并结合拟建工程的实际来确定

17. 在工程量清单中，最能体现分部（分项）工程项目自身价值本质的是（　　）。
A. 项目编码　　B. 项目特征　　C. 项目名称　　D. 计量单位

18. 关于项目特征的描述，下列选项中说法错误的是（　　）。
A. 项目特征是确定一个清单项目综合单价不可缺少的重要依据
B. 项目特征是区分清单项目的依据
C. 项目特征是对工程内容的准确描述
D. 项目特征是履行合同义务的基础

19. 当计量单位有两个或两个以上时，应根据所编工程量清单项目的特征要求，选择（　　）的单位。
A. 最方便计量　　B. 最适宜表现该项目特征
C. 最适宜表现该项目特征并方便计量　　D. 最适宜描述项目名称并方便计量

20.《建设工程工程量清单计价规范》GB 50500—2013 规定，除另有说明外，分部分项工程量清单表中的工程量应等于（　　）。
A. 实体工程量
B. 实体工程量 + 施工损耗
C. 实体工程量 + 施工损耗 + 实际增加的工程量
D. 实体工程量 + 措施工程量

21. 编制工程量清单出现计算规范附录中未包括的清单项目时，编制人应做补充。下列选项中，有关编制补充清单项目的说法正确的是（　　）。
A. 补充项目应报县级工程造价管理机构备案
B. 补充项目编码应由 B 与三位阿拉伯数字组成
C. 补充项目编码应顺序编制，起始序号由编制人根据需要自主确定
D. 补充项目的工作内容应予以明确

22. 措施项目清单编制中，下列适用于以“项”为单位计价的措施项目费是（　　）。
A. 脚手架工程费　　B. 绿色施工安全防护措施费
C. 大型机械设备进出场及安拆费　　D. 施工排水、降水费

23. 下列选项中，不属于直接影响其他项目清单的具体内容是（　　）。
A. 工程的工期长短　　B. 工程的组成内容
C. 承包人对工程管理的要求　　D. 工程的复杂程度

24. 下列选项中，不属于规费清单所包含的内容是（　　）。
A. 工程排污费　　B. 施工噪声排污费
C. 防洪工程维护费　　D. 危险作业意外伤害保险费

二、多项选择题（共 12 题，每题选项中有 2 个或 2 个以上正确，至少有 1 个错项）

1. 工程量清单是载明建设工程（　　）等内容的明细清单。

A. 分部分项工程项目　　B. 措施项目
C. 其他项目　　D. 规费及税金
E. 风险项目
2. 下列选项中，关于工程量清单描述正确的是（　　）。
A. 工程量清单是招标文件的重要组成部分
B. 工程量清单应由具有编制投标文件能力的投标人编制
C. 工程量清单应由受招标人委托且具有相应资质的招标代理人进行编制
D. 招标工程量清单的准确性和完整性由招标人负责
E. 招标工程量清单的准确性和完整性由投标人负责
3. 招标工程量清单是由招标人根据（　　）编制的，随招标文件发布供投标人投标报价的工程量清单。
A. 国家标准　　B. 招标文件
C. 设计文件　　D. 施工现场实际情况
E. 地方政策
4. 下列选项中，属于工程量清单编制依据的有（　　）。
A. 与建设工程有关的标准、规范、技术资料
B. 国家或省级、行业建设主管部门颁发的计价定额和办法
C. 编制说明
D. 拟定的招标文件
E.《建设工程工程量清单计价规范》GB 50500—2013
5. 工程量清单编制说明需对（　　）进行说明。
A. 拟定的招标文件　　B. 工程项目基本概况
C. 工程量清单编制依据　　D. 工程质量标准
E. 其他需要说明的内容
6. 下列选项中，属于招标工程量清单所包括的内容是（　　）。
A. 分部分项工程量清单　　B. 措施项目清单
C. 工程招标和专业工程发包范围　　D. 规费、税金清单
E. 编制说明
7. 分部分项工程量清单必须载明（　　）。
A. 综合单价　　B. 工作内容
C. 项目特征　　D. 项目名称
E. 计量单位
8. 分部分项工程量清单应包括（　　）和工程量。
A. 工程内容　　B. 项目名称
C. 项目特征　　D. 项目编码
E. 计量单位
9. 分部分项工程项目清单的项目特征应按各专业工程的工程量计算规范附录中规定的项目特征，结合（　　）予以详细而准确的表述和说明。
A. 技术规范　　B. 标准图集

C. 使用材质及规格　　　　　　　　　　D. 安装位置

E. 工程内容

10. 根据《建设工程工程量清单计价规范》GB50500—2013，关于计量单位，下列选项中，说法正确的有（　　）。

A. 以质量计算的项目，其计算单位应为“t”或“kg”

B. 以“t”为计量单位时，其计算结果应保留两位小数

C. 以“m^2”为计量单位时，其计算结果应保留三位小数

D. 以“kg”为计量单位时，其计算结果应保留一位小数

E. 以“个”“项”为单位的，应取整数

11. 为便于措施项目费的确定和调整，通常采用“综合单价”编制的措施项目有（　　）。

A. 脚手架工程　　　　　　　　　　B. 超高施工增加费

C. 二次搬运　　　　　　　　　　　D. 已完工程及设备保护

E. 施工排水、降水

12. 下列选项中，不属于其他项目清单应该包含的内容是（　　）。

A. 二次搬运费　　　　　　　　　　B. 暂列金额

C. 专业工程暂估价　　　　　　　　D. 总承包服务费

E. 垂直运输费

本章习题解析

一、单项选择题

1.【答案】C

【解析】本题考查的是工程量清单的编制人。工程量清单应由招标人或受其委托的具有相应资质的工程造价咨询企业编制。

2.【答案】D

【解析】本题考查的是工程量清单计价的适用范围。《建设工程工程量清单计价规范》GB 50500—2013 适用于建设工程发承包及其实施阶段的计价活动。建设工程发承包及实施阶段的计价活动包括招标工程量清单、招标控制价、投标报价的编制，工程合同价款的约定，竣工结算的办理以及施工过程中的工程计量、合同价款支付、施工索赔与现场签证、合同价款调整和合同价款争议的解决等活动。

3.【答案】B

【解析】本题考查的是工程量清单计价的适用范围。国有资金投资的项目包括全部使用国有资金（含国家融资资金）投资或国有资金投资为主的工程建设项目。

（1）国有资金投资的工程建设项目包括：

1）使用各级财政预算资金的项目；

2）使用纳入财政管理的各种政府性专项建设基金的项目；

3）使用国有企事业单位自有资金，并且国有资产投资者实际拥有控制权的项目。

（2）国家融资资金投资的工程建设项目包括：

1）使用国家发行债券所筹资金的项目；

2）使用国家对外借款或者担保所筹资金的项目；

3）使用国家政策性贷款的项目；

4）国家授权投资主体融资的项目；

5）国家特许的融资项目。

（3）国有资金（含国家融资资金）为主的工程建设项目是指国有资金占投资总额 50% 以上，或虽不足 50% 但国有投资者实质上拥有控股权的工程建设项目。

4.【答案】A

【解析】本题考查的是工程量清单计价的作用。工程量清单计价的作用包括：①提供一个平等的竞争条件；②满足市场经济条件下竞争的需要；③有利于提高工程计价效率，能真正实现快速报价；④有利于工程款的拨付和工程造价的最终结算；⑤有利于业主对投资的控制。

5.【答案】D

【解析】本题考查的是工程量清单的组成。工程量清单作为招标文件的组成部分，主要由分部分项工程量清单、措施项目清单、其他项目清单、规费和税金项目清单组成。

6.【答案】C

【解析】本题考查的是工程量清单的组成。招标工程量清单应由具有编制能力的招标人或受其委托，具有相应资质的工程造价咨询人或招标代理人编制。采用工程量清单方式招标，招标工程量清单必须作为招标文件的组成部分，其准确性和完整性由招标人负责。

7.【答案】B

【解析】本题考查的是工程量清单的编制方法。工程量清单的编制方法为：

（1）按《建设工程工程量清单计价规范》GB 50500—2013 和各专业工程工程量计算规范的规定，列出项目编码、项目名称、项目特征、计量单位。

（2）按拟建工程的设计图纸、设计要求、设计说明、施工方案以及相关设计规范、施工规范的有关规定编制每个分部分项工程项目的工程特征。

（3）按工程量清单工程量的计算规则计算每个分部分项工程项目的工程量。

（4）按《建设工程工程量清单计价规范》GB 50500—2013 的要求，填写规范中规定的工程量清单标准表格。

8.【答案】B

【解析】本题考查的是工程量清单编制表格应符合的规定。包括：

（1）工程量清单编制使用表格按《建设工程工程量清单计价规范》GB 50500—2013 的工程计价表格执行。

（2）扉页应按规定的内容填写、签字、盖章，由造价人员编制的工程量清单应有负责审核的造价工程师签字、盖章。受委托编制的工程量清单，应有造价工程师签字、盖章以及工程造价咨询人盖章。

（3）总说明应按下列内容填写：

1）工程概况：建设规模、工程特征、计划工期、施工现场实际情况、自然地理条件、环境保护要求等；

2）工程招标和专业工程发包范围；

3）工程量清单编制依据；

4）工程质量、材料、施工等的特殊要求；

5）其他需说明的问题。

9.【答案】C

【解析】本题考查的是工程量清单编制表格应符合的规定。详见本章单项选择题第8题解析。

10.【答案】D

【解析】本题考查的是工程量清单编制表格应符合的规定。

总说明应按下列内容填写：

（1）工程概况：建设规模、工程特征、计划工期、施工现场实际情况、自然地理条件、环境保护要求等；

（2）工程招标和专业工程发包范围；

（3）工程量清单编制依据；

（4）工程质量、材料、施工等的特殊要求；

（5）其他需说明的问题。

11.【答案】B

【解析】本题考查的是项目编码。分部分项工程量清单项目编码以五级编码设置，用十二位阿拉伯数字表示。一、二、三、四级编码为全国统一，即一至九位按各专业工程工程量计算规范附录的规定设置；第五级即十至十二位为清单项目编码，应根据拟建工程的工程量清单项目名称设置，不得有重码，这三位清单项目编码由招标人针对招标工程项目具体编制，并应自001起顺序编制。各级编码代表的含义如下：①第一级表示专业工程代码（分二位）；②第二级表示附录分类顺序码（分二位）；③第三级表示分部工程顺序码（分二位）；④第四级表示分项工程项目名称顺序码（分三位）；⑤第五级表示工程量清单项目名称顺序码（分三位）。

12.【答案】D

【解析】本题考查的是项目编码。详见本章单项选择题第11题解析。

13.【答案】C

【解析】本题考查的是项目编码。详见本章单项选择题第11题解析。

14.【答案】A

【解析】本题考查的是项目编码。详见本章单项选择题第11题解析。

15.【答案】D

【解析】本题考查的是项目编码。当同一标段（或合同段）的一份工程量清单中含有多个单位工程且工程量清单是以单位工程为编制对象时，在编制工程量清单时应特别注意对项目编码十至十二位的设置不得有重码的规定。

16.【答案】C

【解析】本题考查的是项目编码。分部分项工程项目清单的项目名称，应按各专业工程量计算规范附录的项目名称并结合拟建工程的实际来确定。附录表中的"项目名称"为分项工程项目名称，是形成分部分项工程项目清单项目名称的基础。即在编制分部分项工程项目清单时，以附录中的分项工程项目名称为基础，考虑该项目的规格、型号、材质等特征要求，结合拟建工程的实际情况，使其工程量清单项目名称具体化、细化，以反映影响工程造价的主要因素。清单项目名称应该表达详细、准确，各专业工程量计算规范中的分项工程项目名称如有缺陷，招标人可做补充，并报当地工程造价管理机构（省级）备案。

17.【答案】B

【解析】本题考查的是项目特征。项目特征是构成分部分项工程项目、措施项目自身价值的本质特征。项目特征是对项目的准确描述，是确定一个清单项目综合单价不可缺少的重要依据，是区分清单项目的依据，是履行合同义务的基础。

18.【答案】C

【解析】本题考查的是项目特征。项目特征是构成分部分项工程项目、措施项目自身价值的本质特征。项目特征是对项目的准确描述，是确定一个清单项目综合单价不可缺少的重要依据，是区分清单项目的依据，是履行合同义务的基础。分部分项工程项目清单的项目特征应按各专业工程的工程量计算规范附录中规定的项目特征，结合技术规范、标准图集、施工图纸，按照工程结构、使用材质及规格或安装位置等，予以详细而准确的表述和说明。凡是项目特征中未描述到的其他独有特征，由清单编制人视项目具体情况确定，以准确描述清单项目为准。

19.【答案】C

【解析】本题考查的是计量单位。各专业有特殊计量单位的，再另外加以说明，当计量单位有两个或两个以上时，应根据所编工程量清单项目的特征要求，选择最适宜表现该项目特征并方便计量的单位。例如，门窗工程计量单位为“樘 /m^2”两个计量单位，实际工作中，就应选择最适宜、最方便计量和组价的单位来表示。

20.【答案】A

【解析】本题考查的是工程数量的计算。清单项目的工程量一般应以实体工程量为准，并以完成后的净值计算；投标人报价时，应在单价中考虑施工中的各种损耗和需要增加的工程量。

21.【答案】D

【解析】本题考查的是工程数量的计算。在编制补充项目时应注意以下三个方面：

（1）补充项目的编码由专业工程计算规范的代码前二位（第一级）与 B 和三位阿拉伯数字组成，并应从 B001 起顺序开始编制。例如房屋建筑与装饰工程如需补充项目，则补充项目编码应从 01B001 开始。

（2）在工程量清单中应附补充项目的项目名称、项目特征、计量单位、工程量计算规则和工作内容。

（3）将编制的补充项目报省级或行业工程造价管理机构备案。

22.【答案】B

【解析】本题考查的是措施项目清单的编制。各专业工程工程量计算规范将措施项目划分为两类：一类是不能计算工程量的项目（总价措施项目），如绿色施工安全防护措施费等，以“项”为计量单位进行编制，称为“总价项目”；另一类是可以计算工程量的项目（单价措施项目），如脚手架，模板工程等，这类措施项目按照分部分项工程项目清单的方式采用综合单价计价，更有利于措施费的确定和调整，称为“单价项目”。

23.【答案】C

【解析】本题考查的是其他项目清单的编制。工程建设标准的高低，工程的复杂程度，工程的工期长短，工程的组成内容，发包人对工程管理的要求都直接影响其他项目清单的具体内容。

24.【答案】A

【解析】本题考查的是规费项目清单的编制。规费项目清单根据《建设工程工程量清单计价规范》GB 50500—2013，按下列内容列项：

（1）工程排污费；

（2）施工噪声排污费；

（3）防洪工程维护费；

（4）危险作业意外伤害保险费。

规费是强制性费用，在工程计价时，必须按工程所在地的规定列出项目的名称和标准。其中，根据国家最新文件，工程排污费已停止征收。

二、多项选择题

1.【答案】ABCD

【解析】本题考查的是工程量清单的组成。工程量清单是载明建设工程分部分项工程项目、措施项目和其他项目的名称和相应数量以及规费和税金项目等内容的明细清单。

2.【答案】ACD

【解析】本题主要考查的是工程量清单的组成。工程量清单是载明建设工程分部分项工程项目、措施项目和其他项目的名称和相应数量以及规费和税金项目等内容的明细清单。其中由招标人根据国家标准、招标文件、设计文件以及施工现场实际情况编制的称为招标工程量清单，而作为投标文件组成部分的已标明价格并经承包人确认的称为已标价工程量清单。招标工程量清单应由具有编制能力的招标人或受其委托，具有相应资质的工程造价咨询人或招标代理人编制。采用工程量清单方式招标，招标工程量清单必须作为招标文件的组成部分，其准确性和完整性由招标人负责。

3.【答案】ABCD

【解析】本题考查的是工程量清单的组成。详见本章多项选择题第 2 题解析。

4.【答案】ABDE

【解析】本题主要考查的是建筑工程工程量清单的编制依据。工程量清单的编制依据包括：

（1）《建设工程工程量清单计价规范》GB 50500—2013 和相关工程的国家计量规范。

（2）国家或省级、行业建设主管部门颁发的计价定额和办法。

（3）建设工程设计文件及相关资料。

（4）与建设工程有关的标准、规范、技术资料。

（5）拟定的招标文件（工程量清单除外）。

（6）施工现场情况、地勘水文资料、工程特点及常规施工方案。

（7）其他相关资料。

5.【答案】BCDE

【解析】本题考查的是工程量清单的编制内容。根据《建设工程工程量清单计价规范》GB 50500—2013 编制工程量清单的内容：

（1）编制说明。主要对工程项目的基本概况，工程量清单的编制依据，编制内容、工程质量标准要求及其他需要说明的内容等进行说明。

（2）分部分项工程量清单。

（3）措施项目清单。

（4）其他项目清单。

（5）规费项目清单。

（6）税金项目清单。

6.【答案】ABDE

【解析】本题考查的是工程量清单的编制内容。详见本章多项选择题第 5 题解析。

7.【答案】CDE

【解析】本题考查的是分部分项工程量清单的编制。分部分项工程项目清单必须载明项目编码、项目名称、项目特征、计量单位和工程量，分部分项工程项目清单必须根据各专业工程工程量计算规范规定的项目编码、项目名称、项目特征、计量单位和工程量计算规则进行编制。

8.【答案】BCDE

【解析】本题考查的是分部分项工程量清单。详见本章多项选择题第 7 题解析。

9.【答案】ABCD

【解析】本题考查的是项目特征。分部分项工程项目清单的项目特征应按各专业工程的工程量计算规范附录中规定的项目特征，结合技术规范、标准图集、施工图纸，按照工程结构、使用材质及规格或安装位置等，予以详细而准确的表述和说明。凡是项目特征中未描述到的其他独有特征，由清单编制人视项目具体情况确定，以准确描述清单项目为准。在各专业工程工程量计算规范附录中还有关于各清单项目“工程内容”的描述。工程内容是指完成清单项目可能发生的具体工作和操作程序，但应注意的是，在编制分部分项工程项目清单时，工程内容通常无须描述，因为在工程量计算规范中，工程量清单项目与工程量计算规则、工程内容有一一对应关系，当采用工程量计算规范这一标准时，工程内容均有规定。

10.【答案】AE

【解析】本题考查的是计量单位。以质量计算的项目，单位使用吨或者千克。计量单位的有效位数应遵守下列规定：①以“t”为单位，应保留三位小数，第四位小数四舍五入；②以“m^3”“m^2”“m”“kg”为单位，应保留两位小数，第三位小数四舍五入；③以“个”“项”等为单位，应取整数。

11.【答案】ABE

【解析】本题考查的是措施项目清单的编制。各专业工程工程量计算规范将措施项目划分为两类：一类是不能计算工程量的项目（总价措施项目），如绿色施工安全防护措施费等，以“项”为计量单位进行编制，称为“总价项目”，另一类是可以计算工程量的项目（单价措施项目），如脚手架，模板工程等，这类措施项目按照分部分项工程项目清单的方式采用综合单价计价，更有利于措施费的确定和调整，称为“单价项目”。

12.【答案】BCD

【解析】本题考查的是其他项目清单的编制。其他项目清单包括暂列金额，暂估价（包括材料暂估单价、工程设备暂估单价、专业工程暂估价），计日工，总承包服务费。其他项目清单内的暂列金额、工程优质费、总包服务费由招标人根据工程实际情况提出。

第 9 章　土建工程工程量计算规则及应用

- 第9章 土建工程工程量计算规则及应用
  - 9.1 《房屋建筑与装饰工程工程量计算规范》GB 50854—2103概述
  - 9.2 《广东省房屋建筑与装饰工程综合定额（2018）》概述
  - 9.3 工程量计算规则
    - 9.3.1 土石方工程
    - 9.3.2 围护及支护工程
    - 9.3.3 桩基础工程
    - 9.3.4 砌筑工程
    - 9.3.5 混凝土及钢筋混凝土工程
    - 9.3.6 金属结构工程
    - 9.3.7 木结构工程
    - 9.3.8 门窗工程
    - 9.3.9 屋面及防水工程
    - 9.3.10 保温、隔热、防腐工程
    - 9.3.11 楼地面工程
    - 9.3.12 墙、柱面装饰与隔断、幕墙工程
    - 9.3.13 天棚工程
    - 9.3.14 油漆涂料裱糊工程
    - 9.3.15 其他装饰工程
    - 9.3.16 拆除工程
    - 9.3.17 脚手架工程
    - 9.3.18 模板工程
    - 9.3.19 垂直运输工程
    - 9.3.20 超高施工增加
    - 9.3.21 大型机械设备进出场及安拆
    - 9.3.22 施工排水、降水
    - 9.3.23 安全文明施工及其他措施项目

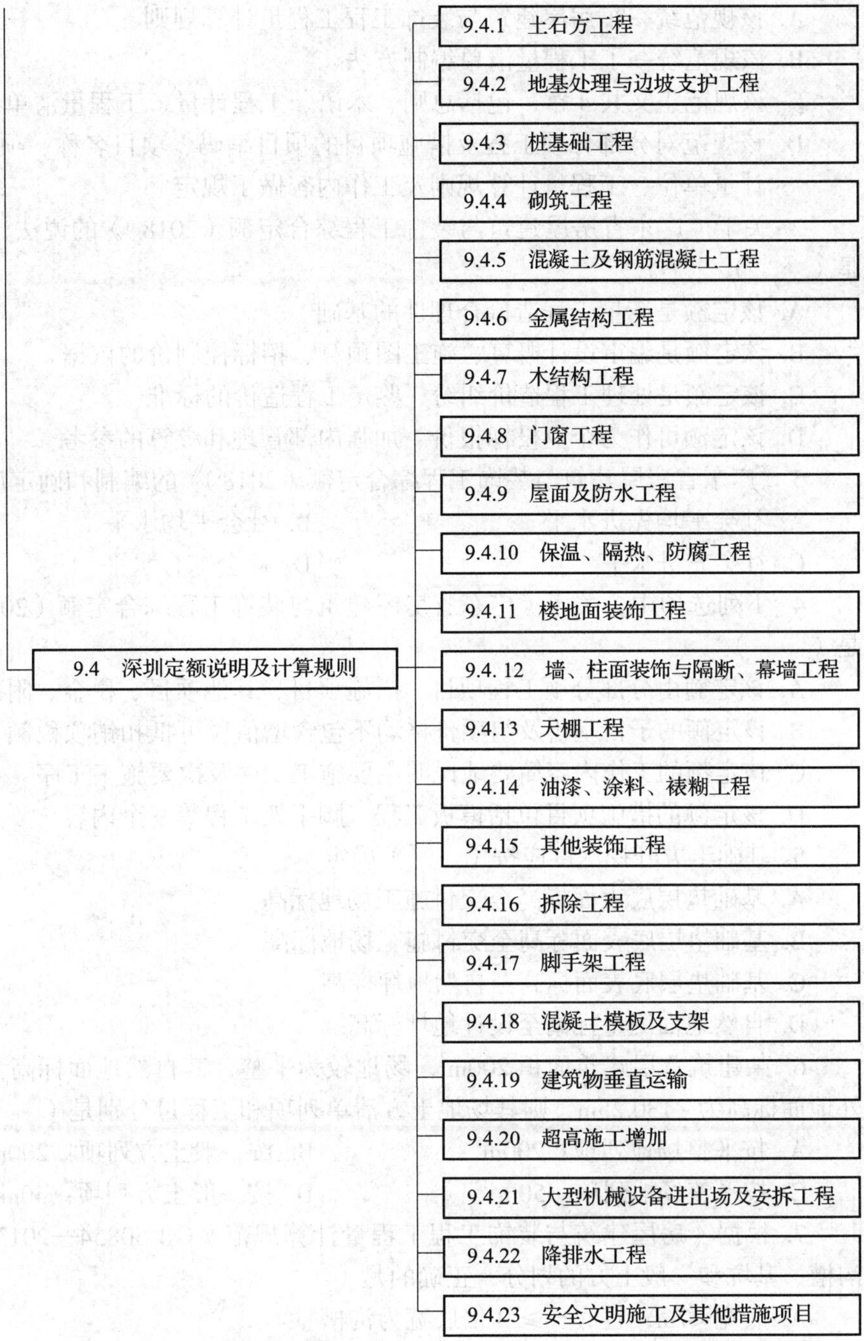

本章知识导图

本章习题精选

一、单项选择题（共 142 题，每题仅有 1 个选项正确）

1. 下列选项中，关于《房屋建筑与装饰工程工程量计算规范》GB 50854—2013 说法错误的是（　　）。

A. 该规范统一了房屋建筑与装饰工程工程量计算规则

B. 该规范统一了工程量清单编制方法

C. 该规范正文共 4 章，包括总则、术语、工程计量、工程量清单编制

D. 该规范对分部分项工程及措施项目的项目编码、项目名称、项目特征描述的内容、计量单位、工程量计算规则及工作内容做了规定

2. 关于《广东省房屋建筑与装饰工程综合定额（2018）》的说法，下列选项中错误的是（　　）。

A. 该定额是衡量工程造价合理性的基础

B. 该定额是编审设计概算、施工图预算、招标控制价的依据

C. 该定额是处理工程造价纠纷、鉴定工程造价的标准

D. 该定额可作为企业投标报价、加强内部管理和核算的参考

3.《广东省房屋建筑与装饰工程综合定额（2018）》的编制和确定反映了（　　）。

A. 社会平均先进水平　　B. 社会平均水平

C. 社会先进水平　　D. 社会综合水平

4. 下列选项中，关于《广东省房屋建筑与装饰工程综合定额（2018）》的说法正确的是（　　）。

A. 该定额由分部分项工程项目、措施项目、其他项目、税金、附录共五部分组成

B. 该定额的子目基价及组项价格均不包含增值税可抵扣销项税额

C. 该定额的工作内容简要地说明主要施工工序及次要施工工序

D. 该定额的措施项目包括模板工程、脚手架工程等 9 个内容

5. 基础土方开挖深度应按（　　）确定。

A. 基础垫层底表面标高至交付施工场地标高

B. 基础垫层底表面标高至交付施工场地标高

C. 基础垫层底表面标高至自然地坪标高

D. 自然地面测量标高至设计地坪标高

6. 某建筑首层建筑面积 $200m^2$，场地较为平整，其自然地面标高为 +130.5m，设计室外地面标高为 +130.25m，则其场地土方清单列项和工程量分别是（　　）。

A. 按平整场地列项：$200m^2$　　B. 按一般土方列项：$200m^2$

C. 按平整场地列项：$50m^3$　　D. 按一般土方列项：$50m^3$

7. 根据《房屋建筑与装饰工程工程量计算规范》GB 50854—2013，下列选项中关于沟槽、基坑和一般土方的划分，正确的是（　　）。

A. 底宽 <7m，且底长≥ 3 倍底宽为沟槽

B. 底宽 >7m，且底面积 $>150m^2$ 为一般土方

C. 底长 >3 倍底宽，且底面积≥ $150m^2$ 为基坑

D. 底宽 <7m，且底长≤ 3 倍底宽为基坑

8. 根据《房屋建筑与装饰工程工程量计算规范》GB 50854—2013 的相关规定，某建筑物场地土方工程，设计基础长为 25m，宽为 6m，开挖深度均为 3m，则土方工程量为（　　）。

A. 平整场地 $150m^2$　　B. 沟槽土方 $450m^3$

C. 基坑土方 450m^3　　D. 一般土方 450m^3

9. 根据《房屋建筑与装饰工程工程量计算规范》GB 50854—2013，下列选项中关于土石方工程的计算规则，说法正确的是（　）。

A. 挖土方如需截桩头时，应按桩基工程相关项目列项

B. 桩间挖土不扣除桩的体积，也无须在项目特征中加以描述

C. 弃、取土运距需进行较为准确的描述

D. 土壤类别不能准确划分时，投标人可根据踏勘现场的情况进行报价

10. 根据《房屋建筑与装饰工程工程量计算规范》GB 50854—2013 的相关规定，关于土方工程的项目列项或工程量计算，下列说法正确的是（　）。

A. 场地土壤厚度为 320mm 的挖土应按平整场地项目列项

B. 挖一般土方的工程量通常按开挖虚方体积计算

C. 基础土方开挖需区分沟槽、基坑和一般土方项目分别列项

D. 冻土开挖工程量需按压实方体积计算

11. 根据《房屋建筑与装饰工程工程量计算规范》GB 50854—2013，厚度（　）mm 的竖向布置挖石或山坡凿石应按该规范“表 A.2　石方工程（编码：010102）”中挖一般石方项目编码列项。

A. ＞±300　　B. ≥ ±300　　C. ＜±300　　D. ≤ ±300

12. 下列选项中，关于土石方工程中回填土的说法不正确的是（　）。

A. 填方密实度要求，在无特殊要求情况下，项目特征可描述为满足设计和规范的要求

B. 填方材料品种可以不描述，但应注明由招标人根据设计要求验方后方可填入

C. 填方粒径要求，在无特殊要求情况下，项目特征可以不描述

D. 如需买土回填应在项目特征填方来源中描述，并注明买土方数量

13. 根据《房屋建筑与装饰工程工程量计算规范》GB 50854—2013 的相关规定，关于土方工程量计算，下列选项中说法正确的是（　）。

A. 挖基坑土方按设计图示尺寸基础底面面积乘以埋置深度以体积计算

B. 挖沟槽土方按设计图示以沟槽中心线长度计算

C. 挖管沟土方按设计图示以管道中心线长度计算

D. 挖一般土方按设计图示尺寸以开挖位置的水平投影面积计算

14. 根据《房屋建筑与装饰工程工程量计算规范》GB 50854—2013 的相关规定，关于土方工程量计算的说法正确的是（　）。

A. 平整场地：以“m^2”计量，按设计图示尺寸以建筑物首层面积计算

B. 挖一般土方：以“m^3”计量，按设计图示尺寸以体积计算

C. 冻土开挖：以“m^2”计量，按设计图示尺寸开挖面积以面积计算

D. 挖淤泥流沙：以“m^3”计量，按设计图示尺寸开挖面积乘厚度以体积计算

15. 根据《房屋建筑与装饰工程工程量计算规范》GB 50854—2013 的相关规定，当建筑物外墙砖基础垫层宽为 900mm，垫层非原槽浇筑，基槽挖土深度为 1 800mm，设计中心线长为 50m，土壤为三类土，人工挖土，放坡系数为 1∶0.33，则该外墙基础的挖沟槽土方工程量应为（　）m^3。

A. 81　　B. 104.7　　C. 188.46　　D. 135

16. 根据《房屋建筑与装饰工程工程量计算规范》GB 50854—2013，关于挖管沟石方的工程量计算，下列选项中说法正确的是（ ）。

A. 以“m”计量，按设计图示以管道中心线长度扣除井的长度计算

B. 以“m^2”计量，按设计图示尺寸以管道截面积计算

C. 以“m^3”计量，按设计图示管底垫层面积乘以挖土深度计算

D. 以“m^3”计量，按设计图示截面积乘以长度计算

17. 根据《房屋建筑与装饰工程工程量计量规范》GB 50854—2013 的相关规定，关于土石方工程回填土，下列选项中说法正确的是（ ）。

A. 回填土方项目特征应包括填方来源及运距

B. 室内回填应扣除间隔墙所占体积

C. 场地回填按设计回填尺寸以水平投影面积计算

D. 基础回填不扣除基础垫层所占面积

18. 根据《房屋建筑与装饰工程工程量计量规范》GB 50854—2013 的相关规定，关于围护及支护工程，下列选项中说法正确的是（ ）。

A. 项目特征中的桩长不包括桩尖

B. 截桩长度 = 孔深 – 桩长

C. 高压喷射注浆方法包括单管法、双重管法、三重管法

D. 基础回填不扣除基础垫层所占面积

19. 根据《房屋建筑与装饰工程工程量计算规范》GB 50854—2013 的相关规定，关于地基处理与边坡支护工程计算规则，下列选项中说法错误的是（ ）。

A. 换填垫层的工程量按设计图示尺寸以体积计算

B. 铺设土工合成材料的工程量按设计图示尺寸以面积计算

C. 振冲密实不填料的工程量按设计图示尺寸以体积计算

D. 预压地基的工程量按设计图示处理范围以面积计算

20. 根据《房屋建筑与装饰工程工程量计算规范》GB 50854—2013 的相关规定，关于褥垫层的工程计算规则，下列选项中说法正确的是（ ）。

A. 以“m^2”计量，按设计图示尺寸以水平面积计算

B. 以“m”计量，按设计图示尺寸以铺设长度计算

C. 以“m^3”计量，按设计图示尺寸以体积计算

D. 以“m^3”计量，按设计图示尺寸以水平投影面积乘以铺设厚度计算

21. 根据《房屋建筑与装饰工程工程量计算规范》GB 50854—2013 的相关规定，关于地基处理工程量计算，下列选项中说法正确的是（ ）。

A. 水泥粉煤灰碎石桩按设计图示尺寸以体积计算

B. 砂石桩按设计图示尺寸以桩长（包括桩尖）计算

C. 振冲桩（填料）按设计图示处理范围以面积计算

D. 深层搅拌桩按设计图示尺寸以桩长乘以截面积以体积计算

22. 根据《房屋建筑与装饰工程工程量计算规范》GB 50854—2013 的相关规定，关于基坑与边坡支护工程计算规则，下列选项中说法不正确的是（ ）。

A. 地下连续墙：以“m”计量，按设计图示墙中心线长度计算

B. 预制钢筋混凝土板桩：以“m”计量，按设计图示尺寸以桩长（包括桩尖）计算

C. 型钢桩：以“t”计量，按设计图示尺寸以质量计算

D. 喷射混凝土、水泥砂浆：以“m^2”计量，按设计图示尺寸以面积计算

23. 根据《房屋建筑与装饰工程工程量计算规范》GB 50854—2013 的相关规定，基坑支护的锚杆工程量应按照（　　）。

A. 设计图示尺寸以质量计算　　B. 设计图示尺寸以钻孔深度计算

C. 设计图示尺寸以支护面积计算　　D. 设计图示尺寸以支护体体积计算

24. 根据广东省建设工程造价管理总站《关于实施〈房屋建筑与装饰工程工程量计算规范〉（GB 50854—2013）等的若干意见》（粤建造发〔2013〕4 号）的规定，对于桩基工程量计算，下列选项中说法正确的是（　　）。

A. 预制钢筋混凝土方桩，按设计图示尺寸桩长（包括桩尖）以“m”计算，包含送桩

B. 预制钢筋混凝土管桩，按设计图示尺寸桩长（不包括桩尖）以“m”计算，送桩工程量另行计算

C. 钢管桩按设计图示截面积乘以桩长，以体积计算

D. 截桩头按设计图示尺寸以“m”计算

25. 根据《房屋建筑与装饰工程工程量计算规范》GB 50854—2013 的相关规定，关于砖基础与墙身的划分，下列选项中说法不正确的是（　　）。

A. 基础与墙（柱）身使用同一种材料时，以设计室内地面为界，以下为基础，以上为墙（柱）身

B. 基础与墙（柱）身使用同一种材料时，有地下室者，以地下室室内设计地面为界，以下为基础，以上为墙（柱）身

C. 砖围墙以 ±0.00mm 为界，以下为基础，以上为墙身

D. 基础与墙身使用不同材料时，位于设计室内地面高度≤ ±300mm 时，以不同材料为分界线

26. 根据《房屋建筑与装饰工程工程量计算规范》GB 50854—2013 规定，关于砖砌体工程量计算，下列选项中说法正确的是（　　）。

A. 砖基础工程量中不含基础砂浆防潮层所占体积

B. 使用同一种材料的基础与墙身以设计室外地面为分界

C. 实心砖墙的工程量中不应计入凸出墙面的砖垛体积

D. 坡屋面无檐口天棚者算至屋面板底

27. 根据《房屋建筑与装饰工程工程量计算规范》GB 50854—2013 的相关规定，关于砖基础工程量计算规则，下列选项中说法正确的是（　　）。

A. 内墙基础断面积（扣除大放脚）乘以内墙净长线以体积计算

B. 外墙基础断面积（不扣除大放脚）乘以外墙中心线长度以体积计算

C. 靠墙暖气沟挑檐体积并入基础计算

D. 地圈梁部分体积并入基础计算

28. 根据《房屋建筑与装饰工程工程量计算规范》GB 50854—2013 的相关规定，关于实心砖墙工程量计算规则，下列选项中说法正确的是（　　）。

A. 凸出墙面的砖垛需单独列项计算　　B. 平屋顶算至钢筋混凝土板顶

C. 围墙的高度算至压顶下表面　　　　　D. 框架梁间内墙按梁间墙体积计算

29. 根据《房屋建筑与装饰工程工程量计算规范》GB 50854—2013 的相关规定，计算石垫层工程量时，应按（　　）。

A. 设计图示尺寸以水平投影面积计算　B. 设计中心线以长度计算

C. 设计图示尺寸以体积计算　　　　　D. 实际铺设垫层面积计算

30. 根据《房屋建筑与装饰工程工程量计算规范》GB 50854—2013 的相关规定，现浇挑檐、天沟板、雨篷、阳台与板（包括屋面板、楼板）连接时，以（　　）为分界线。

A. 外墙中心线　　　　　　　　　　　B. 外墙外边线

C. 外墙内边线　　　　　　　　　　　D. 内墙净长线

31. 根据《房屋建筑与装饰工程工程量计算规范》GB 50854—2013 的相关规定，关于混凝土及钢筋混凝土工程计算规则，下列说法不正确的是（　　）。

A. 电缆沟清单项目的计量单位为“m”，定额计量单位为“m^3”

B. 组价套用定额电缆沟的工程量必须以“m^3”进行计量

C. 散水清单项目的计量单位为“m^2”，定额计量单位为“m^3”

D. 组价套用定额散水的工程量必须以“m^2”进行计量

32. 根据《房屋建筑与装饰工程工程量计算规范》GB 50854—2013 的相关规定，关于现浇混凝土柱高的计算，下列选项中说法正确的是（　　）。

A. 有梁板的柱高自楼板上表面至上一层楼板下表面之间的高度计算

B. 无梁板的柱高自楼板上表面至上一层楼板下表面之间的高度计算

C. 异型框架柱的柱高应自柱基上表面至柱顶高度计算

D. 构造柱按全高计算，嵌接墙体部分（马牙槎）不并入柱身体积

33. 根据《房屋建筑与装饰工程工程量计算规范》GB 50854—2013 的相关规定，关于现浇混凝土工程量计算，下列选项中说法正确的是（　　）。

A. 雨篷与圈梁连接时其工程量以梁中心为分界线

B. 当整体楼梯与现浇楼板以梯梁连接时，以楼梯的最后一个踏步边缘加 300mm 为界

C. 挑檐板按设计图示水平投影面积计算

D. 空心板按设计图示尺寸以体积计算，应扣除空心部分体积

34. 根据《房屋建筑与装饰工程工程量计算规范》GB 50854—2013 的相关规定，关于预制混凝土构件工程量计算，下列选项中说法正确的是（　　）。

A. 如以构件数量作为计量单位，特征描述中必须说明单件体积

B. 异型柱应扣除构件内预埋铁件所占体积，铁件另计

C. 大型板不扣除单个面积≤ 500mm × 500mm 的孔洞所占体积

D. 现浇混凝土楼梯不扣除宽度≤ 300mm 的楼梯井，伸入墙内部分不计算

35. 后张法施工预应力混凝土，孔道长度为 10.00m，采用后张混凝土自锚低合金钢筋。钢筋清单工程量计算的每孔钢筋长度为（　　）m。

A. 10.00　　　　B. 10.30　　　　C. 10.35　　　　D. 11.00

36. 根据《房屋建筑与装饰工程工程量计算规范》GB 50854—2013 的相关规定，球型节点钢网架工程量应按照（　　）。

A. 设计图示尺寸以铺设水平投影面积计算

B. 设计图示尺寸以“榀”计算

C. 设计图示尺寸以质量按“t”计算

D. 设计图示尺寸以体积计算

37. 根据《房屋建筑与装饰工程工程量计算规范》GB 50854—2013 的相关规定，关于金属结构工程量计算，下列选项中说法正确的是（　　）。

A. 钢托架工程量应增加铆钉质量

B. 钢托架工程量中应扣除孔眼部分质量

C. 钢屋架工程量中螺栓质量不另计算

D. 依附在钢柱上的牛腿及悬臂梁另行计算工程量

38. 根据《房屋建筑与装饰工程工程量计算规范》GB 50854—2013 的相关规定，关于木结构工程量计算规则，下列选项中说法不正确的是（　　）。

A. 木屋架按设计图示数量以“榀”计算

B. 木屋架按设计图示尺寸以“m^3”计算

C. 钢木屋架按设计图示数量以“榀”计算

D. 钢木屋架按设计图示尺寸以“m^3”计算

39. 根据《房屋建筑与装饰工程工程量计算规范》GB 50854—2013 的相关规定，下列选项中，关于门窗工程量计算正确的是（　　）。

A. 金属纱窗按设计图示洞口尺寸以面积计算

B. 木门框按框的外围尺寸以面积计算

C. 石材窗台板按设计图示以水平投影面积计算

D. 木门的门锁按设计图示数量计算

40. 根据《房屋建筑与装饰工程工程量计算规范》GB 50854—2013 的相关规定，关于厂库房大门工程量计算，下列选项中说法正确的是（　　）。

A. 防护铁丝门按设计数量以质量计算

B. 金属格栅门按设计图示门框以面积计算

C. 全钢板大门按设计图示洞口尺寸以面积计算

D. 钢制花饰大门按设计图示数量以质量计算

41. 根据《房屋建筑与装饰工程工程量计算规范》GB 50854—2013 的相关规定，关于屋面及防水工程量计算规则，下列选项中说法正确的是（　　）。

A. 屋面刚性层无钢筋，其钢筋项目特征需加以描述

B. 瓦屋面若是在木基层上铺瓦，项目特征不必描述黏结层砂浆的配合比

C. 屋面找平层按楼地面装饰工程“水泥砂浆楼地面”项目编码列项

D. 屋面保温找坡层按楼地面装饰工程中的“平面砂浆找平层”项目编码列项

42. 根据《房屋建筑与装饰工程工程量计算规范》GB 50854—2013 的相关规定，关于屋面防水及其他工程量计算规则，下列选项中说法正确的是（　　）。

A. 屋面卷材防水按设计图示尺寸以面积计算，其防水搭接及附加层用量不另行计算，在综合单价中考虑

B. 屋面排水管设计未标注尺寸，考虑弯折处的增加以长度计算

C. 屋面铁皮天沟按设计图示尺寸以长度计算

D. 屋面变形缝按设计尺寸以铺设面积计算

43. 根据《房屋建筑与装饰工程工程量计算规范》GB 50854—2013 的相关规定，关于保温、隔热工程量计算，下列选项中说法正确的是（　　）。

A. 柱帽保温隔热应并入柱保温隔热工程量内

B. 保温隔热方式：指内保温、外保温、夹心保温

C. 池槽保温隔热应按板保温隔热项目编码列项

D. 保温柱、梁适用于与墙、天棚相连的柱、梁

44. 根据《房屋建筑与装饰工程工程量计算规范》GB 50854—2013 的相关规定，关于保温、隔热工程量计算，下列选项中说法不正确的是（　　）。

A. 平面防腐：扣除凸出地面的构筑物、设备基础等以及面积 $>0.3m^2$ 孔洞、柱、垛等所占面积

B. 平面防腐：门洞、空圈、暖气包槽、壁龛的开口部分不增加面积

C. 立面防腐：扣除门、窗、洞口以及面积 $>0.3m^2$ 孔洞、梁所占面积

D. 立面防腐：门、窗、洞口侧壁、垛突出部分按接触面积并入墙面积内

45. 根据《房屋建筑与装饰工程工程量计算规范》GB 50854—2013 的相关规定，关于楼地面装饰装修工程的工程量计算，下列选项中说法正确的是（　　）。

A. 水泥砂浆楼地面整体面层按设计图示尺寸以面积计算，不扣除凸出地面的构筑物和室内地沟所占面积

B. 石材楼地面按设计图示尺寸以面积计算，门洞开口部分并入相关工程量内

C. 橡胶板楼地面按设计图示尺寸以面积计算，门洞、空圈部分所占面积不另增加

D. 水泥砂浆楼梯面按设计图示尺寸以楼梯（包括踏步、休息平台、楼梯井）水平投影面积计算

46. 根据《房屋建筑与装饰工程工程量计算规范》GB 50854—2013 的相关规定，关于楼梯面层装饰工程量计算，下列选项中说法正确的是（　　）。

A. 按设计图示尺寸以楼梯（含≤ 300mm 的楼梯井）水平投影面积计算

B. 按设计图示尺寸以楼梯梯段斜面积计算

C. 楼梯与楼地面连接时，算至梯口梁内侧边沿

D. 无梯口梁者，算至最上一层踏步边沿加 200mm

47. 根据《房屋建筑与装饰工程工程量计算规范》GB 50854—2013 的相关规定，关于墙面抹灰工程量计算，下列选项中说法正确的是（　　）。

A. 立面砂浆找平项目可适用于做结合层的立面抹灰

B. 有墙裙的内墙抹灰按主墙间净长乘以墙裙顶至天棚底高度以面积计算

C. 外墙抹灰按外墙展开面积计算

D. 内墙裙抹灰不单独计算

48. 根据《房屋建筑与装饰工程工程量计算规范》GB 50854—2013 的相关规定，关于墙面抹灰工程量计算，下列选项中说法不正确的是（　　）。

A. 石材墙面按镶贴表面积计算

B. 梁面抹灰应按设计图示梁断面周长乘长度以面积计算

C. 干挂石材钢骨架按设计图示尺寸以面积计算

D. 墙面装饰浮雕以“m^2”计量，按设计图示墙净长乘净高以面积计算

49. 根据《房屋建筑与装饰工程工程量计算规范》GB 50854—2013 的相关规定，天棚抹灰工程量应按（　　）计算，板式楼梯底面抹灰按（　　）计算，艺术造型天棚抹灰按（　　）计算。

A. 实际抹灰面积，水平投影面积，水平投影面积

B. 实际抹灰面积，斜面积，展开面积

C. 水平投影面积，斜面积，展开面积

D. 水平投影面积，斜面积，水平投影面积

50. 根据《房屋建筑与装饰工程工程量计算规范》GB 50854—2013 的相关规定，关于吊顶天棚工程量计算规则，下列选项中说法正确的是（　　）。

A. 吊顶天棚按设计图示尺寸以造型展开面积“m^2”计算

B. 天棚面中的灯槽及跌级、锯齿形、吊挂式、藻井式天棚面积需展开计算

C. 扣除单个 >0.3m^2 的孔洞、独立柱及与天棚相连的窗帘盒所占的面积

D. 扣除间壁墙、检查口、附墙烟囱、柱垛和管道所占面积

51. 根据《房屋建筑与装饰工程工程量计算规范》GB 50854—2013 的相关规定，下列选项中油漆、涂料工程量应以“m^2”为单位的是（　　）。

A. 线条刷涂料　　B. 金属面油漆　　C. 木扶手　　D. 窗帘盒油漆

52. 根据《房屋建筑与装饰工程工程量计算规范》GB 50854—2013 的相关规定，下列选项中关于拆除工程说法正确的是（　　）。

A. 砖砌体拆除可以按拆除体积以“m^3”计算，也可按拆除长度以延长米“m”计算

B. 木构件的拆除，当以面积为计量单位时，可不描述构件厚度

C. 灯具拆除以“套”或“个”计量，按拆除的数量计算

D. 暖气罩拆除可按拆除面积以“m^2”计算

53. 根据《广东省房屋建筑与装饰工程综合定额（2018）》的规定，若开挖设计长为 21m，宽为 6.5m，深度为 0.7m 的土方工程，在定额中的列项应为（　　）。

A. 平整场地　　B. 挖沟槽　　C. 挖基坑　　D. 挖一般土方

54. 根据《广东省房屋建筑与装饰工程综合定额（2018）》的规定，挖桩间土不扣除桩芯直径（　　）cm 以内或类似尺寸桩体所占体积。

A. 30　　B. 50　　C. 60　　D. 80

55. 根据《广东省房屋建筑与装饰工程综合定额（2018）》的规定，人工挖桩间土方，相应定额子目人工费乘以系数（　　）；机械挖桩间土方，相应定额子目人工费、机具费乘以系数（　　）。

A. 1.10；1.30　　B. 1.20；1.30　　C. 1.30；1.10　　D. 1.30；1.20

56. 根据《广东省房屋建筑与装饰工程综合定额（2018）》的规定，支挡土板定额子目分为密板和疏板，密板是满支挡土板，板距不大于（　　）cm；疏板是间隔支挡土板，板距不大于（　　）cm。

A. 30；150　　B. 40；120　　C. 50；150　　D. 60；120

57. 根据《广东省房屋建筑与装饰工程综合定额（2018）》的规定，土石方的挖、推、铲、装、运体积均以（　　）计算。

A. 虚方体积　　B. 天然密实度体积

C. 夯实后体积　　D. 松填体积

58. 根据《广东省房屋建筑与装饰工程综合定额（2018）》的规定，机械挖土方需人工辅助开挖时，按施工组织设计的规定分别计算机械、人工挖土工程量，如施工组织设计无规定的，按机械挖土方（　　）、人工挖土方（　　）计算。

A. 95%；5%　　B. 90%；10%　　C. 80%；20%　　D. 75%；25%

59. 根据《广东省房屋建筑与装饰工程综合定额（2018）》的规定，地下室土方大开挖后再挖地槽、地坑，其深度按（　　）计算。

A. 大开挖后土面至室外地坪　　B. 大开挖后土面至室内地坪

C. 大开挖后土面至槽、坑底标高　　D. 大开挖后土面至槽、坑面标高

60. 根据《广东省房屋建筑与装饰工程综合定额（2018）》的规定，土方定额子目是按干土编制的，人工挖湿土时，相应定额子目人工费乘以系数（　　）；机械挖湿土时，相应定额子目人工费、机具费乘以系数（　　）。

A. 1.18；1.10　　B. 1.28；1.10　　C. 1.10；1.18　　D. 1.10；1.28

61. 根据《广东省房屋建筑与装饰工程综合定额（2018）》的规定，关于基础施工所需工作面宽度，错误的是（　　）。

A. 砖胎模不计工作面

B. 挖基础土方需支挡土板时，按槽、坑底宽每侧另增加工作面 100mm

C. 基础材料多个并存时，工作面宽度按其中规定的最小宽度计算

D. 混凝土基础垫层、基础支模板工作面宽 300mm

62. 根据《广东省房屋建筑与装饰工程综合定额（2018）》的规定，挖基础土方需支挡土板时，按槽、坑底宽每侧另增加工作面（　　）mm。

A. 100　　B. 300　　C. 500　　D. 600

63. 根据《广东省房屋建筑与装饰工程综合定额（2018）》的规定，原土打夯、碾压工程量按设计图示尺寸以（　　）计算。

A. “m”　　B. “m^2”　　C. “m^3”　　D. “t”

64. 根据《广东省房屋建筑与装饰工程综合定额（2018）》的规定，关于土方工程工程量计算规则，说法不正确的是（　　）。

A. 平整场地工程量按设计图示尺寸以建筑物首层外墙外边线面积（没有围护结构时以首层结构外围投影面积）计算

B. 人工挖一般土方工程量按设计图示尺寸（包括基础工作面、放坡）以“m^3”计算

C. 挖掘机挖装淤泥流砂工程量按设计图示尺寸（包括基础工作面、放坡）以“m^3”计算

D. 挖掘机挖沟槽工程量按设计图示尺寸（不包括基础工作面、放坡）以“m^3”计算

65. 根据《广东省房屋建筑与装饰工程综合定额（2018）》的规定，支挡土板工程量按槽、坑垂直支撑面以（　　）计算。

A. “m”　　B. “m^2”　　C. “m^3”　　D. “个”

66. 根据《广东省房屋建筑与装饰工程综合定额（2018）》的规定，地下连续墙成槽子目是以连续墙厚（　　）cm 编制。

A. 50　　B. 60　　C. 80　　D. 100

67. 根据《广东省房屋建筑与装饰工程综合定额（2018）》的规定，当钢支撑宽度（　　）m 属于大型钢支撑。

A. ≥ 6　　B. ≥ 8　　C. ≥ 10　　D. ≥ 15

68. 根据《广东省房屋建筑与装饰工程综合定额（2018）》的规定，打拔钢板桩按设计图示入土深度以（　　）计算。

A. "m"　　B. "根"　　C. "m^3"　　D. "t"

69. 根据《广东省房屋建筑与装饰工程综合定额（2018）》的规定，打拔钢板桩支撑宽度在 2.5m 以内的，按（　　）计算；宽度 >2.5m，按（　　）计算。

A. 设计管道（沟槽）中心长度以"t"；设计管道（沟槽）中心长度以"m"

B. 设计管道（沟槽）中心长度乘以桩长以"m^2"；设计管道（沟槽）中心长度乘以桩长以"t"

C. 设计管道（沟槽）中心长度以"m"；设计图示支撑的理论质量以"t"

D. 设计图示支撑的理论质量以"t"；设计图示支撑的理论质量以"m^2"

70. 根据《广东省房屋建筑与装饰工程综合定额（2018）》的规定，高压定喷防渗墙按设计图示尺寸（　）计算。

A. 垂直投影面积以"m^2"　　B. 水平投影面积以"m^2"

C. "m^3"　　D. "t"

71. 根据《广东省房屋建筑与装饰工程综合定额（2018）》的规定，喷射混凝土工程量，按设计图示尺寸以（　　）计算。

A. 水平投影面积以"m^2"　　B. "m^2"

C. 垂直投影面积以"m^2"　　D. 展开面积以"m^2"

72. 根据《广东省房屋建筑与装饰工程综合定额（2018）》的规定，打（压）试验桩套相应打（压）桩子目，人工费、机具费乘以系数（　　）。

A. 1.25　　B. 1.50　　C. 2.00　　D. 3.00

73. 根据《广东省房屋建筑与装饰工程综合定额（2018）》的规定，打（压）预制混凝土管桩的工程量计算规则是（　　）。

A. 按设计图示数量以"根"计算

B. 按设计图示桩长（不包括桩尖）以"m"计算

C. 按设计长度乘以管内截面积以"m^3"计算

D. 按桩长乘以设计截面面积以"m^3"计算

74. 根据《广东省房屋建筑与装饰工程综合定额（2018）》的规定，下列关于预制混凝土桩工程量计算，说法正确的是（　　）。

A. 打（压）预制混凝土方桩工程量，按设计图示桩长（不包括桩尖）以"m"计算

B. 钢桩尖制作工程量，按设计图示尺寸以"t"计算，扣除孔眼、切边、切肢的质量，焊条、铆钉、螺栓等质量并入钢桩尖工程量

C. 预制混凝土接桩工程量，按设计图示以"m^2"计算

D. 预制混凝土管桩填芯工程量，按设计长度乘以管内截面积以"m^3"计算

75. 根据《广东省房屋建筑与装饰工程综合定额（2018）》的规定，沉管灌注混凝土桩的工程量计算规则是（　　）。

A. 按设计图示数量以“根”计算

B. 按设计图示桩长（不包括桩尖）以“m”计算

C. 按入土长度以“t”计算

D. 按桩长乘以设计截面面积以“m^3”计算

76. 根据《广东省房屋建筑与装饰工程综合定额（2018）》的规定，桩基础工程中，桩头钢筋截断工程量，按设计图示以（　　）计算。

A.“根”　B.“m”　C.“t”　D.“m^3”

77. 根据《广东省房屋建筑与装饰工程综合定额（2018）》的规定，砌筑圆弧形基础和墙（含砖石混合砌体），除有对应圆弧形子目外，套相应基础和墙子目乘以系数（　　）。

A. 1.05　B. 1.10　C. 1.20　D. 1.25

78. 根据《广东省房屋建筑与装饰工程综合定额（2018）》的规定，砖砌挡土墙，2 砖以上按（　　）计算。

A. 砖墙子目　B. 砖柱子目

C. 砖基础子目　D. 零星砌体子目

79. 根据《广东省房屋建筑与装饰工程综合定额（2018）》的规定，下列关于砖基础工程量计算规则，说法不正确的是（　　）。

A. 砖基础工程量，按设计图示尺寸以“m^3”计算

B. 基础大放脚 T 形接头处重叠部分和嵌入基础的钢筋、铁件、管径在 600mm 以内的管道、基础防潮层的体积不予扣除

C. 单个面积在 0.3m^2 内的孔洞所占体积应予扣除

D. 墙垛基础大放脚突出部分也不增加

80. 根据《广东省房屋建筑与装饰工程综合定额（2018）》的规定，关于砌块墙高计算正确的为（　　）。

A. 女儿墙从屋面板顶面算至混凝土压顶顶面

B. 围墙从基础顶面算至混凝土压顶上表面

C. 外山墙从基础顶面算至山墙最高点

D. 平屋顶算至钢筋混凝土板底

81. 根据《广东省房屋建筑与装饰工程综合定额（2018）》的规定，关于砌砖、砌块计算规则，下列说法不正确的是（　　）。

A. 空花墙按设计图示尺寸的空花部分外形体积计算，不扣除空花部分体积

B. 空斗墙按设计图示尺寸以空斗墙外形体积计算，扣除空洞部分体积

C. 砖柱工程量，按设计图示尺寸以“m^3”计算，扣除混凝土及钢筋混凝土梁垫、梁头、板头所占体积

D. 烟道、烟囱内衬按图示尺寸以“m^3”计算，扣除各种孔洞所占体积。

82. 根据《广东省房屋建筑与装饰工程综合定额（2018）》的规定，关于现浇混凝土工程，下列说法不正确的是（　　）。

A. 箱式满堂基础按基础、柱、梁、板、墙等有关规定分别计算

B. 有梁板（包括主、次梁与板）按梁、板体积之和计算

C. 无梁板按板与柱帽体积之和计算

D. 挑檐、天沟与板连接时，以外墙中心线为分界线

83. 根据《广东省房屋建筑与装饰工程综合定额（2018）》的规定，凸出混凝土外墙面、阳台梁、栏板外侧（　　）mm 的装饰线条，执行压顶、扶手项目。

A. ≤ 600　　B. ≤ 500　　C. ≤ 400　　D. ≤ 300

84. 根据《广东省房屋建筑与装饰工程综合定额（2018）》的规定，凸出混凝土外墙面、梁外侧（　　）mm 的板，按悬挑板考虑。

A. >300　　B. >400　　C. >500　　D. >600

85. 根据《广东省房屋建筑与装饰工程综合定额（2018）》的规定，混凝土悬挑板包括伸出墙外的牛腿、挑梁，其嵌入墙内的梁另按梁有关规定计算。悬挑板伸出墙外 500mm 以内按挑檐计算，（　　）。

A. 500mm 以上按雨篷计算，伸出墙外 1.5m 以上的按梁、板等有关规定分别计算

B. 1.5m 以上按雨篷计算，伸出墙外 500mm 以上的按梁、板等有关规定分别计算

C. 700mm 以上按雨篷计算，伸出墙外 1m 以上的按梁、板等有关规定分别计算

D. 1m 以上按雨篷计算，伸出墙外 600mm 以上的按梁、板等有关规定分别计算

86.《广东省房屋建筑与装饰工程综合定额（2018）》的规定，混凝土及钢筋混凝土工程中，悬挑板伸出墙外 1 000mm，按（　　）计算。

A. 板　　B. 梁　　C. 雨篷　　D. 挑檐

87. 根据《广东省房屋建筑与装饰工程综合定额（2018）》的规定，栏板、反檐包括其伸入砌体内的部分，栏板、反檐高度超过（　　）m 按墙计算。

A. 1.0　　B. 1.2　　C. 1.5　　D. 1.8

88. 根据《广东省房屋建筑与装饰工程综合定额（2018）》的规定，混凝土墙厚在 140mm 以内的套用（　　）子目，墙厚度在 140mm 以上的套用（　　）子目。

A. 栏板；栏板　　B. 栏板；墙　　C. 墙；墙　　D. 墙；栏板

89. 根据《广东省房屋建筑与装饰工程综合定额（2018）》的规定，关于现浇混凝土工程工程量计算规则，下列说法错误的是（　　）。

A. 板伸入砖墙体内的板头并入板体积计算，楼板混凝土体积不扣除墙、柱混凝土体积

B. 依附墙（包括按单向划分的墙）上的墙垛（附墙柱）、暗柱、暗梁及墙突出部分（不包括按单向划分的异型柱）并入墙体积计算

C. 伸入墙内的梁头、梁垫、短肢剪力墙结构砌体内门窗洞口上的梁并入梁体积内

D. 依附柱上的牛腿，并入柱身体积计算

90. 根据《广东省房屋建筑与装饰工程综合定额（2018）》的规定，关于梁长的表述，下列说法正确的是（　　）。

A. 梁与柱连接时，梁长算至柱内侧面

B. 主梁与次梁连接时，主梁长算至次梁内侧面

C. 主梁与次梁连接时，次梁长算至主梁外侧面

D. 挑檐、天沟与梁连接时，以梁中心线为分界线

91. 根据《广东省房屋建筑与装饰工程综合定额（2018）》的规定，关于混凝土墙高的表述，下列说法不正确的是（　　）。

A. 有梁的计至梁底，与墙同厚的梁，其工程量并入墙计算，没有梁的计至板面

B. 有地下室的从地下室底板面计起

C. 没有地下室的从基础面计起

D. 楼层从板底面计起

92. 根据《广东省房屋建筑与装饰工程综合定额（2018）》的规定，关于钢筋工程工程量计算规则，下列说法不正确的是（　　）。

A. 钢筋笼工程量，按设计图示钢筋（网）中心线长度（面积）乘以单位理论质量计算

B. 用于现浇构件钢筋，设计图示及规范未标明的通长钢筋，ϕ10 以内的钢筋按每 12m 计算一个钢筋搭接；ϕ10 以上的钢筋按每 9m 计算一个钢筋搭接（接头）

C. 植筋工程量，按设计图示数量以“个”计算

D. 现浇混凝土构件预埋铁件，按设计图示尺寸以“个”计算

93. 根据《广东省房屋建筑与装饰工程综合定额（2018）》的规定，预制护栏安装按照护栏高度在（　　）m 以内考虑，超过此高度时，人工费、材料（除预制栏杆外）均要乘以系数 1.10。

A. 1.0　　B. 1.2　　C. 1.4　　D. 1.6

94. 根据《广东省房屋建筑与装饰工程综合定额（2018）》的规定，地板、护栏安装在楼梯台阶上或弧形、圆形地面上时（　　）乘以系数 1.20。

A. 人工费　　B. 材料费　　C. 机械费　　D. 人工费和材料费

95. 根据《广东省房屋建筑与装饰工程综合定额（2018）》的规定，下列关于预制构件安装工程量计算规则，说法不正确的有（　　）。

A. 构件安装工程量按成品构件设计图示尺寸实际体积以“m^3”计算

B. 依附于构件制作的各类保温层、饰面层的体积并入相应构件安装中计算

C. 不扣除构件内钢筋、预埋铁件、配管、套管、线盒及单个面积≤ $0.3m^2$ 的孔洞、线箱等所占体积

D. 外露钢筋体积并入构件

96. 根据《广东省房屋建筑与装饰工程综合定额（2018）》的规定，下列关于预制构件工程量计算规则，说法正确的有（　　）。

A. 单元式幕墙安装工程量按单元板块组合后设计图示外围尺寸以“m”计算

B. 承重隔墙安装工程量按设计图示尺寸的墙体体积以“m^3”计算

C. 成品护栏安装工程量按设计图示中心线长度以“m”计算

D. 墙面成品木饰面安装工程量按设计图示尺寸以“m^3”计算

97. 根据《广东省房屋建筑与装饰工程综合定额（2018）》的规定，关于钢构件安装工程量计算规则，下列说法不正确的是（　　）。

A. 钢网架计算工程量，不扣除孔眼的质量，焊缝、铆钉等不另增加质量

B. 依附在钢柱上的牛腿及悬臂梁等不另增加质量

C. 钢管柱上的节点板、加强环、内衬板（管）、牛腿等并入钢管柱的质量内

D. 构件安装工程量按构件的设计图示尺寸以“t”计算，不扣除单个面积≤ $0.3m^2$ 的孔洞质量，焊缝、铆钉、螺栓等不另增加质量

98. 根据《广东省房屋建筑与装饰工程综合定额（2018）》的规定，金属结构工程的钢楼层板、屋面板按设计图示尺寸（　　）计算，不扣除单个面积 $0.3m^2$ 以内柱、垛及孔

洞所占面积。

A. 铺设面积以“m^2”　　B. 铺设面积以“t”

C. 水平投影面积以“m^2”　　D. 水平投影面积以“t”

99. 根据《广东省房屋建筑与装饰工程综合定额（2018）》的规定，木构件中的木地楞工程量，按设计图示尺寸以（　　）计算。

A.“m”　　B.“m^2”　　C.“m^3”　　D.“根”

100. 根据《广东省房屋建筑与装饰工程综合定额（2018）》的规定，屋面木基层工程量计算规则，下列说法不正确的有（　　）。

A. 檩木上钉椽板工程量，按屋面的斜面积以“m^2”计算，不扣除屋面烟囱及斜沟部分所占面积，天窗挑檐重叠面积并入屋面基层工程量内

B. 檩木工程量，按竣工木料体积以“m^3”计算

C. 屋面板工程量按屋面斜面积计算，不扣除屋面烟囱、风帽底座、风道、小气窗及斜沟等所占面积

D. 屋面板工程量按屋面水平投影面积计算，扣除屋面烟囱、风帽底座、风道、小气窗及斜沟等所占面积

101. 根据《广东省房屋建筑与装饰工程综合定额（2018）》的规定，型钢大门的制作安装工程量按图示尺寸以（　　）计算，不扣除孔眼、切肢、切边、切角的质量。

A.“m^2”　　B.“扇”　　C.“樘”　　D.“kg”

102. 根据《广东省房屋建筑与装饰工程综合定额（2018）》的规定，电子感应自动门、全玻转门、不锈钢电动伸缩门按设计图示以（　　）计算。

A.“m^2”　　B.“樘”　　C.“t”　　D.“个”

103. 根据《广东省房屋建筑与装饰工程综合定额（2018）》的规定，屋面卷材防水工程量计算规则，说法不正确的有（　　）。

A. 不扣除房上烟囱、风帽底座、风道、屋面小气窗和斜沟所占的面积

B. 屋面的女儿墙、伸缩缝和天窗等处的弯起部分按设计图示尺寸并入屋面工程量内

C. 平屋顶按水平投影以“m^2”计算

D. 斜屋顶按水平投影以“m^2”计算

104. 根据《广东省房屋建筑与装饰工程综合定额（2018）》的规定，防水（潮）工程工程量计算规则，说法不正确的有（　　）。

A. 屋面刚性防水工程量，按设计图示尺寸以“m^2”计算，不扣除房上烟囱、风帽底座、风道等所占的面积及小于 $0.3m^2$ 以内孔洞等所占面积

B. 天沟工程量，按设计图示展开面积以“m^2”计算

C. 分格缝工程量，按设计图示尺寸以“m^2”计算

D. 桩头防水按桩头的数量以“个”计算

105. 根据《广东省房屋建筑与装饰工程综合定额（2018）》的规定，建筑物楼地面防水、防潮层，与墙面连接处上卷高度在（　　）mm 以内者按展开面积计算，按平面防水层计算；超过时按立面防水层计算。

A. 300　　B. 500　　C. 800　　D. 1 000

106. 根据《广东省房屋建筑与装饰工程综合定额（2018）》的规定，建筑物地下室防

水层，平面与立面交接处的防水层，其上卷高度超过（ ）mm 时，按立面防水层计算。

A. 300　B. 500　C. 800　D. 1 000

107. 根据《广东省房屋建筑与装饰工程综合定额（2018）》的规定，防腐工程工程量计算规则，说法正确的有（ ）。

A. 防腐工程量均按设计图示尺寸以“m^3”计算

B. 平面防腐不扣除凸出地面的构筑物、设备基础等所占的面积

C. 立面防腐砖垛等突出部分按展开面积并入墙面面积内

D. 踢脚板防腐扣除门洞所占面积且门洞侧壁展开面积不增加

108. 根据《广东省房屋建筑与装饰工程综合定额（2018）》的规定，细石混凝土找平层子目，平均厚度 >60mm 部分按（ ）子目执行。

A. 找平层　B. 混凝土垫层　C. 混凝土墙　D. 混凝土楼板

109. 根据《广东省房屋建筑与装饰工程综合定额（2018）》的规定，除木地板踢脚线外，其余踢脚线适用高度为（ ）mm 以内。超过上述高度时，套用“墙、柱面装饰与隔断、幕墙工程”相应子目。

A. 200　B. 300　C. 400　D. 500

110. 根据《广东省房屋建筑与装饰工程综合定额（2018）》的规定，弧形踢脚线，按踢脚线相应定额子目，（ ）乘以系数 1.10。

A. 人工费　B. 材料费　C. 人工费 + 材料费　D. 机械费

111. 根据《广东省房屋建筑与装饰工程综合定额（2018）》的规定，反檐只适用于高出板面（ ）mm 以内的装饰檐板，超过此高度的檐板作栏板计。

A. 300　B. 400　C. 500　D. 600

112. 根据《广东省房屋建筑与装饰工程综合定额（2018）》的规定，找平层工程量计算规则，不正确的有（ ）。

A. 按设计图示尺寸以“m^2”计算

B. 扣除凸出地面构筑物、设备基础、室内管道、地沟等所占面积

C. 不扣除间壁墙和 $0.3m^2$ 以内的柱、垛、附墙烟囱及孔洞所占面积

D. 门洞、空圈、暖气包槽、壁龛的开口部分另行计算面积

113. 根据《广东省房屋建筑与装饰工程综合定额（2018）》的规定，圆柱、圆弧墙、锯齿型等不规则墙面抹灰及镶贴块料，套墙柱面抹灰或镶贴相应子目，人工费乘以系数（ ）。

A. 1.10　B. 1.15　C. 1.20　D. 1.25

114. 根据《广东省房屋建筑与装饰工程综合定额（2018）》的规定，幕墙工程中的干挂石材钢骨架、点支式全玻璃幕墙钢结构桁架，按设计图示尺寸以（ ）计算。

A. “个”　B. “t”　C. “m^2”　D. “榀”

115. 根据《广东省房屋建筑与装饰工程综合定额（2018）》的规定，幕墙工程中的通风器按设计图示尺寸以（ ）计算。

A. “m”　B. “m^2”　C. “个”　D. “m^3”

116. 根据《广东省房屋建筑与装饰工程综合定额（2018）》的规定，墙面、墙裙镶贴块料，按设计图示镶贴表面积以“m^2”计算。墙面镶贴块料有吊顶天棚时，如设计图示高度

为室内地面或楼面至天棚底，则镶贴高度由室内地面或楼面计至吊顶天棚另加（ ）mm。

A. 50 B. 100 C. 200 D. 400

117. 根据《广东省房屋建筑与装饰工程综合定额（2018）》的规定，在木装饰及其他中，轻质墙板工程量按设计图示尺寸以（ ）计算。

A. “m” B. “m^2” C. “m^3” D. “t”

118. 根据《广东省房屋建筑与装饰工程综合定额（2018）》的规定，幕墙工程量计算规则，不正确的有（ ）。

A. 带骨架幕墙，按设计图示框外围尺寸以“m^2”计算

B. 全玻璃幕墙，按设计图示尺寸以“m^2”计算

C. 幕墙防火隔断，按其设计图示镀锌板的垂直投影面积以“m^2”计算

D. 带肋全玻璃幕墙，按设计图示展开面积以“m^2”计算，肋玻璃另行计算面积并入幕墙内

119. 根据《广东省房屋建筑与装饰工程综合定额（2018）》的规定，天棚抹灰带有装饰线时，装饰线按设计图示尺寸以（ ）装饰线所占面积。

A. “m”计算，计算天棚抹灰工程量时扣除

B. “m”计算，计算天棚抹灰工程量时不扣除

C. “m^2”计算，计算天棚抹灰工程量时扣除

D. “m^2”计算，计算天棚抹灰工程量时不扣除

120. 根据《广东省房屋建筑与装饰工程综合定额（2018）》的规定，雨篷底层抹灰，按设计图示（ ）以“m^2”计算，并入相应的天棚抹灰面积内。

A. 水平投影面积 B. 垂直投影面积

C. 斜面积 D. 展开面积

121. 根据《广东省房屋建筑与装饰工程综合定额（2018）》的规定，天棚中平面、跌级和艺术造型天棚抹灰，均按设计图示（ ）以面积计算。

A. 斜面积 B. 水平投影面积

C. 垂直投影面积 D. 展开面积

122. 根据《广东省房屋建筑与装饰工程综合定额（2018）》的规定，窗台板、筒子板按设计图示饰面（ ）以“m^2”计算。

A. 水平投影面积 B. 斜面积

C. 外围尺寸展开面积 D. 垂直投影面积

123. 根据《广东省房屋建筑与装饰工程综合定额（2018）》的规定，天棚工程工程量计算规则，不正确的有（ ）。

A. 送（回）风口，按设计图示以“m^2”计算

B. 天棚检修道按设计图示尺寸以“m”计算

C. 雨篷底层抹灰，按设计图示水平投影面积以“m^2”计算，并入相应的天棚抹灰面积内

D. 板式楼梯底面装饰工程量（除抹灰外）按设计图示水平投影面积乘以系数 1.15 以“m^2”计算，梁式楼梯底面按设计图示展开面积以“m^2”计算

124. 根据《广东省房屋建筑与装饰工程综合定额（2018）》的规定，钢结构构件油

漆，按设计图示（　　）计算。

A. 投影面积以“m^2”　　B. “t”

C. 展开面积以“m^2”　　D. “m^3”

125. 根据《广东省房屋建筑与装饰工程综合定额（2018）》的规定，装饰线宽度超过（　　）mm 的按设计图示展开面积以“m^2”计算。

A. 500　　B. 400　　C. 300　　D. 200

126. 根据《广东省房屋建筑与装饰工程综合定额（2018）》的规定，压条、装饰线均按宽度（　　）mm 以内考虑；干挂石装饰按宽度（　　）mm 以内考虑。

A. 300；600　　B. 250；500　　C. 200；400　　D. 150；300

127. 根据《广东省房屋建筑与装饰工程综合定额（2018）》的规定，装饰工程量计算规则，不正确的有（　　）。

A. 栏板、扶手按设计图示扶手中心线长度以“m”计算，不扣除独立柱所占长度，但应扣除弯头、曲踭长度

B. 不锈钢旗杆工程量，按设计图示以“m”计算

C. 开孔、钻孔工程量，按设计图示数量以“个”计算

D. 古式栏杆按设计图示尺寸以“m^2”计算

128. 根据《广东省房屋建筑与装饰工程综合定额（2018）》的规定，现浇建筑物模板，墙板上单孔面积在（　　）m^2 以内的孔洞不扣除，洞侧壁模板也不增加。

A. 0.3　　B. 0.5　　C. 0.8　　D. 1.0

129. 根据《广东省房屋建筑与装饰工程综合定额（2018）》的规定，构造柱与砌体相连的，按混凝土柱接触面宽度每边加（　　）cm 乘以柱高计算。

A. 3　　B. 5　　C. 10　　D. 15

130. 根据《广东省房屋建筑与装饰工程综合定额（2018）》的规定，压顶、扶手模板按其长度以（　　）计算。

A. “m”　　B. “m^2”　　C. “m^3”　　D. “根”

131. 根据《广东省房屋建筑与装饰工程综合定额（2018）》的规定，后浇带模板工程量，按后浇带混凝土与模板的接触面积乘以（　　）以“m^2”计算。

A. 1.15　　B. 1.20　　C. 1.30　　D. 1.50

132. 根据《广东省房屋建筑与装饰工程综合定额（2018）》的规定，预制混凝土的模板工程量，除另有规定外，均按构件设计图示尺寸以（　　）计算。

A. “m”　　B. “m^2”　　C. “m^3”　　D. “根”

133. 根据《广东省房屋建筑与装饰工程综合定额（2018）》的规定，铝合金模板工程量计算规则，说法不正确的有（　　）。

A. 铝合金模板工程量按混凝土与模板接触面以“m^2”计算

B. 现浇钢筋混凝土墙、板上单孔面积≤ 1.0m^2 的孔洞不予扣除，洞侧壁模板也不增加，单孔面积 >1.0m^2 时应予扣除，洞侧壁模板面积并入墙、板模板工程量内计算

C. 柱与梁、柱与墙、梁与梁等连接重叠部分以及伸入墙内的梁头、板头与砖接触部分，均不计算模板面积

D. 楼梯铝模板工程量按楼梯的水平投影面积以“m^2”计算

134. 根据《广东省房屋建筑与装饰工程综合定额（2018）》的规定，关于脚手架工程，下列说法正确的是（　　）。

A. 本定额按搭设、使用综合编制一个子目，使用本章子目的，不需要单独计算搭设或使用费用

B. 定额子目按搭设、使用分别编制，使用本章子目的，应同时计算搭设、使用

C. 本定额编制有脚手架的搭设子目，没有编制脚手架的使用子目，使用本章子目的，不需要另外计算脚手架使用费

D. 本定额按搭设、使用综合编制一个子目，没有单独编制脚手架的使用子目，使用本章子目的，不需要另外计算脚手架的使用费用

135. 根据《广东省房屋建筑与装饰工程综合定额（2018）》的规定，关于外墙综合脚手架搭拆工程量计算规则，下列说法正确的是（　　）。

A. 以“m^2”计量，按建筑面积计算

B. 按外墙中心线的总长乘以设计外地坪至外墙的顶板面或檐口的高度以“m^2”计算

C. 按外墙外边线的凹凸（包括凸出阳台）总长乘以设计外地坪至外墙的顶板面或檐口的高度以“m^2”计算

D. 按外墙外边线的凹凸（包括凸出阳台）总长乘以设计室内地面（有地下室者，以地下室室内地面）至外墙的顶板面或檐口的高度以“m^2”计算

136. 根据《广东省房屋建筑与装饰工程综合定额（2018）》的规定，某工程设计地坪到施工顶面高为9.3m，采用满堂脚手架，增加层数为（　　）层。

A. 1　　B. 2　　C. 3　　D. 4

137. 根据《广东省房屋建筑与装饰工程综合定额（2018）》的规定，单独承包的装饰工程人工垂直运输，其工程量计算规则是（　　）。

A. 按建筑物的建筑面积以“m^2”计算

B. 按装饰楼层不同垂直运输高度以“定额人工费”计算

C. 按不同装饰楼层和不同材料以定额所示的计量单位计算

D. 以“座”计量，按使用数量计算

138. 根据《广东省房屋建筑与装饰工程综合定额（2018）》的规定，单独承包的装饰工程机械垂直运输，其工程量计算规则是（　　）。

A. 按建筑物的建筑面积以“m^2”计算

B. 按装饰楼层不同垂直运输高度以“定额人工费”计算

C. 按不同装饰楼层和不同材料以定额所示的计量单位计算

D. 以“座”计量，按使用数计算

139. 根据《广东省房屋建筑与装饰工程综合定额（2018）》的规定，建筑工程的垂直运输工程量计算规则，说法不正确的是（　　）。

A. 建筑物的垂直运输，按建筑物的建筑面积以“m^2”计算

B. 构筑物垂直运输以“座”计算，超过规定高度时按每增加1m定额子目计算，其高度不足1m时，按1m计算

C. 计算建筑物的垂直运输，高度超过100m时按每增10m内定额子目计算，其高度不足10m时，按10m计算

D. 构筑物垂直运输以高度计算，超过规定高度时按每增加 5m 定额子目计算，其高度不足 5m 时，按 5m 计算

140. 根据《广东省房屋建筑与装饰工程综合定额（2018）》的规定，井点降水的工程量计算规则是（　　）。

A. 以“昼夜”计量，按排水、降水日历天数计算

B. 按使用根数、天数以“根”或“根·天”计算

C. 以“台班”计量，按施工期间抽水台班数量计算

D. 以“m^3”计量，按排水、降水数量计算

141. 根据《广东省房屋建筑与装饰工程综合定额（2018）》的规定，对于不能按工作内容单独计量的绿色施工安全防护措施费，编制概预算时，以分部分项工程的（　　）为计算基础。

A. 人工费

B. 施工机具费

C. 人工费 + 材料费 + 施工机具费

D. 人工费 + 施工机具费

142. 根据粤建造发〔2013〕4 号文规定，根据总承包服务的内容要求，说法错误的是（　　）。

A. 仅要求对招标人发包的专业工程进行总承包管理和协调时，按专业工程造价的 1.5% 计算

B. 要求对招标人发包的专业工程进行总承包管理和协调，并同时要求提供配合和服务，按专业工程造价的 2% ~ 3% 计算，具体应根据配合服务的内容和要求确定

C. 配合招标人自行供应材料的，按招标人供应材料价值的 1% 计算（不含建设单位供应材料的保管费）

D. 承包人保管发包人供应材料所需或发生的费用，按照材料、工程设备价格的 1.5% 计算材料保管费

二、多项选择题（共 52 题，每题选项中有 2 个或 2 个以上正确，至少有 1 个错项）

1. 根据《房屋建筑与装饰工程工程量计算规范》GB 50854—2013 的相关规定，关于土石方工程的计算规则，下列选项中说法正确的是（　　）。

A. 挖土方如需截桩头时，应按桩基工程相关项目列项

B. 桩间挖土不扣除桩的体积，并在项目特征中加以描述

C. 弃、取土运距需进行较为准确的描述

D. 土壤类别不能准确划分时，招标人可注明为综合

E. 土方体积应按挖掘出的体积计算

2. 根据《房屋建筑与装饰工程工程量计算规范》GB 50854—2013 的相关规定，关于管沟土方工程量计算，下列选项中说法不正确的有（　　）。

A. 按设计管道中心线长度计算

B. 按管沟宽度乘以深度再乘以管道中心线长度以体积计算

C. 按设计管底垫层面积乘以深度计算

D. 无管底垫层按管道外径水平投影面积乘以挖土深度计算

E. 按管沟开挖断面乘以管道中心线长度以体积计算

3. 根据《房屋建筑与装饰工程工程量计算规范》GB 50854—2013 的相关规定，关于回填方的计算规则，下列选项中说法不正确的是（　　）。

A. 回填方：以“m^3”计量，按设计图示尺寸以体积计算。

B. 场地回填：回填面积乘回填厚度

C. 室内回填：主墙间面积乘回填厚度，不扣除间隔墙

D. 基础回填：按挖方清单项目工程量减去 ±0.00 以下埋设的基础体积（包括基础垫层及其他构筑物）

E. 余方弃置：以“m^3”计量，按挖方清单项目工程量减利用回填方体积（正数）计算

4. 根据《房屋建筑与装饰工程工程量计算规范》GB 50854—2013 的相关规定，关于地基处理与边坡支护工程计算规则中桩和注浆地基的相关工程量计算，下列选项中说法正确的是（　　）。

A. 振冲桩（填料）：按设计图示处理范围以面积计算

B. 砂石桩：以“m”计量，按设计图示尺寸以桩长（不包括桩尖）计算

C. 石灰桩：以“m”计量，按设计图示尺寸以桩长（包括桩尖）计算

D. 柱锤冲扩桩：以“m^3”计量，按设计图示尺寸以桩长（包括桩尖）乘以桩截面计算

E. 注浆地基：以“m^3”计量，按设计图示尺寸以加固体积计算

5. 根据《房屋建筑与装饰工程工程量计算规范》GB 50854—2013 的相关规定，计算实心砖墙的清单工程量，其体积以“m^3”计算时，应扣除（　　）等所占体积。

A. 混凝土柱、过梁、圈梁　　B. 梁头、板头、檩头

C. 暖气槽、消火栓　　D. 门窗、洞口

E. 单个面积在 $0.3m^2$ 以内的孔洞的体积

6. 根据《房屋建筑与装饰工程工程量计算规范》GB 50854—2013 的相关规定，关于零星砌砖的工程量计算，下列选项中说法正确的有（　　）。

A. 以“m^3”计量，按设计图示尺寸底面积乘以高度计算

B. 以“m^2”计量，按设计图示尺寸水平投影面积计算

C. 以“m”计量，按设计图示尺寸长度计算

D. 以“个”计量，按设计图示数量计算

E. 以“组”计量，按设计图示数量计算

7. 根据《房屋建筑与装饰工程工程量计算规范》GB 50854—2013 的相关规定，整体楼梯（包括直形楼梯、弧形楼梯）水平投影面积包括（　　）等部分。

A. 休息平台　　B. 平台梁

C. 斜梁　　D. 楼梯的连接梁

E. 梯柱

8. 根据《房屋建筑与装饰工程工程量计算规范》GB 50854—2013 的相关规定，下列选项中关于现浇混凝土基础的项目列项或工程量计算正确的是（　　）。

A. 箱式满堂基础中的梁按基础梁列项

B. 箱式满堂基础中的墙按现浇混凝土墙列项

C. 框架式设备基础的基础底板按现浇混凝土独立基础列项

D. 框架式设备基础的柱和墙按设备基础列项

E. 现浇混凝土基础按设计图示尺寸以体积“m^3”计算

9. 根据《房屋建筑与装饰工程工程量计算规范》GB 50854—2013 的相关规定，下列选项中关于现浇混凝土构件工程量计算正确的有（　　）。

A. 构造柱按柱断面尺寸乘以全高以体积计算，嵌入墙体部分不计

B. 框架柱工程量按柱基上表面至柱顶以高度计算

C. 梁按设计图示尺寸以体积计算，主梁与次梁交界处按主梁体积计算

D. 挑檐板按设计图示尺寸以体积计算

E. 混凝土弧形墙按垂直投影面积乘以墙厚以体积计算

10. 根据《房屋建筑与装饰工程工程量计算规范》GB 50854—2013 的相关规定，关于混凝土工程量计算，下列选项中说法不正确的是（　　）。

A. 有梁板的柱高自柱基上表面至上一层楼板下表面之间的高度计算

B. 依附柱上的牛腿及升板的柱帽，并入柱身体积内计算

C. 现浇混凝土无梁板按板和柱帽的体积之和计算

D. 预制混凝土楼梯按水平投影面积计算

E. 预制混凝土沟盖板、井盖板、井圈按设计图示尺寸以体积计算

11. 根据《房屋建筑与装饰工程工程量计算规范》GB 50854—2013 的相关规定，关于现浇混凝土墙工程量计算，下列选项中说法正确的是（　　）。

A. 短肢剪力墙，按设计图示尺寸以体积计算

B. 弧形墙按墙厚不同以展开面积计算

C. 直形墙、挡土墙按设计图示尺寸以体积计算

D. 墙体工程量应扣除预埋铁件所占体积

E. 按设计图示尺寸以面积计算

12. 根据《房屋建筑与装饰工程工程量计算规范》GB 50854—2013 的相关规定，工程量按“块”计算的项目有（　　）。

A. 预制混凝土楼梯　　B. 预制混凝土空心板

C. 预制混凝土屋架　　D. 预制混凝土井圈

E. 现浇混凝土地沟

13. 根据《房屋建筑与装饰工程工程量计算规范》GB 50854—2013 的相关规定，下列选项中关于混凝土及钢筋混凝土工程量计算正确的是（　　）。

A. 天沟、挑檐板按设计尺寸以面积计算

B. 现浇混凝土墙的工程量不包括墙垛体积

C. 散水、坡道按设计图示尺寸以面积计算

D. 地沟按设计图示以中心线长度计算

E. 预制沟盖板、井盖板以“个”计算

14. 根据《房屋建筑与装饰工程工程量计算规范》GB 50854—2013 的相关规定，下列选项中关于现浇混凝土构件工程量计算不正确的是（　　）。

A. 电缆沟、地沟按设计图示尺寸以面积计算

B. 台阶按设计图示尺寸以水平投影面积或体积计算

C. 压顶按设计图示尺寸以水平投影面积计算

D. 扶手按设计图示尺寸以体积计算

E. 化粪池按设计图示尺寸以体积计算

15. 根据《房屋建筑与装饰工程工程量计算规范》GB 50854—2013 的相关规定，下列选项中关于金属结构工程量计算不正确的是（ ）。

A. 钢吊车梁工程量应计入制动板、制动梁、制动桁架和车挡的工程量

B. 钢梁工程量中不计算铆钉、螺栓工程量

C. 金属成品雨篷以“t”计量，按设计图示尺寸以质量计算

D. 钢板天沟板按设计图示尺寸以长度计算

E. 成品雨篷按设计图示尺寸以质量计算

16. 根据《房屋建筑与装饰工程工程量计算规范》GB 50854—2013 的相关规定，下列选项中关于墙面防水工程量计算正确的是（ ）。

A. 墙面涂膜防水按设计图示尺寸以质量计算

B. 墙面砂浆防水按设计图示尺寸以体积计算

C. 墙面变形缝按设计图示尺寸以长度计算

D. 墙面卷材防水按设计图示尺寸以面积计算

E. 楼（地）面防水反边高度 >300mm 按墙面防水计算

17. 根据《房屋建筑与装饰工程工程量计算规范》GB 50854—2013 的相关规定，下列选项中关于楼地面装饰工程量计算规则的描述不正确的是（ ）。

A. 现浇水磨石楼地面按设计图示尺寸以面积计算

B. 细石混凝土楼地面按设计图示尺寸以体积计算

C. 块料台阶面按设计图示尺寸以展开面积计算

D. 地毯楼地面按设计图示尺寸以面积计算

E. 金属踢脚线按延长米计算

18. 根据《房屋建筑与装饰工程工程量计算规范》GB 50854—2013 的相关规定，关于装饰工程量计算，下列选项中说法正确的是（ ）。

A. 自流坪楼地面按图示长度乘高度以面积计算

B. 平面砂浆找平层按设计图示尺寸以面积计算

C. 块料踢脚线可按延长米计算

D. 石材台阶面装饰按设计图示尺寸以台阶最上踏步外沿水平投影面积计算

E. 塑料板楼地面按设计图示尺寸以楼梯水平投影面积计算

19. 内墙抹灰面积按主墙间的净长乘以高度计算，不扣除（ ）的面积。

A. 门窗洞口

B. 踢脚线

C. 挂镜线

D. 0.3m^2 以内孔洞

E. 墙裙

20. 根据《房屋建筑与装饰工程工程量计算规范》GB 50854—2013 的相关规定，关于油漆工程量计算的，下列选项中说法正确的是（ ）。

A. 金属门油漆按设计图示洞口尺寸以面积计算

B. 窗台板油漆按设计图示尺寸以长度计算

C. 金属面油漆按设计展开面积计算

D. 木隔断油漆按设计图示尺寸以单面外围面积计算

E. 挂镜线油漆按设计图示尺寸以面积计算

21. 根据《房屋建筑与装饰工程工程量计算规范》GB 50854—2013 的相关规定，关于其他装饰工程量计算的，下列选项中说法正确的是（　　）。

A. 酒吧按设计图示尺寸以面积计算

B. GRC 装饰线条按设计图示尺寸以长度计算

C. 硬木扶手栏杆按设计图示尺寸以展开面积计算

D. 金属暖气罩以“m^2”计量，按设计图示尺寸以垂直投影面积（不展开）计算

E. 洗漱台以“m^2”计量，按设计图示尺寸以台面水平投影面积计算

22. 根据《房屋建筑与装饰工程工程量计算规范》GB 50854—2013 的相关规定，下列选项中的措施项目，详细列明了项目编码、项目特征、计量单位和计算规则的有（　　）。

A. 夜间施工　　B. 二次搬运

C. 超高施工增加　　D. 外装饰吊篮

E. 外脚手支架

23. 根据《房屋建筑与装饰工程工程量计算规范》GB 50854—2013 的相关规定，关于综合脚手架，下列选项中说法正确的是（　　）。

A. 工程量按建筑面积计算

B. 适用于房屋加层、构筑物及附属工程脚手架

C. 项目特征应说明建筑结构形式和檐口高度

D. 同一建筑物有不同的檐高时，按建筑物竖向切面分别按不同檐高编列清单项目

E. 整体提升架已包括 2m 高的防护架体设施

24. 根据《房屋建筑与装饰工程工程量计算规范》GB 50854—2013 的相关规定，下列选项中措施项目工程量计算正确的是（　　）。

A. 里脚手架按所服务对象的垂直投影面积计算

B. 满堂脚手架按搭设的建筑面积计算

C. 混凝土墙模板按模板与墙接触面积计算

D. 混凝土构造柱模板按图示外露部分计算模板面积

E. 超高施工增加费不包括人工、机械降效的费用

25. 根据《房屋建筑与装饰工程工程量计算规范》GB 50854—2013 的相关规定，关于措施项目工程量计算，下列选项中描述正确的是（　　）。

A. 垂直运输按使用机械设备数量计算

B. 悬空脚手架按搭设的水平投影面积计算

C. 整体提升架按垂直投影面积计算

D. 排水、降水工程量，按排水、降水日历天数计算

E. 超高施工增加按建筑物超高部分的建筑面积计算

26. 根据《房屋建筑与装饰工程工程量计算规范》GB 50854—2013 的相关规定，下列选项中属于安全文明施工措施项目的有（　　）。

A. 地上、地下设施、建筑的临时保护设施

B. “五牌一图”

C. 夜间施工

D. 临时设施

E. 冬雨季施工

27.《广东省房屋建筑与装饰工程综合定额（2018）》由分部分项工程项目和（　　）组成。

A. 措施项目　　B. 其他项目

C. 税金　　D. 规费

E. 附录

28. 根据《广东省房屋建筑与装饰工程综合定额（2018）》的规定，关于干湿土划分，正确的是（　　）。

A. 以地质勘测资料为准，含水率 <25% 为干土，含水率 ≥ 25% 且小于液限为湿土

B. 以地下常水位为准，地下常水位以上为干土，以下为湿土

C. 降水措施费已计入子目内，不另计算

D. 如采用降水措施，应以降水后的水位为地下常水位

E. 降水措施费用应另行计算

29. 根据《广东省房屋建筑与装饰工程综合定额（2018）》的规定，下列关于钢管桩工程量计算规则，说法正确的是（　　）。

A. 打（压）钢管桩工程量，按入土长度以“m”计算

B. 钢管桩接桩工程量，按设计图示数量以“个”计算

C. 钢管桩内切割工程量，按设计图示数量以“根”计算

D. 钢管桩管内取土工程量，按设计图示尺寸以“m^3”计算

E. 钢管桩填芯工程量，按设计长度乘以管内截面积以“m^3”计算

30. 根据《广东省房屋建筑与装饰工程综合定额（2018）》的规定，下列关于成孔混凝土灌注桩工程量计算规则，说法正确的是（　　）。

A. 灌注桩检测管工程量，按钢检测管质量以“t”计算，塑料管按长度以“m”计算

B. 钢护筒工程量，按钢护筒加工后的成品质量以“t”计算

C. CFG 桩工程量，按桩长以“m”计算

D. 钻、冲孔桩工程量，按桩长乘以设计截面面积以“m^3”计算

E. 旋挖桩工程量，按桩长乘以设计截面面积以“m^3”计算

31. 根据《广东省房屋建筑与装饰工程综合定额（2018）》的规定，下列关于砖墙工程量计算规则，说法正确的是（　　）。

A. 砖墙工程量，按设计图示尺寸以“m^3”计算

B. 扣除门窗洞口、过人洞、空圈、嵌入墙内的钢筋混凝土柱、梁、梁头、圈梁、挑梁、过梁及凹进墙内的壁龛、管槽、暖气槽、消火栓箱所占体积

C. 不扣除单个面积 $0.3m^2$ 以内的孔洞所占体积

D. 凸出墙面的窗台线、窗眉线、虎头砖、门窗套以及三皮砖以内的腰线、压顶线、挑檐的体积不增加

E. 凸出墙面的砖垛以及三皮砖以上的腰线、压顶线、挑檐的体积并入墙身工程量内计算

32. 根据《广东省房屋建筑与装饰工程综合定额（2018）》的规定，关于其他砌体计算规则，下列说法不正确的是（　　）。

A. 砖散水工程量，按设计图示尺寸以“m^2”计算

B. 砖砌地沟工程量，按设计图示尺寸以“m^3”计算

C. 砖砌化粪池按设计图示外形体积以“m^3”计算

D. 砖混凝土混合、砖砌栏板工程量，按设计图示尺寸以“m^3”计算

E. 砖砌台阶工程量，按水平投影面积以“m^2”计算，台阶两侧砌体不增加

33. 根据《广东省房屋建筑与装饰工程综合定额（2018）》的规定，关于柱高的表述，下列说法不正确的是（　　）。

A. 有梁板的柱高，应自柱基上表面（或楼板上表面）至上一层楼板下表面之间的高度计算

B. 无梁板的柱高，应自柱基上表面（或楼板上表面）至柱帽上表面高度计算

C. 框架柱的柱高，应自柱基上表面至柱顶高度计算

D. 构造柱按全高计算，嵌接墙体部分并入柱身体积

E. 钢管柱以钢管高度按钢管外径计算混凝土体积

34. 根据《广东省房屋建筑与装饰工程综合定额（2018）》的规定，现浇混凝土工程工程量计算规则，下列说法正确的是（　　）。

A. 现浇空心板以“m^3”计算，不扣除空心板空洞体积

B. 钢网亭面板按图示斜面积计算

C. 后浇带工程量按设计图示尺寸以“m”计算

D. 亭面板按斜面积乘以厚度以“m^3”计算

E. 预制混凝土小型构件工程量按设计图示尺寸以“m^3”计算，不扣除构件内的钢筋、预埋铁件所占体积

35. 根据《广东省房屋建筑与装饰工程综合定额（2018）》的规定，关于围护体系安装工程量计算规则，下列说法正确的有（　　）。

A. 钢楼层板、屋面板按设计图示尺寸铺设面积以“m^2”计算，不扣除单个面积 $0.3m^2$ 以内柱、垛及孔洞所占面积

B. 屋面板按设计图示尺寸以铺设面积计算，不扣除单个面积 $0.3m^2$ 以内孔洞所占面积

C. 钢板天沟按设计图示尺寸以“m^2”计算

D. 不锈钢天沟、彩钢板天沟按设计图示尺寸以“t”计算

E. 硅酸钙板墙面板按设计图示尺寸墙体面积以“m^2”计算，不扣除单个面积 $0.3m^2$ 以内孔洞所占面积

36. 根据《广东省房屋建筑与装饰工程综合定额（2018）》的规定，木构件工程量计算规则，说法正确的是（　　）。

A. 木柱工程量，按设计图示尺寸以“m^3”计算

B. 木梁工程量，按设计图示尺寸以“m^3”计算

C. 枋、桁工程量，按设计图示尺寸以“m^3”计算

D. 木楼梯按设计图示水平投影面积以“m^2”计算，不扣除宽度小于 300mm 的楼梯井，伸入墙内部分不计算

E. 椽子工程量，按设计图示尺寸以“m^2”计算

37. 根据《广东省房屋建筑与装饰工程综合定额（2018）》的规定，关于木结构工程量计算规则，下列说法不正确的是（　　）。

A. 圆木屋架工程量，按设计截面竣工木料体积以“m^3”计算

B. 木地楞工程量，按设计图示尺寸以“m^3”计算

C. 木凳面按设计图示尺寸以“m^2”计算

D. 古式木栏杆按设计图示尺寸以“m”计算

E. 戗角工程量按设计图示尺寸以“个”计算

38. 根据《广东省房屋建筑与装饰工程综合定额（2018）》的规定，关于木门窗工程量计算规则，说法正确的有（　　）。

A. 各类木门、窗安装，除有注明外，无论单层双层均按设计图示门、窗框外围尺寸以“m^2”计算；如设计只标洞口尺寸，按洞口尺寸每边减去15mm计算；折线形窗按展开面积计算

B. 古式木门窗槛、框按设计图示尺寸以“m^3”计算

C. 成品木门框安装按设计图示框外围尺寸以“m”计算

D. 成品木门扇安装按设计图示门扇面积以“m^2”计算

E. 古式木门窗扇，按设计图示门窗扇的外围尺寸以“m”计算

39. 根据《广东省房屋建筑与装饰工程综合定额（2018）》的规定，关于门窗装饰工程量计算规则，说法正确的有（　　）。

A. 门饰面，按设计图示饰面外围尺寸展开面积以“m^2”计算

B. 门窗套，按设计图示饰面外围尺寸展开面积以“m^2”计算

C. 窗台板，按设计图示饰面外围尺寸展开面积以“m^2”计算

D. 门窗贴脸，按设计图示饰面外围尺寸以“m^2”计算

E. 窗帘盒、窗帘轨（杆），按设计图示尺寸以“m”计算

40. 根据《广东省房屋建筑与装饰工程综合定额（2018）》的规定，关于门窗工程量计算规则，说法正确的有（　　）。

A. 特种门按设计门框外围面积以“m^2”计算

B. 卷闸门窗安装，按设计图示尺寸以“t”计算

C. 全玻璃门按设计图示门洞口面积以“m^2”计算

D. 纱窗安装工程量按设计图示框外围面积以“m^2”计算

E. 钢门窗安装工程量按设计图示框外围面积以“m^2”计算

41. 根据《广东省房屋建筑与装饰工程综合定额（2018）》的规定，保温隔热工程工程量计算规则，说法不正确的有（　　）。

A. 屋面保温、隔热层工程量，按设计图示尺寸以“m^2”计算，不扣除柱、垛所占的面积

B. 屋面保温层排气管工程量，按设计图示尺寸以“m”计算，扣除管件所占长度

C. 墙体保温隔热层工程量，按设计图示尺寸以“m^2”计算，扣除门窗洞口所占面积，门窗洞口侧壁需做保温时，并入保温墙体工程量内

D. 地面隔热层工程量，按设计图尺寸以“m^2”计算，不扣除柱、垛所占的面积

E. 防火隔离带工程量按设计图示尺寸以“m”计算

42. 根据《广东省房屋建筑与装饰工程综合定额（2018）》的规定，整体面层工程量计算规则，不正确的有（　　）。

A. 按设计图示尺寸以“m^2”计算

B. 扣除凸出地面构筑物、设备基础、室内管道、地沟等所占面积，不扣除间壁墙和 $0.3m^2$ 以内的柱、垛、附墙烟囱及孔洞所占面积

C. 门洞、空圈、暖气包槽、壁龛的开口部分并入计算

D. 散水、防滑坡道按设计图示尺寸以“m^2”计算

E. 台阶面层，按设计图示尺寸以台阶水平投影面积，以“m^2”计算

43. 根据《广东省房屋建筑与装饰工程综合定额（2018）》的规定，块料面层工程量计算规则，不正确的有（　　）。

A. 块料面层按设计图示尺寸以“m^2”计算

B. 扣除凸出地面构筑物、设备基础、室内管道、地沟等所占面积，不扣除间壁墙、点缀和 $0.3m^2$ 以内的柱、垛、附墙烟囱及孔洞所占面积

C. 楼梯及台阶面层防滑条，设计未注明长度时，防滑条按踏步两端距离各减 300mm 计算

D. 块料面层，门洞、空圈、暖气包槽、壁龛的开口部分不增加面积

E. 橡胶面层按设计图示尺寸以“m^2”计算，门洞、空圈、暖气包槽、壁龛的开口部分不增加面积

44. 根据《广东省房屋建筑与装饰工程综合定额（2018）》的规定，抹灰工程量计算规则，正确的有（　　）。

A. 抹灰工程量按设计图示结构面以“m^2”计算

B. 墙面抹灰按设计图示尺寸以“m^2”计算，扣除墙裙、门窗洞口及单个 $0.3m^2$ 以外的孔洞面积

C. 不扣除踢脚线、挂镜线和墙与构件交接处的面积，门窗洞口和孔洞的侧壁及顶面并入墙面

D. 飘窗另按墙面、地面、天棚面分别计算

E. 附墙柱、梁、垛、烟囱侧壁并入相应的墙面面积内计算

45. 根据《广东省房屋建筑与装饰工程综合定额（2018）》的规定，抹灰面层工程量计算规则，不正确的有（　　）。

A. 天棚抹灰，除注明外，按设计图示水平投影面积以“m^2”计算

B. 扣除间壁墙、垛、柱、附墙烟囱、检查口和管道所占的面积

C. 天棚抹灰带有装饰线时，装饰线按设计图示尺寸以“m”计算，计算天棚抹灰工程量时不扣除装饰线所占面积

D. 板式楼梯底面抹灰按斜面积以“m^2”计算

E. 梁式楼梯底板抹灰按投影面积以“m^2”计算

46. 根据《广东省房屋建筑与装饰工程综合定额（2018）》的规定，景观工程工程量计算规则，正确的有（　　）。

A. 园路按设计图示尺寸以“m^2”计算，卵石拼花按其外接矩形或圆形以“m^2”计算

B. 路牙铺设按设计图示尺寸以“m^3”计算

C. 塑假山按外形表面的展开面积以“m^2”计算

D. 石笋按设计图示数量以“m^3”计算

E. 塑竹、柱面塑松皮按设计图示尺寸以“m”计算

47. 根据《广东省房屋建筑与装饰工程综合定额（2018）》的规定，石作工程工程量计算规则，正确的有（　　）。

A. 踏步石及石桥面工程量，分不同厚度按设计图示水平投影面积以“m^2”计算；平台石、地坪石，按设计图示尺寸以“m^2”计算

B. 安砌踏步石、平台石、地坪石、石桥工程量，按设计图示尺寸以“m^2”计算

C. 石柱工程量，按设计图示尺寸以“m^3”计算

D. 石栏板及石望柱工程量，按设计图示尺寸以“m^2”计算，不扣除镂空、虚透、造型凹陷的面积

E. 石凳面工程量，按设计图示尺寸以“m^3”计算；石凳（桌）安砌工程量，按设计图示尺寸以“m^3”计算

48. 根据《广东省房屋建筑与装饰工程综合定额（2018）》的规定，拆除工程工程量计算规则，正确的有（　　）。

A. 墙体开门窗洞口、间壁墙拆除工程量，按拆除部位的平面尺寸以“m^3”计算

B. 墙体拆除工程量，按拆除部位的截面尺寸以“m^3”计算

C. 混凝土及钢筋混凝土拆除工程量，按拆除部位的截面尺寸以“m^3”计算

D. 木构件拆除工程量，按拆除部位的水平投影面积以“m^2”计算

E. 窗台板、窗帘盒拆除工程量，按拆除部位尺寸以“m”计算

49. 根据《广东省房屋建筑与装饰工程综合定额（2018）》的规定，关于现浇混凝土建筑物模板工程量计算规则，下列说法不正确的有（　　）。

A. 现浇混凝土建筑物模板工程量，除另有规定外，均按混凝土与模板的接触面积以“m^2”计算，不扣除后浇带面积

B. 楼梯模板按混凝土与模板的接触面积以“m^2”计算

C. 梁与梁、梁与墙，梁与柱交接时，净空长度以“m”计算，不扣减接合处的模板面积

D. 板模板工程量应扣除混凝土柱、梁、墙所占的面积

E. 台阶模板按水平投影面积计算，台阶两侧另行计算模板面积

50. 根据《广东省房屋建筑与装饰工程综合定额（2018）》的规定，成品保护工程工程量计算规则，说法正确的是（　）。

A. 楼地面成品保护工程量，按被保护面层面积以“m^2”计算

B. 台阶成品保护工程量，按设计图示水平投影面积以“m^2”计算

C. 电梯内装饰保护工程量，按被保护面层面积以“m^2”计算

D. 墙柱面护角工程量，按设计图示尺寸中心线长度以“m”计算

E. 楼梯成品保护工程量，按被保护面层面积以“m^2”计算

51. 根据《广东省房屋建筑与装饰工程综合定额（2018）》的规定，不能按工作内容单独计量的绿色施工安全防护措施费包括（　　）。

A. 绿色施工　　B. 临时设施

C. 安全施工　　D. 用工实名管理

E. 密目式安全网

52. 根据《广东省房屋建筑与装饰工程综合定额（2018）》的规定，以下应按相关定额子目计算的绿色施工安全防护措施费项目是（　　）。

A. 综合脚手架　　B. 临时设施

C. 防尘降噪绿色施工防护棚　　D. 用工实名管理

E. 施工便道

本章习题解析

一、单项选择题

1.【答案】D

【解析】本题考查的是《房屋建筑与装饰工程工程量计算规范》GB 50854—2013 的概述。该规范是为了规范房屋建筑与装饰工程造价计量行为，统一房屋建筑与装饰工程工程量计算规则、工程量清单编制方法，其适用于工业与民用建筑与装饰工程发承包及实施阶段计价活动中的工程计量和工程量编制。

（1）《房屋建筑与装饰工程工程量计算规范》GB 50854—2013 正文共 4 章，包括总则、术语、工程计量、工程量清单编制。

（2）《房屋建筑与装饰工程工程量计算规范》GB 50854—2013 的附录对分部分项工程和可计量的措施项目的项目编码、项目名称、项目特征描述的内容、计量单位、工程量计算规则及工作内容做了规定；对于不能计量的措施项目则规定了项目编码、项目名称和工作内容及包含范围。

2.【答案】C

【解析】本题考查的是《广东省房屋建筑与装饰工程综合定额（2018）》概述。《广东省房屋建筑与装饰工程综合定额（2018）》是广东省房屋建筑与装饰工程合理确定和有效控制工程造价、衡量工程造价合理性的基础，是编审设计概算、施工图预算、招标控制价、竣工结算的依据，是处理工程造价纠纷、鉴定工程造价的依据，也可作为企业投标报价、加强内部管理和核算的参考。

3.【答案】B

【解析】本题考查的是《广东省房屋建筑与装饰工程综合定额（2018）》概述。《广东省房屋建筑与装饰工程综合定额（2018）》是完成单位工程量所需的人工费用、材料、机具等消耗量及管理费标准，该消耗量及费用标准是按正常的施工条件，以广东省建筑企业的施工机械装备程度、合理的施工工期、采用绿色施工标准的施工工艺、劳动组织为基础综合确定的，反映了社会平均水平。

4.【答案】A

【解析】本题考查的是《广东省房屋建筑与装饰工程综合定额（2018）》概述。《广东省房屋建筑与装饰工程综合定额（2018）》由分部分项工程项目、措施项目、其他项目、税金、附录共五部分组成。子目基价及其组项价格均不包含增值税可抵扣进项税额。按章、节、项目、子目排列，各章均有章说明、工程量计算规则，项目由工作内容和定额表格组成，有的加上必要的附注。工作内容简明扼要地说明主要施工工序，次要施工工序虽未具体说明，但均已综合考虑在内。《广东省房屋建筑与装饰工程综合定额（2018）》的措施项目包括模板工程、脚手架工程、垂直运输工程、材料及小型构件二次水平运输、成品保护工程、井点降水工程、绿色施工安全防护措施费、措施其他项目共 8 个内容。

5.【答案】A

【解析】本题考查的是土石方工程计算规则。挖土方平均厚度应按自然地面测量标高至设计地坪标高间的平均厚度确定。基础土方开挖深度应按基础垫层底表面标高至交付施工场地标高确定，无交付施工场地标高时，应按自然地面标高确定。

6.【答案】A

【解析】本题考查的是土石方工程计算规则。建筑物场地厚度≤ ±300mm 的挖、填、运、找平，应按《房屋建筑与装饰工程工程量计算规范》GB 50854—2013“表 A.1 土方工程（编码：010101）”中平整场地项目编码列项。厚度 > ± 300mm 的竖向布置挖土或山坡切土应按该表中挖一般土方项目编码列项。故按照本题条件计算，挖土深度 = 130.5–130.25=0.25m<0.3m，所以应按平整场地列项。

7.【答案】B

【解析】本题考查的是土石方工程计算规则。沟槽、基坑、一般土方的划分为：底宽≤ 7m，且底长 >3 倍底宽为沟槽；底长≤ 3 倍底宽，且底面积≤ 150m^2 为基坑；超出上述范围则为一般土方。

8.【答案】B

【解析】本题考查的是土石方工程计算规则。沟槽、基坑、一般土方的划分为：底宽≤ 7m 且底长 >3 倍底宽为沟槽；底长≤ 3 倍底宽且底面积≤ 150m^2 为基坑；超出上述范围则为一般土方。根据本题条件，底宽 =6m ≤ 7m，底长 25m>3 倍底宽 18m，故为沟槽土方，体积为 $25 \times 6 \times 3$=450m^3。

9.【答案】A

【解析】本题考查的是土石方工程计算规则。挖土方如需截桩头时，应按桩基工程相关项目列项。桩间挖土不扣除桩的体积，并在项目特征中加以描述。弃、取土运距可以不描述，但应注明由投标人根据施工现场实际情况自行考虑，决定报价。土壤的分类应按《房屋建筑与装饰工程工程量计算规范》GB 50854—2013 表 A.1–1 确定，土壤类别不能准确划分时，招标人可注明为综合，由投标人根据地勘报告决定报价。

10.【答案】C

【解析】本题考查的是土石方工程计算规则。选项 A 错误，厚度 > ± 300mm 的竖向布置挖土或山坡切土应按一般土方项目编码列项；选项 B 错误，挖一般土方按设计图示尺寸以体积计算；选项 D 错误，冻土按设计图示尺寸开挖面积乘以厚度以体积计算。土方体积应按挖掘前的天然密实体积计算。

11.【答案】A

【解析】本题考查的是土石方工程计算规则。厚度 > ± 300mm 的竖向布置挖石或山坡凿石应按《房屋建筑与装饰工程工程量计算规范》GB 50854—2013“表 A.2 石方工程（编码：010102）”中挖一般石方项目编码列项。

12.【答案】B

【解析】本题考查的是土石方工程计算规则。填方密实度要求，在无特殊要求情况下，项目特征可描述为满足设计和规范的要求。填方材料品种可以不描述，但应注明由投标人根据设计要求验方后方可填入，并符合相关工程的质量规范要求。填方粒径要求，在无特殊要求情况下，项目特征可以不描述。如需买土回填应在项目特征填方来源中描述，并注明买土方数量。

13.【答案】C

【解析】本题考查的是土石方工程计算规则。选项 A、B 错误，挖沟槽（基坑）土方按设计图示尺寸以基础垫层底面积乘以挖土深度以体积计算；选项 D 错误，挖一般土方按设计图示尺寸以体积计算；选项 C 正确，挖管沟土方按设计图示以管道中心线长度计算。

14.【答案】B

【解析】本题考查的是土石方工程计算规则。平整场地：以“m^2”计量，按设计图示尺寸以建筑物首层建筑面积计算。挖一般土方：以“m^3”计量，按设计图示尺寸以体积计算。挖沟槽土方、挖基坑土方：以“m^3”计量，按设计图示尺寸以基础垫层底面积乘以挖土深度计算。冻土开挖：以“m^3”计量，按设计图示尺寸开挖面积乘厚度以体积计算。挖淤泥流沙：以“m^3”计量，按设计图示位置、界限以体积计算。

15.【答案】C

【解析】本题考查的是土石方工程计算规则。外墙基础人工挖沟槽工程量 =（$0.9+0.3\times2+1.8\times0.33$）$\times50\times1.8=188.46$（$m^3$）。

16.【答案】D

【解析】本题考查的是土石方工程计算规则。挖管沟石方：①以“m”计量，按设计图示以管道中心线长度计算；②以“m^3”计量，按设计图示截面积乘以长度计算。

17.【答案】A

【解析】本题考查的是土石方工程计算规则。选项 B 错误，室内回填按主墙间净面积乘以回填厚度，不扣除间隔墙；选项 C 错误，场地回填按回填面积乘以平均回填厚度；选项 D 错误，基础回填按挖方清单项目工程量减去自然地坪以下埋设的基础体积（包括基础垫层及其他构筑物）。

18.【答案】C

【解析】本题考查的是地基处理与边坡支护工程计算规则。项目特征中的桩长应包括桩尖，空桩长度 = 孔深 − 桩长，孔深为自然地面至设计桩底的深度。高压喷射注浆类型包括旋喷、摆喷、定喷，高压喷射注浆方法包括单管法、双重管法、三重管法。

19.【答案】C

【解析】本题考查的是地基处理与边坡支护工程计算规则。换填垫层的工程量按设计图示尺寸以体积计算；铺设土工合成材料的工程量按设计图示尺寸以面积计算；预压地基、强夯地基、振冲密实（不填料）的工程量按设计图示处理范围以面积计算。

20.【答案】C

【解析】本题考查的是地基处理与边坡支护工程计算规则。褥垫层：①以“m^2”计量，按设计图示尺寸以铺设面积计算；②以“m^3”计量，按设计图示尺寸以体积计算。

21.【答案】B

【解析】本题考查的是地基处理与边坡支护工程计算规则。振冲桩（填料）：以“m”计量，按设计图示尺寸以桩长计算；以“m^3”计量，按设计桩截面乘以桩长以体积计算。砂石桩：以“m”计量，按设计图示尺寸以桩长（包括桩尖）计算；以“m^3”计量，按设计桩截面乘以桩长（包括桩尖）以体积计算。水泥粉煤灰碎石桩：按设计图示尺寸以桩长（包括桩尖）计算。深层搅拌桩：按设计图示尺寸以桩长计算。

22.【答案】A

【解析】本题考查的是地基处理与边坡支护工程计算规则。

（1）地下连续墙：以“m^3”计量，按设计图示墙中心线长乘以厚度乘以槽深以体积计算。

（2）咬合灌注桩：①以“m”计量，按设计图示尺寸以桩长计算；②以“根”计量，按设计图示数量计算。

（3）圆木桩、预制钢筋混凝土板桩：①以“m”计量，按设计图示尺寸以桩长（包括桩尖）计算；②以“根”计量，按设计图示数量计算。

（4）型钢桩：①以“t”计量，按设计图示尺寸以质量计算；②以“根”计量，按设计图示数量计算。

（5）钢板桩：①以“t”计量，按设计图示尺寸以质量计算；②以“m^2”计量，按设计图示墙中心线长乘以桩长以面积计算。

（6）锚杆（锚索）、土钉：①以“m”计量，按设计图示尺寸以钻孔深度计算；②以“根”计量，按设计图示数量计算。

（7）喷射混凝土、水泥砂浆：以“m^2”计量，按设计图示尺寸以面积计算。

（8）钢筋混凝土支撑：以“m^3”计量，按设计图示尺寸以体积计算。

（9）钢支撑：以“t”计量，按设计图示尺寸以质量计算。不扣除孔眼质量，焊条、铆钉、螺栓等不另增加质量。

23.【答案】B

【解析】本题考查的是地基处理与边坡支护工程计算规则。

锚杆（锚索）、土钉：①以“m”计量，按设计图示尺寸以钻孔深度计算；②以“根”计量，按设计图示数量计算。

24.【答案】B

【解析】本题考查的是桩基础工程计算规则。选项A，预制钢筋混凝土桩工程量计算有三种：①按设计图示尺寸以桩长（包括桩尖）计算；②按设计图示截面积乘以桩长（包括桩尖）以体积计算；③按设计图示数量以“根”计算。打试验桩和打斜桩应按相应项目单独列项。选项C，钢管桩按设计图示尺寸以质量计算，或按设计图示数量计算。选项D，截（凿）桩头：①以“根”计量，按设计图示尺寸以数量计算；②以“m^3”计量，按设计图示截桩面乘以桩头长度以体积计算。广东省建设工程造价管理总站《关于实施〈房屋建筑与装饰工程工程量计算规范〉（GB 50854—2013）等的若干意见》（粤建造发〔2013〕4号）规定，打（压）预制混凝土桩的送桩工程量另行列项计算，项目名称明确为“×××的送桩”；预制混凝土管桩的桩长不包括桩尖长度，其桩尖另行列项计算。

25.【答案】C

【解析】本题考查的是砌筑工程计算规则。基础与墙（柱）身使用同一种材料时，以设计室内地面为界（有地下室者，以地下室室内设计地面为界），以下为基础，以上为墙

（柱）身。基础与墙身使用不同材料时，位于设计室内地面高度≤ ±300mm 时，以不同材料为分界线；高度 > ±300mm 时，以设计室内地面为分界线。砖围墙以设计室外地坪为界，以下为基础，以上为墙身。

26.【答案】D

【解析】本题考查的是砌筑工程计算规则。按设计图水尺寸以体积计算。包括附墙垛基础宽出部分体积，不扣防潮层体积；基础与墙（柱）身使用同一种材料时，以设计室内地面为界（有地下室者，以地下室室内设计地面为界），以下为基础，以上为墙（柱）身。实心砖墙、多孔砖墙和空心砖墙凸出墙面的砖垛并入墙体体积内计算。外墙高度计算时，斜（坡）屋面无檐口天棚者算至屋面板底；有屋架且室内外均有天棚者算至屋架下弦底另加 200mm；无天棚者算至屋架下弦底另加 300mm，出檐宽度超过 600mm 时按实砌高度计算；有钢筋混凝土楼板隔层者算至板顶；平屋顶算至钢筋混凝土板底。

27.【答案】B

【解析】本题考查的是砌筑工程计算规则。砖基础工程量按设计图示尺寸以体积计算，包括附墙垛基础宽出部分体积，扣除地梁（圈梁）、构造柱所占体积，不扣除基础大放脚 T 形接头处的重叠部分及嵌入基础内的钢筋、铁件、管道、基础砂浆防潮层和单个面积 ≤ 0.3m^2 的孔洞所占体积，靠墙暖气沟的挑檐不增加。基础长度的确定：外墙基础按外墙中心线，内墙基础按内墙净长线计算。

28.【答案】D

【解析】本题考查的是砌筑工程计算规则。选项 A 错误，实心砖墙凸出墙面的砖垛并入墙体体积内计算；选项 B 错误，平屋顶算至钢筋混凝土板底；选项 C 错误，围墙的高度算至压顶上表面（如有混凝土压顶时算至压顶下表面），围墙柱并入围墙体积内计算。

29.【答案】C

【解析】本题考查的是砌筑工程计算规则。石垫层应以“m^3”计量，按设计图示尺寸以体积计算。

30.【答案】B

【解析】本题考查的是混凝土及钢筋混凝土工程计算规则。现浇挑檐、天沟板、雨篷、阳台与板（包括屋面板、楼板）连接时，以外墙外边线为分界线。与圈梁（包括其他梁）连接时，以梁外边线为分界线。外边线以外为挑檐、天沟、雨篷或阳台。

31.【答案】D

【解析】本题考查的是混凝土及钢筋混凝土工程计算规则。注意区分清单工程量计算规范与定额工程量计算规则的不同点，正确计算工程量，如：

（1）电缆沟清单项目的计量单位为“m”，定额计量单位为“m^3”，组价套用定额电缆沟的工程量必须以“m^3”进行计量，清单工程量与定额工程量表现形式不一样。

（2）散水清单项目的计量单位为“m^2”，定额计量单位为“m^3”，组价套用定额散水的工程量必须以“m^3”进行计量，清单工程量与定额工程量表现形式不一样。

（3）混凝土楼梯清单项目的计量单位为“m^2”或“m^3”，定额计量单位为“m^3”，当清单项目以“m^2”计量时，组价套用定额混凝土楼梯的工程量必须以“m^3”进行计量，清单工程量与定额工程量表现形式不一样。

32.【答案】C

【解析】本题考查的是混凝土及钢筋混凝土工程计算规则。计算规则如下：

（1）有梁板的柱高，应自柱基上表面（或楼板上表面）至上一层楼板上表面之间的高度计算；

（2）无梁板的柱高，应自柱基上表面（或楼板上表面）至柱帽下表面之间的高度计算；

（3）框架柱的柱高，应自柱基上表面至柱顶高度计算；

（4）构造柱按全高计算，嵌接墙体部分（马牙槎）并入柱身体积；

（5）依附柱上的牛腿和升板的柱帽，并入柱身体积计算。

33.【答案】D

【解析】本题考查的是混凝土及钢筋混凝土工程计算规则。选项 A 错误，雨篷与圈梁（包括其他梁）连接时，以梁外边线为分界线。选项 B 错误，当整体楼梯与现浇楼板无梯梁连接时，以楼梯的最后一个踏步边缘加 300mm 为界。选项 C 错误，挑檐板按设计图示尺寸以体积计算。

34.【答案】A

【解析】本题考查的是混凝土及钢筋混凝土工程计算规则。选项 B，异型柱不扣除构件内钢筋、预埋铁件所占体积；选项 C，大型板不扣除单个面积≤ 300mm × 300mm 的孔洞所占体积；选项 D，现浇混凝土楼梯以"m^2"计量，按设计图示尺寸以水平投影面积计算。不扣除宽度≤ 500mm 的楼梯井，伸入墙内部分不计算。

35.【答案】C

【解析】本题考查的是混凝土及钢筋混凝土工程计算规则。低合金钢筋采用后张混凝土自锚时，钢筋长度按孔道长度增加 0.35m 计算。

36.【答案】C

【解析】本题考查的是金属结构工程计算规则。钢网架工程量按设计图示尺寸以质量计算。

37.【答案】C

【解析】本题考查的是金属结构工程计算规则。选项 A，钢托架工程量不增加铆钉质量；选项 B，钢托架工程量不扣除孔眼的质量；选项 D，实腹钢柱、空腹钢柱，以"t"计量，按设计图示尺寸以质量计算。不扣除孔眼的质量，焊条、铆钉、螺栓等不另增加质量，依附在钢柱上的牛腿及悬臂梁等并入钢柱工程量内。

38.【答案】D

【解析】本题考查的是木结构工程计算规则。木屋架按设计图示数量以"榀"计算，或按设计图示尺寸以"m^3"计算；钢木屋架按设计图示数量以"榀"计算。

39.【答案】D

【解析】本题考查的是门窗工程计算规则。选项 A 错误，金属纱窗工程量：以"樘"计量，按设计图示数量计算；以"m^2"计量，按框的外围尺寸以面积计算。选项 B 错误，木门框：以"樘"计量，按设计图示数量计算；以"m"计量，按设计图示框的中心线以延长米计算。选项 C 错误，窗台板包括木窗台板、铝塑窗台板、石材窗台板、金属窗台板，工程量按设计图示尺寸以展开面积计算。选项 D 正确，门锁安装按设计图示数量计算。

40.【答案】C

【解析】本题考查的是门窗工程计算规则。全钢板大门按设计图示数量计算或按设计图示洞口尺寸以面积计算。防护铁丝门、钢制花饰大门：以“樘”计量，按设计图示数量计算；以“m^2”计量，按设计图示门框或扇以面积计算。金属格栅门工程量：以“樘”计量，按设计图示数量计算；以“m^2”计量，按设计图示洞口尺寸以面积计算。

41.【答案】B

【解析】本题考查的是屋面及防水工程计算规则。选项A错误，屋面刚性层无钢筋，其钢筋项目特征不必描述。选项C错误，屋面找平层按楼地面装饰工程“平面砂浆找平层”项目编码列项。选项D错误，屋面保温找坡层按保温、隔热、防腐工程“保温隔热屋面”项目编码列项。

42.【答案】A

【解析】本题考查的是屋面及防水工程计算规则。选项A正确，屋面防水搭接及附加层用量不另行计算，在综合单价中考虑。选项B错误，屋面排水管，按设计图示尺寸以长度计算；如设计未标注尺寸，以檐口至设计室外散水上表面垂直距离计算。选项C错误，屋面铁皮天沟按设计图示尺寸以展开面积计算；选项D错误，屋面变形缝，按设计图示以长度计算。

43.【答案】B

【解析】本题考查的是保温、隔热、防腐工程计算规则。柱帽保温隔热应并入天棚保温隔热工程量内，池槽保温隔热应按其他保温隔热项目编码列项，保温柱、梁适用于不与墙、天棚相连的独立柱、梁。

44.【答案】D

【解析】本题考查的是保温、隔热、防腐工程计算规则。平面防腐：扣除凸出地面的构筑物、设备基础等以及面积>$0.3m^2$孔洞、柱、垛等所占面积，门洞、空圈、暖气包槽、壁龛的开口部分不增加面积。立面防腐：扣除门、窗、洞口以及面积>$0.3m^2$孔洞、梁所占面积，门、窗、洞口侧壁、垛突出部分按展开面积并入墙面积内。

45.【答案】B

【解析】本题考查的是楼地面装饰工程计算规则。选项A，水泥砂浆楼地面整体面层按设计图示尺寸以面积计算，扣除凸出地面构筑物、设备基础、室内铁道、地沟等所占面积，不扣除间壁墙及≤$0.3m^2$柱、垛、附墙烟囱及孔洞所占面积；门洞、空圈、暖气包槽、壁鑫的开口部分不增加面积。选项C，橡胶板楼地面按设计图示尺寸以面积计算，门洞、空圈部分开口部分面积并入相应工程量内。选项D，水泥砂浆楼梯面按设计图示尺寸以楼梯（包括踏步、休息平台及≤500mm的楼梯井）水平投影面积计算。

46.【答案】C

【解析】本题考查的是楼地面装饰工程计算规则。按设计图示尺寸以楼梯（含≤500mm的楼梯井）水平投影面积计算；楼梯与楼地面连接时，算至梯口梁内侧边沿。无梯口梁者，算至最上一层踏步边沿加300mm。

47.【答案】B

【解析】本题考查的是墙、柱面装饰与隔断、幕墙工程计算规则。选项A错误，立面砂浆找平项目适用于仅做找平层的立面抹灰；选项C错误，外墙抹灰面积按外墙垂直投影面积计算。选项D错误，内墙裙抹灰面积按内墙净长乘以高度计算。

48.【答案】C

【解析】本题考查的是墙、柱面装饰与隔断、幕墙工程计算规则。选项C错误，干挂石材钢骨架，其工程量计算规则为：以“t”计量，按设计图示以质量计算。

49.【答案】C

【解析】本题考查的是天棚工程计算规则。天棚抹灰按设计图示尺寸以水平投影面积计算。板式楼梯底面抹灰按斜面积计算；艺术造型天棚抹灰按展开面积计算。

50.【答案】C

【解析】本题考查的是天棚工程计算规则。吊顶天棚按设计图示尺寸以水平投影面积“m^2”计算。天棚面中的灯槽及跌级、锯齿形、吊挂式、藻井式天棚面积不展开计算。不扣除间壁墙、检查口、附墙烟囱、柱垛和管道所占面积，扣除单个 $>0.3m^2$ 的孔洞、独立柱及与天棚相连的窗帘盒所占的面积。

51.【答案】B

【解析】本题考查的是油漆、涂料、裱糊工程计算规则。

（1）木扶手及其他板条、线条油漆：包括木扶手油漆、窗帘盒油漆、封檐板顺水板油漆、挂衣板黑板框油漆、挂镜线窗帘棍单独木线油漆5个工程量清单项目：以“m”计量，按设计图示尺寸以长度计算。

（2）金属面油漆：以“t”计量，按设计图示尺寸以质量计算；以“m^2”计量，按设计展开面积计算。

（3）线条刷涂料：以“m”计量，按设计图示尺寸以长度计算。

52.【答案】A

【解析】本题考查的是拆除工程计算规则。选项B，木构件的拆除，当以面积为计量单位时，需描述构件厚度；选项C，灯具拆除，以“套”计量，按拆除的数量计算；选项D，暖气罩拆除可按“个”或“m”计算。

53.【答案】B

【解析】《广东省房屋建筑与装饰工程综合定额（2018）》“A.1.1 土石方工程”规定：平整场地、沟槽、基坑、一般土石方的划分，场地厚度≤±30cm的就地挖、填、运、找平为平整场地；底宽≤7m且底长>3倍底宽为沟槽；底长≤3倍底宽且面积≤150m^2为基坑；超出上述范围则为一般土石方。

54.【答案】C

【解析】《广东省房屋建筑与装饰工程综合定额（2018）》“A.1.1 土石方工程”规定：挖桩间土不扣除桩芯直径60cm以内或类似尺寸桩体所占体积。

55.【答案】C

【解析】《广东省房屋建筑与装饰工程综合定额（2018）》“A.1.1 土石方工程”规定：人工挖桩间土方，相应定额子目人工费乘以系数1.30；机械挖桩间土方，相应定额子目人工费、机具费乘以系数1.10。

56.【答案】A

【解析】《广东省房屋建筑与装饰工程综合定额（2018）》“A.1.1 土石方工程”规定：支挡土板定额子目分为密板和疏板，密板是指满支挡土板，板距不大于30cm；疏板是指间隔支挡土板，板距不大于150cm，实际间距不同时，不做调整。

57.【答案】B

【解析】《广东省房屋建筑与装饰工程综合定额（2018）》“A.1.1 土石方工程”规定：土石方的挖、推、铲、装、运体积均以天然密实度体积计算，回填方按设计的回填体积计算。

58.【答案】A

【解析】《广东省房屋建筑与装饰工程综合定额（2018）》“A.1.1 土石方工程”规定：机械挖土方需人工辅助开挖时，按施工组织设计的规定分别计算机械、人工挖土工程量，如施工组织设计无规定的，按机械挖土方 95%、人工挖土方 5% 计算。

59.【答案】C

【解析】《广东省房屋建筑与装饰工程综合定额（2018）》“A.1.1 土石方工程”规定：地下室土方大开挖后再挖地槽、地坑，其深度按大开挖后土面至槽、坑底标高计算，加垂直运输和水平运输。

60.【答案】A

【解析】《广东省房屋建筑与装饰工程综合定额（2018）》“A.1.1 土石方工程”规定：土方定额子目是按干土编制的。人工挖湿土时，相应定额子目人工费乘以系数 1.18；机械挖湿土时，相应定额子目人工费、机具费乘以系数 1.10。

61.【答案】C

【解析】《广东省房屋建筑与装饰工程综合定额（2018）》“A.1.1 土石方工程”规定：基础材料多个并存时，工作面宽度按其中规定的最大宽度计算。

62.【答案】A

【解析】《广东省房屋建筑与装饰工程综合定额（2018）》“A.1.1 土石方工程”规定：挖基础土方需支挡土板时，按槽、坑底宽每侧另增加工作面 100mm。

63.【答案】B

【解析】《广东省房屋建筑与装饰工程综合定额（2018）》“A.1.1 土石方工程”规定：原土打夯、碾压工程量按设计图示尺寸以“m^2”计算。

64.【答案】D

【解析】《广东省房屋建筑与装饰工程综合定额（2018）》“A.1.1 土石方工程”规定：挖掘机挖一般土方，挖掘机挖淤泥流砂，挖掘机挖沟槽、基坑土方，挖掘机挖装土方，挖掘机挖装淤泥流砂工程量按设计图示尺寸（包括基础工作面、放坡）以“m^3”计算。

65.【答案】B

【解析】《广东省房屋建筑与装饰工程综合定额（2018）》“A.1.1 土石方工程”规定：支挡土板工程量按槽、坑垂直支撑面以“m^2”计算。

66.【答案】C

【解析】《广东省房屋建筑与装饰工程综合定额（2018）》“A.1.2 围护及支护工程”规定：地下连续墙成槽子目是以连续墙厚 80cm 编制，当墙厚为 60cm 时，子目乘以系数 1.10，当墙厚为 100cm 时，子目乘以系数 0.95 计算。

67.【答案】B

【解析】《广东省房屋建筑与装饰工程综合定额（2018）》“A.1.2 围护及支护工程”规定：当钢支撑宽度大于或等于 8m 时属于大型钢支撑。

68.【答案】D

【解析】《广东省房屋建筑与装饰工程综合定额（2018）》“A.1.2 围护及支护工程”规

定：打拔钢板桩按设计图示入土深度（即从始挖地面至桩底）以“t”计算。

69.【答案】C

【解析】《广东省房屋建筑与装饰工程综合定额（2018）》“A.1.2 围护及支护工程”规定：支撑宽度在 2.5m 以内的，按设计管道（沟槽）中心长度以“m”计算；宽度大于 2.5m 的，则按设计图示支撑的理论质量以“t”计算。

70.【答案】A

【解析】《广东省房屋建筑与装饰工程综合定额（2018）》“A.1.2 围护及支护工程”规定：高压定喷防渗墙按设计图示尺寸垂直投影面积以“m^2”计算。

71.【答案】B

【解析】《广东省房屋建筑与装饰工程综合定额（2018）》“A.1.2 围护及支护工程”规定：喷射混凝土工程量，按设计图示尺寸以“m^2”计算。

72.【答案】C

【解析】《广东省房屋建筑与装饰工程综合定额（2018）》“A.1.3 桩基础工程”规定：打（压）试验桩套相应打（压）桩子目，人工费、机具费乘以系数 2.00。

73.【答案】B

【解析】《广东省房屋建筑与装饰工程综合定额（2018）》“A.1.3 桩基础工程”规定：打（压）预制混凝土管桩工程量，按设计图示桩长（不包括桩尖）以“m”计算。

74.【答案】D

【解析】《广东省房屋建筑与装饰工程综合定额（2018）》“A.1.3 桩基础工程”规定：打（压）预制混凝土方桩工程量，按设计图示桩长（包括桩尖）以“m”计算；打（压）预制混凝土管桩工程量，按设计图示桩长（不包括桩尖）以“m”计算；钢桩尖制作工程量，按设计图示尺寸以“t”计算，不扣除孔眼（$0.04m^2$ 内）、切边、切肢的质量，焊条、铆钉、螺栓等不另增加质量，不规则或多边形钢板以其外接矩形面积乘以厚度乘以单位理论质量计算；预制混凝土接桩工程量，按设计图示接头数量以“个”计算。

75.【答案】D

【解析】《广东省房屋建筑与装饰工程综合定额（2018）》“A.1.3 桩基础工程”规定：沉管灌注混凝土桩、夯扩桩工程量，按桩长乘以设计截面面积以“m^3”计算。

76.【答案】A

【解析】《广东省房屋建筑与装饰工程综合定额（2018）》“A.1.3 桩基础工程”规定：桩头钢筋截断工程量，按设计图示数量以“根”计算。

77.【答案】B

【解析】《广东省房屋建筑与装饰工程综合定额（2018）》“A.1.4 砌筑工程”规定：砌筑圆弧形基础和墙（含砖石混合砌体），除有对应圆弧形子目外，套相应基础和墙子目乘以系数 1.10。

78.【答案】C

【解析】《广东省房屋建筑与装饰工程综合定额（2018）》“A.1.4 砌筑工程”规定：砖砌挡土墙，2 砖以上按砖基础子目，2 砖以下按砖墙子目计算。

79.【答案】C

【解析】《广东省房屋建筑与装饰工程综合定额（2018）》“A.1.4 砌筑工程”规定：砖

基础工程量，按设计图示尺寸以“m^3”计算。基础大放脚T形接头处重叠部分和嵌入基础的钢筋、铁件、管径在600mm以内的管道、基础防潮层的体积以及单个面积在$0.3m^2$内的孔洞所占体积不予扣除，但墙垛基础大放脚突出部分也不增加。

80.【答案】D

【解析】《广东省房屋建筑与装饰工程综合定额（2018）》“A.1.4 砌筑工程”规定：女儿墙从屋面板上表面算至女儿墙顶面（如有混凝土压顶时算至压顶下表面）；围墙的高度算至压顶上表面（如有混凝土压顶时算至压顶下表面），围墙柱并入围墙体积内计算；内、外山墙，按其平均高度计算。

81.【答案】B

【解析】《广东省房屋建筑与装饰工程综合定额（2018）》“A.1.4 砌筑工程”规定：空斗墙按设计图示尺寸以空斗墙外形体积计算。（注：计算砖墙工程量时，不扣除梁头、板头、檩头所占体积；计算砖柱工程量时，扣除梁头、板头所占体积。）

82.【答案】D

【解析】《广东省房屋建筑与装饰工程综合定额（2018）》“A.1.5 混凝土及钢筋混凝土工程”规定：挑檐、天沟与板（包括屋面板、楼板）连接时，以外墙外边线为分界线。

83.【答案】D

【解析】《广东省房屋建筑与装饰工程综合定额（2018）》“A.1.5 混凝土及钢筋混凝土工程”规定：凸出混凝土柱、梁的线条，并入相应柱、梁构件内；凸出混凝土外墙面、阳台梁、栏板外侧≤300mm的装饰线条，执行压顶、扶手项目；凸出混凝土外墙面、梁外侧>300mm的板，按悬挑板考虑。

84.【答案】A

【解析】详见本章单项选择题第83题解析。

85.【答案】A

【解析】《广东省房屋建筑与装饰工程综合定额（2018）》“A.1.5 混凝土及钢筋混凝土工程”规定：混凝土悬挑板包括伸出墙外的牛腿、挑梁，其嵌入墙内的梁另按梁有关规定计算。悬挑板伸出墙外500mm以内按挑檐计算，500mm以上按雨篷计算，伸出墙外1.5m以上的按梁、板等有关规定分别计算。

86.【答案】C

【解析】详见本章单项选择题第85题解析。

87.【答案】B

【解析】《广东省房屋建筑与装饰工程综合定额（2018）》“A.1.5 混凝土及钢筋混凝土工程”规定：栏板、反檐包括其伸入砌体内的部分，栏板、反檐高度超过1.2m，按墙计算。

88.【答案】B

【解析】《广东省房屋建筑与装饰工程综合定额（2018）》“A.1.5 混凝土及钢筋混凝土工程”规定：混凝土墙厚在140mm以内的套用栏板子目，墙厚度在140mm以上的套用墙子目。

89.【答案】A

【解析】《广东省房屋建筑与装饰工程综合定额（2018）》“A.1.5 混凝土及钢筋混凝土工程”规定：板伸入砖墙体内的板头并入板体积计算，楼板混凝土体积应扣除墙、柱混凝土体积。

90.【答案】A

【解析】《广东省房屋建筑与装饰工程综合定额（2018）》"A.1.5 混凝土及钢筋混凝土工程"规定：主梁与次梁连接时，次梁长算至主梁内侧面；挑檐、天沟与梁连接时，以梁外边线为分界线。

91.【答案】D

【解析】《广东省房屋建筑与装饰工程综合定额（2018）》"A.1.5 混凝土及钢筋混凝土工程"规定：楼层从板面计起。

92.【答案】D

【解析】《广东省房屋建筑与装饰工程综合定额（2018）》"A.1.5 混凝土及钢筋混凝土工程"规定：现浇混凝土构件预埋铁件，按设计图示尺寸以"t"计算。

93.【答案】C

【解析】《广东省房屋建筑与装饰工程综合定额（2018）》"A.1.6 装配式混凝土结构、建筑构件及部品工程"规定：预制护栏安装定额按照护栏高度在 1.4m 以内考虑；护栏高度超过 1.4m 时，人工费乘以系数 1.10、材料（除预制栏杆外）乘以系数 1.10。

94.【答案】A

【解析】《广东省房屋建筑与装饰工程综合定额（2018）》"A.1.6 装配式混凝土结构、建筑构件及部品工程"规定：地板安装在楼梯台阶上或弧形、圆形地面上时人工费乘以系数 1.20。护栏安装在楼梯台阶或弧形、圆形地面上时人工费乘以系数 1.20。

95.【答案】D

【解析】《广东省房屋建筑与装饰工程综合定额（2018）》"A.1.6 装配式混凝土结构、建筑构件及部品工程"规定：构件安装工程量按成品构件设计图示尺寸实际体积以"m^3"计算，依附于构件制作的各类保温层、饰面层的体积并入相应构件安装中计算，不扣除构件内钢筋、预埋铁件、配管、套管、线盒及单个面积≤ $0.3m^2$ 的孔洞、线箱等所占体积，构件外露钢筋体积也不再增加。

96.【答案】C

【解析】《广东省房屋建筑与装饰工程综合定额（2018）》"A.1.6 装配式混凝土结构、建筑构件及部品工程"规定：单元式幕墙安装工程量按单元板块组合后设计图示尺寸的外围面积以"m^2"计算，不扣除幕墙区域设置的窗、洞口的面积；承重隔墙安装工程量按设计图示尺寸的墙体面积以"m^2"计算；墙面成品木饰面安装工程量按设计图示尺寸以"m^2"计算。

97.【答案】B

【解析】《广东省房屋建筑与装饰工程综合定额（2018）》"A.1.7 金属结构工程"规定：依附在钢柱上的牛腿及悬臂梁的质量等并入钢柱的质量内。

98.【答案】A

【解析】《广东省房屋建筑与装饰工程综合定额（2018）》"A.1.7 金属结构工程"规定：金属结构工程的钢楼层板、屋面板按设计图示尺寸铺设面积以"m^2"计算，不扣除单个面积 $0.3m^2$ 以内柱、垛及孔洞所占面积，楼板周边挡板及开孔边沿挡板按设计图示尺寸以"m^2"计算。

99.【答案】C

【解析】《广东省房屋建筑与装饰工程综合定额（2018）》“A.1.8 木结构工程”规定：木地楞工程量，按设计图示以“m^3”计算。

100.【答案】D

【解析】《广东省房屋建筑与装饰工程综合定额（2018）》“A.1.8 木结构工程”规定：屋面板工程量按屋面斜面积计算，不扣除屋面烟囱、风帽底座、风道、小气窗及斜沟等所占面积。

101.【答案】D

【解析】《广东省房屋建筑与装饰工程综合定额（2018）》“A.1.9 门窗工程”规定：型钢大门的制作安装工程量按图示尺寸以“kg”计算，不扣除孔眼、切肢、切边、切角的质量。

102.【答案】B

【解析】《广东省房屋建筑与装饰工程综合定额（2018）》“A.1.9 门窗工程”规定：电子感应自动门、全玻转门、不锈钢电动伸缩门按设计图示数量以“樘”计算。

103.【答案】D

【解析】《广东省房屋建筑与装饰工程综合定额（2018）》“A.1.10 屋面及防水工程”规定：斜屋顶（不包括平屋顶找坡）斜面积以“m^2”计算。

104.【答案】C

【解析】《广东省房屋建筑与装饰工程综合定额（2018）》“A.1.10 屋面及防水工程”规定：分格缝工程量，按设计图示尺寸以“m”计算。

105.【答案】B

【解析】《广东省房屋建筑与装饰工程综合定额（2018）》“A.1.10 屋面及防水工程”规定：建筑物楼地面防水、防潮层，按设计图示尺寸以“m^2”计算，扣除凸出地面的构筑物、设备基础等所占的面积，不扣除单个 $0.3m^2$ 以内的柱、垛、烟囱、管道井和孔洞所占面积。与墙面连接处上卷高度在 500mm 以内者按展开面积计算，按平面防水层计算，超过 500mm 时，按立面防水层计算。

106.【答案】A

【解析】《广东省房屋建筑与装饰工程综合定额（2018）》“A.1.10 屋面及防水工程”规定：建筑物地下室防水层，按设计图示尺寸以“m^2”计算，但不扣除 $0.3m^2$ 以内的孔洞所占面积。平面与立面交接处的防水层，其上卷高度超过 300mm 时，按立面防水层计算。

107.【答案】C

【解析】《广东省房屋建筑与装饰工程综合定额（2018）》“A.1.11 保温、隔热、防腐工程”规定：防腐工程量均按设计图示尺寸以“m^2”计算；平面防腐扣除凸出地面的构筑物、设备基础等所占的面积；踢脚板防腐扣除门洞所占面积并相应增加门洞侧壁展开面积。

108.【答案】B

【解析】《广东省房屋建筑与装饰工程综合定额（2018）》“A.1.12 楼地面工程”规定：细石混凝土找平层子目，平均厚度≤ 60mm 按找平层子目执行，平均厚度 >60mm 部分按混凝土垫层子目执行。

109.【答案】B

【解析】《广东省房屋建筑与装饰工程综合定额（2018）》“A.1.12 楼地面工程”规定：木地板踢脚线定额子目适用高度为 200mm 以内，其余踢脚线定额子目适用高度为 300mm 以内。超过上述高度时，套用“墙、柱面装饰与隔断、幕墙工程”相应子目。

110.【答案】A

【解析】《广东省房屋建筑与装饰工程综合定额（2018）》“A.1.12 楼地面工程”规定：弧形踢脚线，按踢脚线相应定额子目，人工费乘以系数 1.10，其他不变。

111.【答案】D

【解析】《广东省房屋建筑与装饰工程综合定额（2018）》“A.1.12 楼地面工程”规定：反檐只适用于高出板面 600mm 以内的装饰檐板，高度超过 600mm 的檐板作栏板计。

112.【答案】D

【解析】《广东省房屋建筑与装饰工程综合定额（2018）》“A.1.12 楼地面工程”规定：找平层的工程量按设计图示尺寸以“m^2”计算。扣除凸出地面构筑物、设备基础、室内管道、地沟等所占面积，不扣除间壁墙和 $0.3m^2$ 以内的柱、垛、附墙烟囱及孔洞所占面积。门洞、空圈、暖气包槽、壁龛的开口部分不增加面积。

113.【答案】B

【解析】《广东省房屋建筑与装饰工程综合定额（2018）》“A.1.13 墙、柱面装饰与隔断、幕墙工程”规定：圆柱、圆弧墙、锯齿形等不规则墙面抹灰及镶贴块料，套墙柱面抹灰或镶贴相应子目，人工费乘以系数 1.15。

114.【答案】B

【解析】《广东省房屋建筑与装饰工程综合定额（2018）》“A.1.13 墙、柱面装饰与隔断、幕墙工程”规定：干挂石材钢骨架、点支式全玻璃幕墙钢结构桁架，按设计图示尺寸以“t”计算。

115.【答案】A

【解析】《广东省房屋建筑与装饰工程综合定额（2018）》“A.1.13 墙、柱面装饰与隔断、幕墙工程”规定：通风器按设计图示尺寸以“m”计算。

116.【答案】B

【解析】《广东省房屋建筑与装饰工程综合定额（2018）》“A.1.13 墙、柱面装饰与隔断、幕墙工程”规定：墙面、墙裙镶贴块料，按设计图示镶贴表面积以“m^2”计算。墙面镶贴块料有吊顶天棚时，如设计图示高度为室内地面或楼面至天棚底，则镶贴高度由室内地面或楼面计至吊顶天棚另加 100mm。

117.【答案】B

【解析】《广东省房屋建筑与装饰工程综合定额（2018）》“A.1.13 墙、柱面装饰与隔断、幕墙工程”规定：轻质墙板工程量，按设计图示尺寸以“m^2”计算。

118.【答案】C

【解析】《广东省房屋建筑与装饰工程综合定额（2018）》“A.1.13 墙、柱面装饰与隔断、幕墙工程”规定：幕墙防火隔断，按其设计图示镀锌板的展开面积以“m^2”计算。

119.【答案】B

【解析】《广东省房屋建筑与装饰工程综合定额（2018）》“A.1.14 天棚工程”规定：抹

灰面层的天棚抹灰带有装饰线时，装饰线按设计图示尺寸以“m”计算，计算天棚抹灰工程量时不扣除装饰线所占面积。

120.【答案】A

【解析】《广东省房屋建筑与装饰工程综合定额（2018）》“A.1.14 天棚工程”规定：雨篷底层抹灰，按设计图示水平投影面积以“m^2”计算，并入相应的天棚抹灰面积内。

121.【答案】D

【解析】《广东省房屋建筑与装饰工程综合定额（2018）》“A.1.14 天棚工程”规定：天棚中平面、跌级和艺术造型天棚抹灰，均按设计图示展开面积以“m^2”计算。

122.【答案】C

【解析】《广东省房屋建筑与装饰工程综合定额（2018）》“A.1.14 天棚工程”规定：窗台板、筒子板按设计图示饰面外围尺寸展开面积以“m^2”计算。

123.【答案】A

【解析】《广东省房屋建筑与装饰工程综合定额（2018）》“A.1.14 天棚工程”规定：送（回）风口，按设计图示数量以“个”计算。

124.【答案】C

【解析】《广东省房屋建筑与装饰工程综合定额（2018）》“A.1.15 油漆涂料裱糊工程”规定：钢结构构件油漆，按设计图示展开面积以“m^2”计算。

125.【答案】D

【解析】《广东省房屋建筑与装饰工程综合定额（2018）》“A.1.15 油漆涂料裱糊工程”规定：装饰线宽度 200mm 内的按设计图示长度以“m”计算，超过 200mm 的按设计图示展开面积以“m^2”计算。

126.【答案】D

【解析】《广东省房屋建筑与装饰工程综合定额（2018）》“A.1.16 其他装饰工程”规定：压条、装饰线（干挂石饰线除外）均按宽度 150mm 以内考虑；干挂石装饰按宽度 300mm 以内考虑，宽度 300mm 以上的不作装饰线，应按墙柱面装饰工程计价。

127.【答案】B

【解析】《广东省房屋建筑与装饰工程综合定额（2018）》“A.1.16 其他装饰工程”规定：不锈钢旗杆工程量，按设计图示数量以“根”计算。

128.【答案】D

【解析】《广东省房屋建筑与装饰工程综合定额（2018）》“A.1.20 模板工程”规定：现浇建筑物模板，墙板上单孔面积在 1.0m^2 以内的孔洞不扣除，洞侧壁模板也不增加；单孔面积在 1.0m^2 以外应予扣除，洞侧壁模板面积并入相应子目计算。

129.【答案】C

【解析】《广东省房屋建筑与装饰工程综合定额（2018）》“A.1.20 模板工程”规定：构造柱与砌体相连的，按混凝土柱接触面宽度每边加 10cm 乘以柱高计算；如不与砌体相连，按混凝土与模板的接触面积计算。

130.【答案】A

【解析】《广东省房屋建筑与装饰工程综合定额（2018）》“A.1.20 模板工程”规定：压顶、扶手模板按其长度以“m”计算。

131.【答案】D

【解析】《广东省房屋建筑与装饰工程综合定额（2018）》“A.1.20 模板工程”规定：后浇带模板工程量，按后浇带混凝土与模板的接触面积乘以系数 1.50 以“m^2”计算。

132.【答案】C

【解析】《广东省房屋建筑与装饰工程综合定额（2018）》“A.1.20 模板工程”规定：预制混凝土的模板工程量，除另有规定外，均按构件设计图示尺寸以“m^3”计算。

133.【答案】B

【解析】《广东省房屋建筑与装饰工程综合定额（2018）》“A.1.20 模板工程”规定：铝合金模板中现浇钢筋混凝土墙、板上单孔面积≤ $0.3m^2$ 的孔洞不予扣除，洞侧壁模板也不增加，单孔面积 $>0.3m^2$ 时应予扣除，洞侧壁模板面积并入墙、板模板工程量内计算。（注：本题考查的是铝合金模板工程量计算规则。要区别现浇建筑物模板与铝合金模板计算规则的不同，扣除孔洞面积：现浇建筑物模板是以“$1.0m^2$”、铝合金模板是以“$0.3m^2$”作为分界点。）

134.【答案】B

【解析】《广东省房屋建筑与装饰工程综合定额（2018）》“A.1.21 脚手架工程”规定：外脚手架以钢管脚手架考虑，包括综合脚手架和单排脚手架。定额子目按搭拆、使用分别编制，使用本章子目的，应同时计算搭拆、使用。

135.【答案】C

【解析】《广东省房屋建筑与装饰工程综合定额（2018）》“A.1.21 脚手架工程”规定：外墙综合脚手架搭拆工程量，按外墙外边线的凹凸（包括凸出阳台）总长乘以设计外地坪至外墙的顶板面或檐口的高度以“m^2”计算；不扣除门、窗、洞口及穿过建筑物的通道的空洞面积。

136.【答案】C

【解析】《广东省房屋建筑与装饰工程综合定额（2018）》“A.1.21 脚手架工程”规定：根据公式，满堂脚手架增加层 =（楼层高度 −5.2m）/1.2m，代入公式得（9.3−5.2）/1.2=3（层），余 0.5m 舍去不计。

137.【答案】C

【解析】《广东省房屋建筑与装饰工程综合定额（2018）》“A.1.22 垂直运输工程”规定：单独承包的装饰工程人工垂直运输，按不同装饰楼层和不同材料以定额所示的计量单位计算。

138.【答案】B

【解析】《广东省房屋建筑与装饰工程综合定额（2018）》“A.1.22 垂直运输工程”规定：单独承包的装饰工程机械垂直运输，按装饰楼层不同垂直运输高度以“定额人工费”计算。

139.【答案】D

【解析】《广东省房屋建筑与装饰工程综合定额（2018）》“A.1.22 垂直运输工程”规定：构筑物垂直运输以“座”计算，超过规定高度时按每增加 1m 定额子目计算，其高度不足 1m 时，按 1m 计算。

140.【答案】B

【解析】《广东省房屋建筑与装饰工程综合定额（2018）》“A.1.25 井点降水工程”规定：井点降水按使用根数、天数以“根”或“根·天”计算。

141.【答案】D

【解析】《广东省房屋建筑与装饰工程综合定额（2018）》“A.1.26 绿色施工安全防护措施费”规定：对于不能按工作内容单独计量的绿色施工安全防护措施费，具体包括绿色施工、临时设施、安全施工和用工实名管理，编制概预算时，以分部分项工程的人工费与施工机具费之和为计算基础。

142.【答案】B

【解析】广东省建设工程造价管理总站《关于实施〈房屋建筑与装饰工程工程量计算规范〉（GB 50854—2013）等的若干意见》（粤建造发〔2013〕4 号）规定，总承包服务费在其他项目中开列，根据总承包服务的内容要求，参照下列标准计算：

（1）仅要求对招标人发包的专业工程进行总承包管理和协调时，按专业工程造价的 1.5% 计算。

（2）要求对招标人发包的专业工程进行总承包管理和协调，并同时要求提供配合和服务，按专业工程造价的 3% ~ 5% 计算，具体应根据配合服务的内容和要求确定。

（3）配合招标人自行供应材料的，按招标人供应材料价值的 1% 计算（不含建设单位供应材料的保管费）。

（4）承包人保管发包人供应材料所需或发生的费用，按照材料、工程设备价格的 1.5% 计算材料保管费。

二、多项选择题

1.【答案】ABD

【解析】本题考查的是土石方工程计算规则。挖土方如需截桩头时，应按桩基工程相关项目列项。桩间挖土不扣除桩的体积，并在项目特征中加以描述。弃、取土运距可以不描述，但应注明由投标人根据施工现场实际情况自行考虑，决定报价。土壤的分类应按《房屋建筑与装饰工程工程量计算规范》GB 50854—2013 表 A.1-1 确定，土壤类别不能准确划分时，招标人可注明为综合，由投标人根据地勘报告决定报价。土方体积应按挖掘前的天然密实体积计算。

2.【答案】BE

【解析】本题考查的是土石方工程计算规则。管沟土方按设计图示以管道中心线长度计算，或按设计图示管底垫层面积乘以挖土深度计算。无管底垫层按管外径的水平投影面积乘以挖土深度计算。不扣除各类井的长度，井的土方并入。

3.【答案】ACE

【解析】本题考查的是土石方工程计算规则。

（1）回填方：以“m^3”计量，按设计图示尺寸以体积计算。

场地回填：回填面积乘以平均回填厚度；

室内回填：主墙间面积乘以回填厚度，不扣除间隔墙；

基础回填：按挖方清单项目工程量减去自然地坪以下埋设的基础体积（包括基础垫层及其他构筑物）。

（2）余方弃置：以“m^3”计量，按挖方清单项目工程量减利用回填方体积（正数）计算。

4.【答案】CE

【解析】本题考查的是地基处理与边坡支护工程计算规则。

（1）振冲桩（填料）：①以“m”计量，按设计图示尺寸以桩长计算；②以“m^3”计量，按设计桩截面乘以桩长以体积计算。

（2）砂石桩：①以“m”计量，按设计图示尺寸以桩长（包括桩尖）计算；②以“m^3”计量，按设计桩截面乘以桩长（包括桩尖）以体积计算。

（3）水泥粉煤灰碎石桩、夯实水泥土桩、石灰桩、灰土（土）挤密桩：以“m”计量，按设计图示尺寸以桩长（包括桩尖）计算。

（4）深层搅拌桩、粉喷桩、高压喷射注浆桩、柱锤冲扩桩：以“m”计量，按设计图示尺寸以桩长计算。

（5）注浆地基：①以“m”计量，按设计图示尺寸以钻孔深度计算；②以“m^3”计量，按设计图示尺寸以加固体积计算。

5.【答案】ACD

【解析】本题考查的是砌筑工程计算规则。实心砖墙、多孔砖墙、空心砖墙，按设计图示尺寸以体积“m^3”计算。扣除门窗、洞口、嵌入墙内的钢筋混凝土柱、梁、圈梁、挑梁、过梁及凹进墙内的壁龛、管槽、暖气槽、消火栓箱所占体积，不扣除梁头、板头、檩头、垫木、木楞头、沿缘木、木砖、门窗走头、砖墙内加固钢筋、木筋、铁件、钢管及单个面积≤ $0.3m^2$ 的孔洞所占的体积。

6.【答案】BCD

【解析】本题考查的是砌筑工程计算规则。零星砌砖：①以“m^3”计量，按设计图示尺寸截面积乘以长度计算。②以“m^2”计量，按设计图示尺寸水平投影面积计算。③以“m”计量，按设计图示尺寸长度计算。④以“个”计量，按设计图示数量计算。

7.【答案】ABCD

【解析】本题考查的是混凝土及钢筋混凝土工程计算规则。整体楼梯（包括直形楼梯、弧形楼梯）水平投影面积包括休息平台、平台梁、斜梁和楼梯的连接梁。当整体楼梯与现浇楼板无梯梁连接时，以楼梯的最后一个踏步边缘加 300mm 为界。

8.【答案】BE

【解析】本题考查的是混凝土及钢筋混凝土工程计算规则。箱式满堂基础及框架式设备基础中柱、梁、墙、板按现浇混凝土柱、梁、墙、板分别编码列项；箱式满堂基础底板按满堂基础项目列项，框架式设备基础的基础部分按设备基础列项。现浇混凝土基础按设计图示尺寸以体积“m^3”计算。

9.【答案】CD

【解析】本题考查的是混凝土及钢筋混凝土工程计算规则。选项 A、B 错误，现浇混凝土柱包括矩形柱、构造柱、异型柱等项目，按设计图示尺寸以体积计算。构造柱嵌入墙体的部分（马牙槎）并入柱身体积。选项 E 错误，现浇混凝土墙包括直形墙、弧形墙、短肢剪力墙、挡土墙，按设计图示尺寸以体积计算。不扣除构件内钢筋，预埋铁件所占体积，扣除门窗洞口及单个面积大于 $0.3m^2$ 的孔洞所占体积，墙垛及凸出墙面部分并入墙体体积内计算。

10.【答案】AD

【解析】本题考查的是混凝土及钢筋混凝土工程计算规则。选项 A 错误，有梁板的柱高自柱基上表面至上一层楼板上表面之间的高度计算；选项 D 错误，预制混凝土楼梯以“m^3”或“块”计量。

11.【答案】AC

【解析】本题考查的是混凝土及钢筋混凝土工程计算规则。直形墙、弧形墙、挡土墙、短肢剪力墙，按设计图示尺寸以体积计算；不扣除预埋铁件所占体积；墙垛及凸出墙面部分的体积并入墙体体积计算。

12.【答案】BD

【解析】本题考查的是混凝土及钢筋混凝土工程计算规则。

（1）预制混凝土屋架：

1）以“m^3”计量，按设计图示尺寸以体积计算；

2）以“榀”计量，按设计图示尺寸以数量计算。

（2）预制混凝土楼梯：

1）以“m^3”计量，按设计图示尺寸以体积计算，扣除空心踏步板空洞体积；

2）以“段”计量，按设计图示尺寸以数量计算。

3）现浇混凝土地沟：以“m”计量，按设计图示尺寸以中心线长度计算。故 A、C、E 错误。

13.【答案】CD

【解析】本题考查的是混凝土及钢筋混凝土工程计算规则。天沟、挑檐板按设计图示尺寸以体积计算；现浇混凝土墙的工程量中墙垛及凸出墙面部分并入墙体体积内计算；沟盖板、井盖板、井圈，按设计图示尺寸以体积计算或按设计图示尺寸以数量计算。

14.【答案】AC

【解析】本题考查的是混凝土及钢筋混凝土工程计算规则。选项 A 错误，电缆沟、地沟，按设计图示以中心线长度计算；选项 C 错误，扶手、压顶，以“m”计量，按设计图示的中心线延长米计算；或者以“m^3”计量，按设计图示尺寸以体积计算。

15.【答案】CDE

【解析】本题考查的是金属结构工程计算规则。选项 C 错误，成品雨篷：以“m”计量，按设计图示接触边以米计算；以“m^2”计量，按设计图示尺寸以展开面积计算；选项 D 错误，钢漏斗、钢板天沟，按设计图示尺寸以质量计算；选项 E 错误，成品雨篷按设计图示接触边以长度计算；或按设计图示尺寸以展开面积计算。

16.【答案】CDE

【解析】本题考查的是屋面及防水工程计算规则。选项 A、B 错误，墙面卷材防水、墙面涂膜防水、墙面砂浆防水（防潮），按设计图示尺寸以面积计算。选项 E 正确，楼（地）面防水反边高度≤ 300mm 算作地面防水，反边高度 >300mm 按墙面防水计算。

17.【答案】BC

【解析】本题考查的是楼地面装饰工程计算规则。选项 B 错误，水泥砂浆楼地面、现浇水磨石楼地面、细石混凝土楼地面、菱苦土楼地面、自流坪楼地面，按设计图示尺寸以面积计算；选项 C 错误，台阶装饰包括石材台阶面、块料台阶面、拼碎块料台阶面、水泥砂浆台阶面、现浇水磨石台阶面、剁假石台阶面，工程量按设计图示尺寸以台阶（包括最上层踏步边沿加 300mm）水平投影面积计算。

18.【答案】BCE

【解析】本题考查的是楼地面装饰工程计算规则。自流坪楼地面按设计图示尺寸以面积计算；石材台阶面装饰设计图示以台阶（包括最上层踏步边沿加 300mm）水平投影面积计算。

19.【答案】BCD

【解析】本题考查的是墙、柱面装饰与隔断、幕墙工程计算规则。墙面一般抹灰，扣除墙裙、门窗洞口及单个 >0.3m^2 的孔洞面积，不扣除踢脚线、挂镜线和墙与构件交接处的面积，门窗洞口和孔洞的侧壁及顶面不增加面积。

20.【答案】ACD

【解析】本题考查的是油漆、涂料、裱糊工程计算规则。

（1）木扶手及其他板条、线条油漆：包括木扶手油漆，窗帘盒油漆，封檐板、顺水板油漆，挂衣板、黑板框油漆，挂镜线、窗帘棍、单独木线油漆 5 个工程量清单项目：以"m"计量，按设计图示尺寸以长度计算。

（2）木护墙、木墙裙油漆，窗台板、筒子板、盖板、门窗套、踢脚线油漆，清水板条天棚、檐口油漆，木方格吊顶天棚油漆，吸音板墙面、天棚面油漆，暖气罩油漆，其他木材面 7 个工程量清单项目：以"m^2"计量，按设计图示尺寸以面积计算。

21.【答案】BD

【解析】本题考查的是其他装饰工程计算规则。

（1）柜类、货架：包括柜台、酒柜、衣柜、存包柜、鞋柜、书柜、厨房壁柜、木壁柜、厨房低柜、厨房吊柜、矮柜、吧台背柜、酒吧吊柜、酒吧台、展台、收银台、试衣间、货架、书架、服务台 20 个工程量清单项目。

1）以"个"计量，按设计图示数量计算；

2）以"m"计量，按设计图示尺寸以延长米计算；

3）以"m^3"计量，按设计图示尺寸以体积计算。

（2）压条、装饰线：包括金属装饰线、木质装饰线、石材装饰线、石膏装饰线、镜面玻璃线、铝塑装饰线、塑料装饰线、GRC 装饰线条 8 个工程量清单项目；以"m"计量，按设计图示尺寸以长度计算。

（3）扶手、栏杆、栏板装饰：包括金属扶手栏杆栏板、硬木扶手栏杆栏板 ~ 玻璃栏板 8 个工程量清单项目：以"m"计量，按设计图示尺寸以扶手中心线长度（包括弯头长度）计算。

（4）暖气罩：包括饰面板暖气罩、塑料板暖气罩、金属暖气罩 3 个工程量清单项目：以"m^2"计量，按设计图示尺寸以垂直投影面积（不展开）计算。

（5）洗漱台：

1）以"m^2"计量，按设计图示尺寸以台面外接矩形面积计算；不扣除孔洞、挖弯、削角所占面积，挡板、吊沿板面积并入台面面积内；

2）以"个"计量，按设计图示数量计算。

22.【答案】CDE

【解析】本题考查的是措施项目计算规则。《房屋建筑与装饰工程工程量计算规范》GB 50854—2013 中给出了脚手架、混凝土模板及支架（撑）、垂直运输、超高施工增加、大型机械设备进出场及安拆、施工降水及排水、安全文明施工及其他措施项目的计算规则或应包含范围。除安全文明施工及其他措施项目外，前 6 项都详细列出了项目编码、项目名称、项目特征、工程量计算规则、工作内容，其清单的编制与分部分项工程一致。总价措施项目则没有计算规则。

23.【答案】ACDE

【解析】本题考查的是措施项目计算规则。使用综合脚手架时，不再使用外脚手架、里脚手架等单项脚手架；综合脚手架适用于能够按建筑面积计算规则计算建筑面积的建筑工程脚手架，不适用于房屋加层、构筑物及附属工程脚手架。同一建筑物有不同檐高时，按建筑物竖向切面分别按不同檐高编列清单项目。整体提升架已包括 2m 高的防护架体设施。

24.【答案】ACD

【解析】本题考查的是措施项目计算规则。选项 A 正确，外脚手架、里脚手架、整体提升架、外装饰吊篮，工程量按所服务对象的垂直投影面积计算；选项 B 错误，满堂脚手架按搭设的水平投影面积计算；选项 C 正确，混凝土墙模板按模板与墙接触面积计算；选项 D 正确，混凝土构造柱模板按图示外露部分计算模板面积；选项 E 错误，超高施工增加费包括人工、机械降效，供水加压以及通信联络设备费用。

25.【答案】BDE

【解析】本题考查的是措施项目计算规则。选项 A，垂直运输可按建筑面积计算也可以按施工工期日历天数计算；选项 B，悬空脚手架、满堂脚手架按搭设的水平投影面积计算；选项 C，外脚手架、里脚手架、整体提升架、外装饰吊篮，工程量按所服务对象的垂直投影面积计算；选项 D，施工排水、降水以昼夜（24h）为单位计量，按排水、降水日历天数计算；选项 E，超高施工增加工程量计算按建筑物超高部分的建筑面积计算。

26.【答案】BD

【解析】本题考查的是安全文明施工措施项目。安全文明施工含环境保护、文明施工、安全施工、临时设施。"五牌一图"属于文明施工，夜间施工、非夜间施工照明，二次搬运，冬雨季施工，地上、地下设施、建筑物的临时保护设施，已完工程及设备保护等属于总价措施项目中的其他项目措施。

27.【答案】ABCE

【解析】《广东省房屋建筑与装饰工程综合定额（2018）》"总说明"规定：本综合定额由分部分项工程项目、措施项目、其他项目、税金、附录共五部分组成。

28.【答案】ABDE

【解析】《广东省房屋建筑与装饰工程综合定额（2018）》"A.1.1 土石方工程"规定：干土、湿土的划分：首先应以地质勘测资料为准，含水率 $<25\%$ 为干土，含水率 $\geq 25\%$ 且小于液限为湿土；或以地下常水位为准，地下常水位以上为干土，以下为湿土，如采用降水措施，应以降水后的水位为地下常水位，降水措施费用应另行计算。

29.【答案】BCDE

【解析】《广东省房屋建筑与装饰工程综合定额（2018）》"A.1.3 桩基础工程"规定：

打（压）钢管桩工程量，按入土长度以“t”计算。

30.【答案】ABDE

【解析】《广东省房屋建筑与装饰工程综合定额（2018）》“A.1.3 桩基础工程”规定：CFG 桩工程量，按桩长乘以设计截面面积以“m^3”计算。

31.【答案】ACDE

【解析】《广东省房屋建筑与装饰工程综合定额（2018）》“A.1.4 砌筑工程”规定：砖墙工程量，按设计图示尺寸以“m^3”计算。扣除门窗洞口、过人洞、空圈、嵌入墙内的钢筋混凝土柱、梁、圈梁、挑梁、过梁及凹进墙内的壁龛、管槽、暖气槽、消火栓箱所占体积，不扣除梁头、板头、砖旋、砖过梁、檩头、垫木、木楞头、沿缘木、木砖、门窗走头、砖墙内加固钢筋、木筋、铁件、钢管及单个面积 0.3m^2 以内的孔洞所占体积。凸出墙面的窗台线、窗眉线、虎头砖、门窗套以及三皮砖以内的腰线、压顶线、挑檐的体积也不增加，凸出墙面的砖垛以及三皮砖以上的腰线、压顶线、挑檐的体积并入墙身工程量内计算。

32.【答案】DE

【解析】《广东省房屋建筑与装饰工程综合定额（2018）》“A.1.4 砌筑工程”规定：砖混凝土混合、砖砌栏板工程量，按设计图示尺寸以“m”计算；砖砌台阶工程量，按水平投影面积以“m^2”计算，台阶两侧砌体另行计算。

33.【答案】ABE

【解析】《广东省房屋建筑与装饰工程综合定额（2018）》“A.1.5 混凝土及钢筋混凝土工程”规定：有梁板的柱高，应自柱基上表面（或楼板上表面）至上一层楼板上表面之间的高度计算；无梁板的柱高，应自柱基上表面（或楼板上表面）至柱帽下表面高度计算；钢管柱以钢管高度按钢管内径计算混凝土体积。

34.【答案】BDE

【解析】《广东省房屋建筑与装饰工程综合定额（2018）》“A.1.5 混凝土及钢筋混凝土工程”规定：现浇空心板以“m^3”计算，扣除空心板空洞体积；后浇带工程量按设计图示尺寸以“m^3”计算。

35.【答案】ABE

【解析】《广东省房屋建筑与装饰工程综合定额（2018）》“A.1.7 金属结构工程”规定：钢板天沟按设计图示尺寸以“t”计算；不锈钢天沟、彩钢板天沟按设计图示尺寸以“m^2”计算。

36.【答案】ABCD

【解析】《广东省房屋建筑与装饰工程综合定额（2018）》“A.1.8 木结构工程”规定：椽子工程量，按设计图示尺寸以“m^3”计算。

37.【答案】DE

【解析】《广东省房屋建筑与装饰工程综合定额（2018）》“A.1.8 木结构工程”规定：古式木栏杆按设计图示尺寸以“m^2”计算。戗角工程量按设计图示尺寸以“m^3”计算。

38.【答案】ABCD

【解析】《广东省房屋建筑与装饰工程综合定额（2018）》“A.1.9 门窗工程”规定：古式木门窗扇，按设计图示门窗扇的外围尺寸以“m^2”计算。

39.【答案】ABCE

【解析】《广东省房屋建筑与装饰工程综合定额（2018）》“A.1.9 门窗工程”规定：门窗贴脸、盖口条、披水条，按设计图示饰面外围尺寸以“m”计算。

40.【答案】ACDE

【解析】《广东省房屋建筑与装饰工程综合定额（2018）》“A.1.9 门窗工程”规定：卷闸门窗安装，按设计图示尺寸以“m^2”计算。

41.【答案】BE

【解析】《广东省房屋建筑与装饰工程综合定额（2018）》“A.1.11 保温、隔热、防腐工程”规定：屋面保温层排气管工程量，按设计图示尺寸以“m”计算，不扣管件所占长度；防火隔离带工程量按设计图示尺寸以“m^2”计算。

42.【答案】CE

【解析】《广东省房屋建筑与装饰工程综合定额（2018）》“A.1.12 楼地面工程”规定：整体面层门洞、空圈、暖气包槽、壁龛的开口部分不增加面积；台阶面层，按设计图示尺寸以台阶（包括最上层踏步边沿加 300mm）水平投影面积，以“m^2”计算。

43.【答案】CDE

【解析】《广东省房屋建筑与装饰工程综合定额（2018）》“A.1.12 楼地面工程”规定：楼梯及台阶面层防滑条，按设计图示尺寸以“m”计算，设计未注明长度时，防滑条按踏步两端距离各减 150mm 计算；块料面层，门洞、空圈、暖气包槽、壁龛的开口部分另计面积；橡胶面层按设计图示尺寸以“m^2”计算，门洞、空圈、暖气包槽、壁龛的开口部分并入相应的工程量内。（注意：门洞、空圈、暖气包槽、壁龛的开口部分，只有整体面层不计算工程量，其他面层均需要计算工程量。）

44.【答案】ABDE

【解析】《广东省房屋建筑与装饰工程综合定额（2018）》“A.1.13 墙、柱面装饰与隔断、幕墙工程”规定：不扣除踢脚线、挂镜线和墙与构件交接处的面积，门窗洞口和孔洞的侧壁及顶面不增加面积。

45.【答案】BE

【解析】《广东省房屋建筑与装饰工程综合定额（2018）》“A.1.14 天棚工程”规定：不扣除间壁墙、垛、柱、附墙烟囱、检查口和管道所占的面积；梁式楼梯底板抹灰按展开面积以“m^2”计算。

46.【答案】ACE

【解析】《广东省房屋建筑与装饰工程综合定额（2018）》“A.1.17 景观工程”规定：路牙铺设按设计图示尺寸以“m”计算；石笋按设计图示数量以“根”计算。

47.【答案】ABCE

【解析】《广东省房屋建筑与装饰工程综合定额（2018）》“A.1.18 石作工程”规定：石栏板及石望柱工程量，按设计图示尺寸以“m^3”计算，不扣除镂空、虚透、造型凹陷的体积。

48.【答案】BCDE

【解析】《广东省房屋建筑与装饰工程综合定额（2018）》“A.1.19 拆除工程”规定：墙体开门窗洞口、间壁墙拆除工程量，按拆除部位的平面尺寸以“m^2”计算。

49.【答案】BE

【解析】《广东省房屋建筑与装饰工程综合定额（2018）》"A.1.20 模板工程"规定：楼梯模板按水平投影面积计算，整体楼梯（包括直形楼梯、弧形楼梯）的水平投影面积包括休息平台、平台梁、斜梁和楼梯的连接梁；台阶模板按水平投影面积计算，台阶两侧不另计算模板面积。

50.【答案】ABCD

【解析】《广东省房屋建筑与装饰工程综合定额（2018）》"A.1.24 成品保护工程"规定：楼梯成品保护工程量，按设计图示尺寸水平投影面积以"m^2"计算。

51.【答案】ABCD

【解析】《广东省房屋建筑与装饰工程综合定额（2018）》"A.1.26 绿色施工安全防护措施费"规定：对于不能按工作内容单独计量的绿色施工安全防护措施费，具体包括绿色施工、临时设施、安全施工和用工实名管理。密目式安全网，属于应按相关定额子目计算的绿色施工安全防护措施费项目。

52.【答案】ACE

【解析】《广东省房屋建筑与装饰工程综合定额（2018）》"A.1.26 绿色施工安全防护措施费"规定：根据施工图纸、方案及施工组织设计等资料，以下绿色施工安全防护措施费项目按相关定额子目计算：①综合脚手架；②靠脚手架安全挡板；③密目式安全网；④围尼龙编织布；⑤模板的支架；⑥施工现场围挡和临时占地围挡；⑦施工围挡照明；⑧临时钢管架通道；⑨独立安全防护挡板；⑩吊装设备基础；⑪防尘降噪绿色施工防护棚；⑫施工便道；⑬样板引路。选项 B 和选项 D 属于不能按工作内容单独计量的绿色施工安全防护措施费。

第 10 章　计算机辅助工程量计算

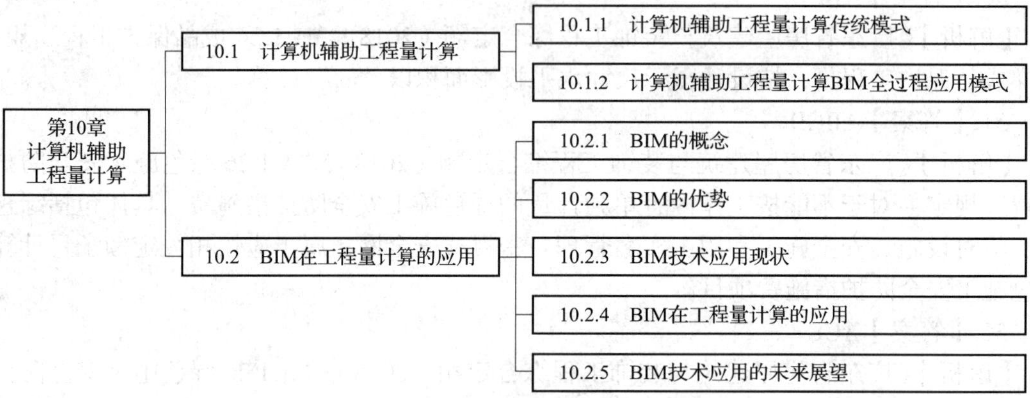

本章知识导图

本章习题精选

一、单项选择题（共 6 题，每题仅有 1 个选项正确）

1. 在传统算量平台上，各专业根据各自的 CAD 图纸在指定的专业软件中进行建模，运算速度快，准确率高，但不能满足项目（　　）管理的需要。

A. 精准　　B. 及时　　C. 动态　　D. 综合

2.《建筑信息模型应用统一标准》GB/T 51212—2016 中 BIM 的定义为工程项目及其设施物理和功能的（　　）表达。

A. 应用化　　B. 数字化　　C. 模型化　　D. 模拟化

3. BIM 的应用实现了（　　）的信息共享。

A. 建筑策划期　　B. 建筑实施期　　C. 建筑全生命期　　D. 建筑竣工期

4. 下列选项中，不属于 BIM 应用价值体现的是（　　）。

A. 工程算量　　B. 施工模拟　　C. 深化设计　　D. 三维建模

5. BIM 最显著的优点是（　　）。

A. 可视化　　B. 参数化　　C. 协同化　　D. 可出图性

6. Revit 软件在工程算量之中只能导出（　　）。

A. 清单工程量　　B. 计价工程量　　C. 实物工程量　　D. 定额工程量

二、多项选择题（共 3 题，每题选项中有 2 个或 2 个以上正确，至少有 1 个错项）

1. 下列选项中，属于 BIM 最突出的几大优势有（　　）。

A. 可视化　　B. 协同化

C. 模拟性　　D. 协调性

E. 参数化

2. 下列选项中，属于设计企业 BIM 应用的是（　　）。

A. 方案设计和初步设计　　B. 设计评审

C. 专业协调　　D. 项目综合管控

E. 空间管理

3. 下列选项中，属于建设单位运维阶段 BIM 应用的有（　　）。

A. 模拟优化施工方案　　B. 项目综合管控

C. 隐蔽工程管理　　D. 应急管理

E. 节能减排管理

本章习题解析

一、单项选择题

1.【答案】C

【解析】本题考查的是计算机辅助工程量计算传统模式。现阶段国内建筑行业使用的大多数是传统的基于 CAD 二维模型基础上的土建安装算量软件。在传统算量平台上，各专业根据各自的 CAD 图纸在指定的专业软件中进行建模，运算速度快，准确率高，但是模型功能单一，量价均为静态数据，不能满足项目动态管理的需要。

2.【答案】B

【解析】本题考查的是 BIM 的概念。《建筑信息模型应用统一标准》GB/T 51212—2016 中 BIM 的定义为工程项目及其设施物理和功能的数字化表达，在全生命期内提供共享的信息资源，并为各种决策提供基础信息。

3.【答案】C

【解析】本题考查的是 BIM 的概念。详见本章单项选择题第 2 题解析。

4.【答案】D

【解析】本题考查的是 BIM 的优势。随着 BIM 技术在我国建设领域的应用逐步深入，BIM 的应用价值在工程算量、施工模拟、深化设计、专业协调和进度控制等方面都得到了很高的体现，BIM 技术被认为是建筑行业信息化的最佳解决方案。

5.【答案】A

【解析】本题考查的是 BIM 的优势。可视化是 BIM 最显著的优点，也就是"所见即所得"。与传统的二维图纸相比，三维模型的可视化特性可以让设计师在三维模式下，搭建与实际工程一样的模型，能按照三维的思考方式来完成设计，同时也给业主提供了最直接有效的感官体验，建筑物的体量形态、空间位置一目了然，通过三维模型的展示，业主能直观地看到自己的投资成果，方便业主和设计师更好地沟通、讨论与决策。

6.【答案】C

【解析】本题考查的是 BIM 在建模工程量计算的应用。由于 Revit 只能导出实物工程量，与我国现行的计量规范还有一定的差异，所以要从 BIM 模型中提取符合现行规范的工程量并直接输出工程量清单，需要使用专门开发的插件进行转换，对建模的深度也有一定的要求。首先应按规定的建模规则进行建模并描述构件的信息，即应建立并遵守统一的建模规则，其次对于设计图纸中构件信息不完整不规范的要进行补充完善。如果建模提供的模型深度和建模规则达不到要求，会导致转换过程中的信息错误或构件丢失。

二、多项选择题

1.【答案】ABCE

【解析】本题主要考查的是 BIM 的优势。BIM 的优势包括：可视化、参数化、协同化、模拟性、可出图性五大特点。

2.【答案】AB

【解析】本题考查的是 BIM 技术应用现状。设计企业 BIM 应用的主要内容有：①方案设计和初步设计；②详细设计分析及模拟；③施工图设计；④设计评审。

3.【答案】CDE

【解析】本题考查的是 BIM 技术应用现状。建设单位运维阶段 BIM 应用的主要内容包括：①空间管理；②设施管理；③隐蔽工程管理；④应急管理；⑤节能减排管理。

第三篇　工 程 计 价

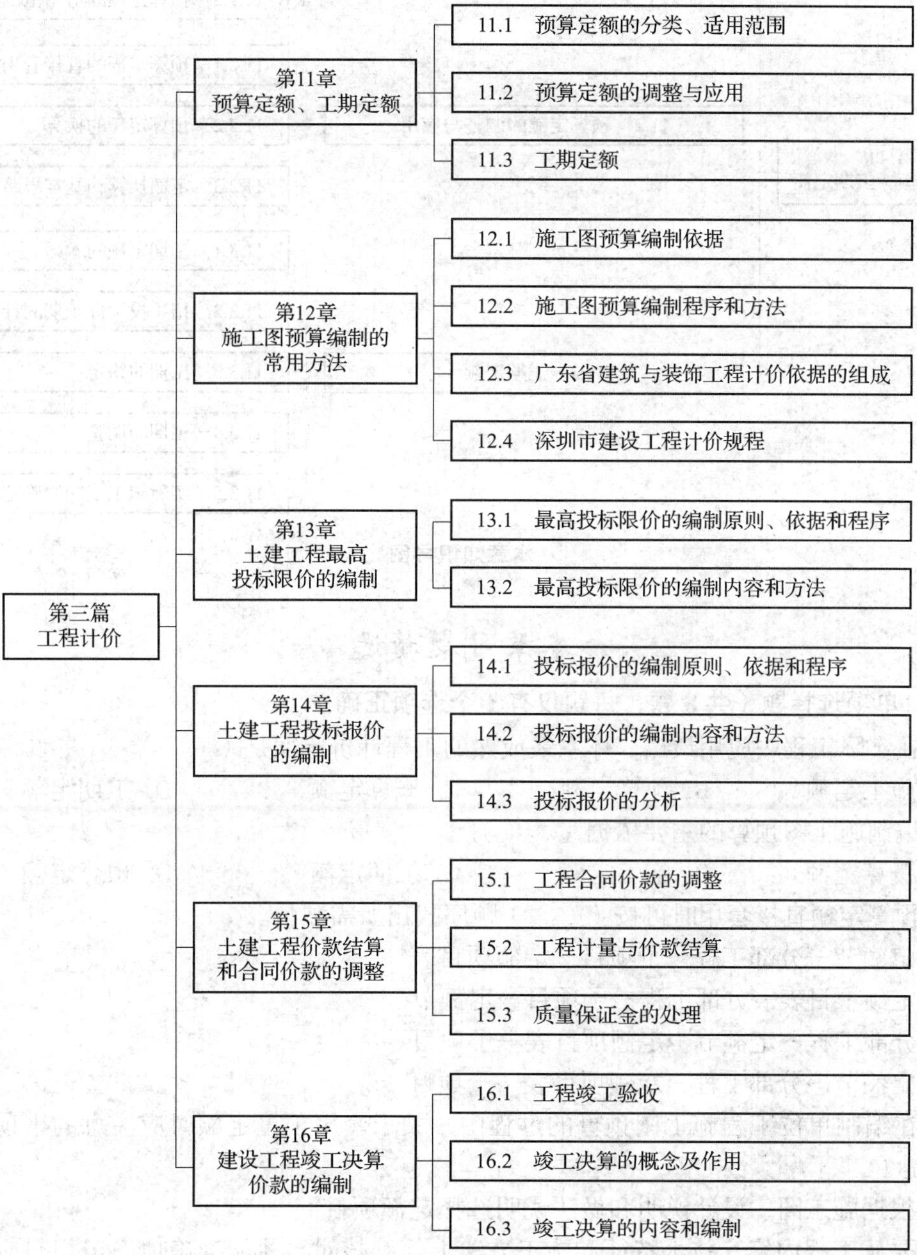

本篇知识导图

第 11 章　预算定额、工期定额

本章知识导图

本章习题精选

一、单项选择题（共 8 题，每题仅有 1 个选项正确）

1. 在实际工程中应用最广、体系最成熟的工程计价定额是（　　）。

A. 施工定额　　B. 预算定额　　C. 概算定额　　D. 工期定额

2. 编制施工图预算的主要依据（　　）。

A. 概算定额　　B. 施工定额　　C. 工期定额　　D. 预算定额

3. 预算定额直接套用时可按（　　）顺序找出所需项目。

A. 定额节→分部工程→子项目→定额项目表

B. 定额项目表→分部工程→子项目→定额节

C. 分部工程→定额节→定额项目表→子项目

D. 定额节→分部工程→定额项目表→子项目

4. 在编制单位工程施工图预算的过程中，关于套用预算定额时应注意的事项，说法错误的是（　　）。

A. 根据施工图、设计说明和做法说明选择定额项目

B. 要从工程内容、技术特征和施工方法上仔细核对，才能准确地确定相对应的定额项目

C. 分项工程的名称和计量单位要与预算定额相一致，预算定额项目基本上是扩大的计量单位，要注意把分项工程量转变成定额计量单位数量

D. 定额项目表上的工作内容所列出的施工过程虽已包括在定额基价内，但编制预算时根据实际需要可以重复列项

5. 预算定额换算时，定额中抹灰项目已考虑了常用厚度，各层砂浆的厚度一般不做调整，设计有特殊要求时，定额中人工、材料可以按（　　）换算。

A. 配合比　　B. 厚度比　　C. 价格比　　D. 砂浆强度比

6. 下列关于砌筑砂浆换算公式正确的是（　　）。

换算后定额基价 = 原定额基价 + 换入砂浆基价 − 换出砂浆基价

换算后定额基价 = 原定额基价 + 定额砂浆用量 × 换入砂浆基价 − 换出砂浆基价

换算后定额基价 = 原定额基价 + 定额砂浆用量 ×（换入砂浆基价 − 换出砂浆基价）

换算后定额基价 = 原定额基价 + 换入砂浆基价 − 定额砂浆用量 × 换出砂浆基价

7. 标准工期是按照（　　）规定计算的工期。

A. 预算定额　　B. 工期定额　　C. 施工合同　　D. 招标文件

8. 投标工期应符合招标工期的要求，投标工期少于标准工期的（　　），投标人应提供详细的施工进度计划，要有明确的赶工措施和施工方案确保工程质量和安全。

A. 60%　　B. 70%　　C. 80%　　D. 90%

二、多项选择题（共 7 题，每题选项中有 2 个或 2 个以上正确，至少有 1 个错项）

1. 工程计价定额主要用在建设项目的不同阶段作为确定和计算工程造价的依据，包括（　　）。

A. 预算定额　　B. 概算定额

C. 概算指标　　D. 工期定额

E. 估算指标

2. 预算定额按专业性质可分为（　　）。

A. 公路工程预算定额　　B. 建筑工程预算定额

C. 市政工程预算定额　　D. 安装工程预算定额

E. 房屋修缮工程预算定额

3. 从管理权限和执行范围进行分类，预算定额可分为（　　）。

A. 地区统一定额　　B. 时间定额

C. 产量定额　　D. 全国统一定额

E. 行业统一定额

4. 工期定额是建设工程施工工期的计算与管理活动，包括的事项有（　　）。

A. 工期目标及招标工期的确定　　B. 设计目标的调整

C. 施工进度计划的编制和调整　　D. 施工合同工期的确定

E. 工期纠纷的处理

5. 发承包双方应在施工合同中明确合同工期，并约定与工期有关的事项有（　　）。

A. 开工日期　　B. 工期调整目的

C. 工期责任　　D. 工期调整方案

E. 工期争议的处理方式

6. 施工合同履行过程中，发生影响施工进度或暂停施工的，应按照相关规定顺延施工工期，下列属于此情形的是（　　）。

A. 遇异常恶劣的自然天气和不可抗力的

B. 发生设计变更的

C. 遇地下障碍物或发现地下文物、化石、古迹遗址等具有考古价值文物的

D. 地质勘察报告与实际地质出入较大的

E. 承包人违约导致暂停施工或影响关键工作的

7. 下列属于实际施工工期确定的依据有（　　）。

A. 预算定额

B. 施工合同

C. 建设工程设计文件

D. 与建设项目相关的标准、规范、技术资料

E. 施工记录

本章习题解析

一、单项选择题

1.【答案】B

【解析】本题考查的是预算定额、工期定额。预算定额是应用最广、体系最成熟的工程计价定额。

2.【答案】D

【解析】本题考查的是预算定额、工期定额。预算定额是工程建设中的一项重要的技术经济文件，是编制施工图预算的主要依据，是确定和控制工程造价的基础。

3.【答案】C

【解析】本题考查的是预算定额的调整与应用。直接套用定额时可按分部工程→定额节→定额项目表→子项目的顺序找出所需项目。

4.【答案】D

【解析】本题考查的是预算定额的调整与应用。在编制单位工程施工图预算的过程中，大多数项目是可以直接套用预算定额，套用时应注意以下几点：

（1）根据施工图、设计说明和做法说明选择定额项目。

（2）要从工程内容、技术特征和施工方法上仔细核对，才能准确地确定相对应的定额项目。

（3）分项工程的名称和计量单位要与预算定额相一致。预算定额项目基本上是扩大的计量单位，要注意把分项工程量转变成定额计量单位数量。

（4）要注意定额项目表上的工作内容，工作内容中所列出的施工过程已包括在定额基价内，编制预算时不能重复列项。

5.【答案】B

【解析】本题考查的是预算定额的换算。定额中抹灰项目已考虑了常用厚度，各层砂浆的厚度一般不做调整，设计有特殊要求时，定额中人工、材料可以按厚度比换算。

6.【答案】C

【解析】本题考查的是预算定额的换算。砌筑砂浆换算公式：换算后定额基价 = 原定额基价 + 定额砂浆用量 ×（换入砂浆基价 – 换出砂浆基价）

7.【答案】B

【解析】本题考查的是工期定额。标准工期是指按照工期定额规定计算的工期。

8.【答案】C

【解析】本题考查的是工期定额。投标工期少于标准工期的 80%，投标人应提供详细的施工进度计划，要有明确的赶工措施和施工方案确保工程质量和安全。

二、多项选择题

1.【答案】ABCE

【解析】本题考查的是预算定额、工期定额。工程计价定额是指工程定额中直接用于工程计价的定额或指标，主要用在建设项目的不同阶段作为确定和计算工程造价的依据，包括预算定额、概算定额、概算指标和估算指标等。

2.【答案】BD

【解析】本题考查的是预算定额的分类。预算定额按专业性质可分为建筑工程预算定额和安装工程预算定额两大类。

3.【答案】ADE

【解析】本题考查的是预算定额的分类。从管理权限和执行范围进行分类，预算定额可分为全国统一定额、行业统一定额和地区统一定额等。

4.【答案】ACDE

【解析】本题考查的是工期定额。工期定额是建设工程施工工期的计算与管理活动，包括但不限于以下事项：①工期目标及招标工期的确定；②施工合同工期的确定；③工期的调整；④施工进度计划的编制和调整；⑤工期纠纷的处理。

5.【答案】ACE

【解析】本题考查的是工期定额。发承包双方应在施工合同中明确合同工期，并约定以下与工期有关的事项：①开工日期；②工期调整事项；③工期调整程序；④工期责任；⑤工期争议的处理方式。

6.【答案】ACD

【解析】本题考查的是工期定额。施工合同履行过程中，发生下列情形之一影响施工进度或暂停施工的，应按照相关规定顺延施工工期：

（1）遇异常恶劣的自然天气和不可抗力的；

（2）地质勘察报告与实际地质出入较大的；

（3）遇地下障碍物或发现地下文物、化石、古迹遗址等具有考古价值文物的；

（4）发生重大设计变更的；

（5）发包人违约导致暂停施工或影响关键工作的；

（6）停水、停电、停气导致暂停施工的；

（7）其他非承包人原因引起的暂停施工或工期延误的。

7.【答案】BCDE

【解析】本题考查的是工期定额。实际施工工期的确定应依据：

（1）工期定额；

（2）施工合同；

（3）建设工程设计文件及相关资料；

（4）与建设项目相关的标准、规范、技术资料、施工组织设计；

（5）施工记录，地质勘察报告和实际地质情况；

（6）其他相关资料。

第12章　施工图预算编制的常用方法

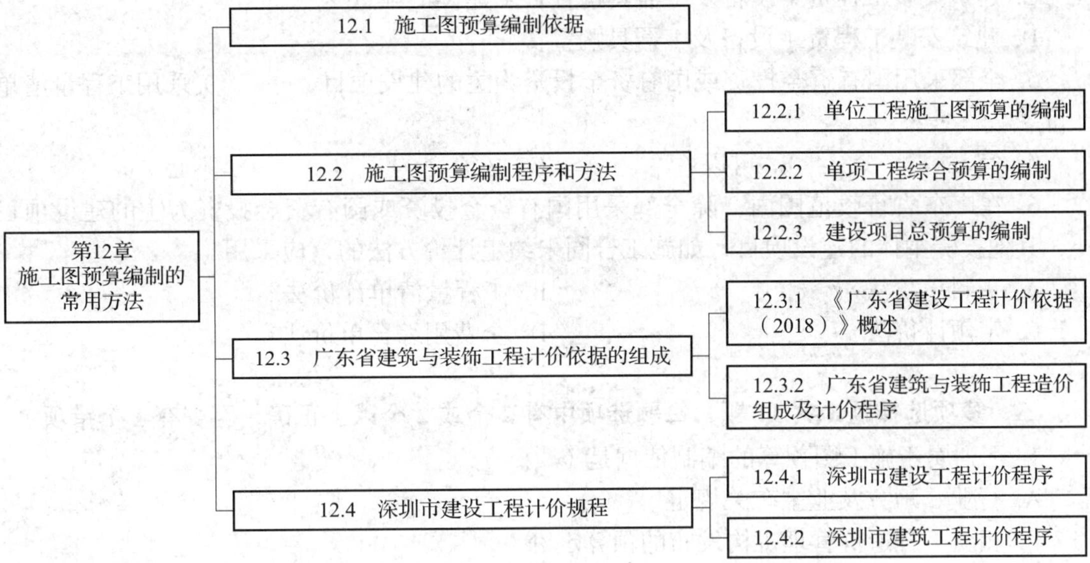

本章知识导图

本章习题精选

一、单项选择题（共6题，每题仅有1个选项正确）

1. 为适应工程量清单计价模式，施工图预算的编制全面转向（　　）。

A. 全费用综合单价法　　B. 综合单价法

C. 工料单价法　　D. 成本加利润法

2. 编制施工图预算时，建筑安装工程费的计算程序正确的是（　　）。

A. 准备工作→计算可计量措施项目费→计算综合计取的措施项目费→计算分部分项工程量→套用综合单价→计算规费、税金后汇总造价→建筑安装工程费

B. 准备工作→计算分部分项工程量→计算可计量措施项目费→套用综合单价→计算综合计取的措施项目费→计算规费、税金后汇总造价→建筑安装工程费

C. 准备工作→计算分部分项工程量→计算可计量措施项目费→计算综合计取的措施项目费→套用综合单价→计算规费、税金后汇总造价→建筑安装工程费

D. 准备工作→计算分部分项工程量→套用综合单价→计算可计量措施项目费→计算综合计取的措施项目费→计算规费、税金后汇总造价→建筑安装工程费

3. 关于设备购置费构成，正确的是（　　）。

A. 设备购置费 = 设备原价 + 安装工程费

B. 设备购置费 = 设备原价 + 设备运杂费

C. 设备购置费 = 设备原价 + 设备运杂费 + 安装工程费

D. 设备购置费 = 设备原价 + 包装费 + 辅助材料费

4. 下列关于单位工程施工图预算组成，正确的是（　　）。

A. 建筑安装工程费 + 预备费

B. 设备及工器具购置费 + 预备费 + 建设期利息

C. 建筑安装工程费 + 设备及工器具购置费 + 建设期利息

D. 建筑安装工程费 + 设备及工器具购置费

5. 全部采用国有资金投资或国有资金投资为主的建设项目，（　　）采用工程量清单计价。

A. 宜　　B. 可以　　C. 必须　　D. 不必

6. 在广东省行政范围内，除全部采用国有资金投资或国有资金投资为主的建设项目外，其他投资主体的建设项目，如施工合同未约定计价方法的，应采用（　　）。

A. 工料单价法　　B. 工程量清单计价法

C. 定额计价法　　D. 全费用综合单价法

二、多项选择题（共 11 题，每题选项中有 2 个或 2 个以上正确，至少有 1 个错项）

1. 下列属于施工图预算的编制依据是（　　）。

A. 行业、地方及业主有关规定

B. 相应工程造价管理机构发布的预算定额

C. 施工图设计文件

D. 承包人所在地的人工、材料、设备、施工机具预算价格

E. 施工组织设计和施工方案

2. 单位工程施工图预算包括（　　）。

A. 生产家具购置费　　B. 建筑工程费

C. 安装工程费　　D. 预备费

E. 设备及工器具购置费

3. 综合单价是完成一个规定计量单位的项目所需（　　）以及一定范围内的风险费用。

A. 人工费、材料费、施工机具费　　B. 管理费和利润

C. 规费　　D. 工程设备费

E. 税金

4. 建设项目总预算按三级预算编制由（　　）汇总而成。

A. 综合预算　　B. 工程建设其他费

C. 预备费　　D. 施工图预算

E. 建设期利息及铺底流动资金

5. 建设项目总预算按二级预算编制由（　　）汇总而成。

A. 单位工程施工图预算　　B. 工程建设其他费

C. 综合预算　　D. 预备费

E. 建设期利息及铺底流动资金

6. 采用三级预算编制形式的工程预算文件，包括（　　）等内容。

A. 封面、签署页及目录　　B. 编制说明、总预算表

C. 综合预算表、单位工程预算表　　D. 预备费表

E. 附件

7. 根据《广东省建设工程计价依据（2018）》的编制原则，规定（　　）必须有机统一，简洁明了，便于单位内部核算与管理。

A. 项目名称　　B. 项目划分

C. 计量单位　　D. 计量方式

E. 工程量计算规则

8. 广东省建筑与装饰工程计价方法包括（　　）。

A. 全费用综合单价法　　B. 工程量清单计价法

C. 工料单价法　　D. 定额计价法

E. 成本加利润法

9. 广东省建筑与装饰工程工程量清单计价的工程造价由（　　）组成。

A. 分部分项工程费　　B. 措施项目费、其他项目费

C. 绿色施工安全防护措施费　　D. 规费

E. 税金

10. 广东省建筑与装饰工程定额计价的工程造价由（　　）组成。

A. 分部分项工程费　　B. 措施项目费

C. 其他项目费　　D. 规费

E. 税金

11. 定额计价法所称子目基价是指完成《广东省房屋建筑与装饰工程综合定额（2018）》分部分项工程项目所需的（　　）之和。

A. 人工费　　B. 材料费

C. 规费　　D. 施工机具费

E. 管理费

本章习题解析

一、单项选择题

1.【答案】B

【解析】本题考查的是施工图预算编制程序和方法。为适应工程量清单计价模式，目前预算定额采用综合单价的模式编制，施工图预算的编制也相应从工料单价法全面转向了综合单价法。

2.【答案】D

【解析】本题考查的是施工图预算编制程序和方法。建筑安装工程费的计算程序为：准备工作→计算分部分项工程量→套用综合单价→计算可计量措施项目费→计算综合计取的措施项目费→计算规费、税金后汇总造价→建筑安装工程费。

3.【答案】B

【解析】本题考查的是设备及工器具购置费计算。设备购置费由设备原价和设备运杂费构成。

4.【答案】D

【解析】本题考查的是施工图预算编制程序和方法。单位工程施工图预算由建筑安装工程费和设备及工器具购置费组成。

5.【答案】C

【解析】本题考查的是广东省建筑与装饰工程计价依据的组成。广东省建筑与装饰工程计价方法包括工程量清单计价法和定额计价法两种，全部采用国有资金投资或国有资金投资为主的建设项目，必须采用工程量清单计价。

6.【答案】B

【解析】本题考查的是广东省建筑与装饰工程计价依据的组成。广东省建筑与装饰工程计价方法包括工程量清单计价法和定额计价法两种，全部采用国有资金投资或国有资金投资为主的建设项目，必须采用工程量清单计价。其他投资主体的建设项目由业主确定采用工程量清单计价法或定额计价法，如施工合同未约定计价方法的，应采用工程量清单计价法。

二、多项选择题

1.【答案】BCE

【解析】本题考查的是施工图预算编制依据。施工图预算的编制必须遵循以下依据：

（1）国家、行业和地方有关规定。

（2）相应工程造价管理机构发布的预算定额。

（3）施工图设计文件及相关标准图集和规范。

（4）项目相关文件、合同、协议等。

（5）工程所在地的人工、材料、设备、施工机具预算价格。

（6）施工组织设计和施工方案。

（7）项目的管理模式、发包模式及施工条件。

（8）其他应提供的资料。

2.【答案】BCE

【解析】本题考查的是施工图预算编制程序和方法。单位工程施工图预算包括建筑工程费、安装工程费和设备及工器具购置费。

3.【答案】ABD

【解析】本题考查的是施工图预算编制程序和方法。综合单价是指完成一个规定计量单位的项目所需的人工费、材料费、施工机具费、管理费和利润、工程设备费以及一定范围内的风险费用。

4.【答案】ABCE

【解析】本题考查的是施工图预算编制程序和方法。三级预算编制中总预算由综合预算和工程建设其他费、预备费、建设期利息及铺底流动资金汇总而成。

5.【答案】ABDE

【解析】本题考查的是施工图预算编制程序和方法。二级预算编制中总预算由单位工程施工图预算和工程建设其他费、预备费、建设期利息及铺底流动资金汇总而成。

6.【答案】ABCE

【解析】本题考查的是施工图预算编制程序和方法。采用三级预算编制形式的工程预算文件，包括封面、签署页及目录、编制说明、总预算表、综合预算表、单位工程预算表、附件等内容。

7.【答案】BCE

【解析】本题考查的是广东省建筑与装饰工程计价依据的组成。根据《广东省建设工程计价依据（2018）》的编制原则，规定项目划分、计量单位和工程量计算规则三者必须有机统一，简洁明了，便于初步设计概算编制、投标报价、工程价款结算以及单位内部核算与管理。

8.【答案】BD

【解析】本题考查的是广东省建筑与装饰工程计价依据的组成。广东省建筑与装饰工程计价方法包括工程量清单计价法和定额计价法两种。

9.【答案】ABDE

【解析】本题考查的是广东省建筑与装饰工程计价依据的组成。采用工程量清单计价，是按照《建设工程工程量清单计价规范》GB 50500—2013 的规定计算建设工程造价的计价。当采用工程量清单计价时，工程造价由分部分项工程费、措施项目费、其他项目费、规费、税金组成。

10.【答案】ABCE

【解析】本题考查的是广东省建筑与装饰工程计价依据的组成。按照《广东省房屋建筑与装饰工程综合定额（2018）》的规定计算建设工程造价的计价。采用定额计价时，工程造价由分部分项工程费（包括定额分部分项工程费、价差及利润）、措施项目费、其他项目费和税金组成。

11.【答案】ABDE

【解析】本题考查的是广东省建筑与装饰工程计价依据的组成。定额计价法所称子目基价是指为完成《广东省房屋建筑与装饰工程综合定额（2018）》分部分项工程项目所需的人工费、材料费、施工机具费、管理费之和。

第 13 章　土建工程最高投标限价的编制

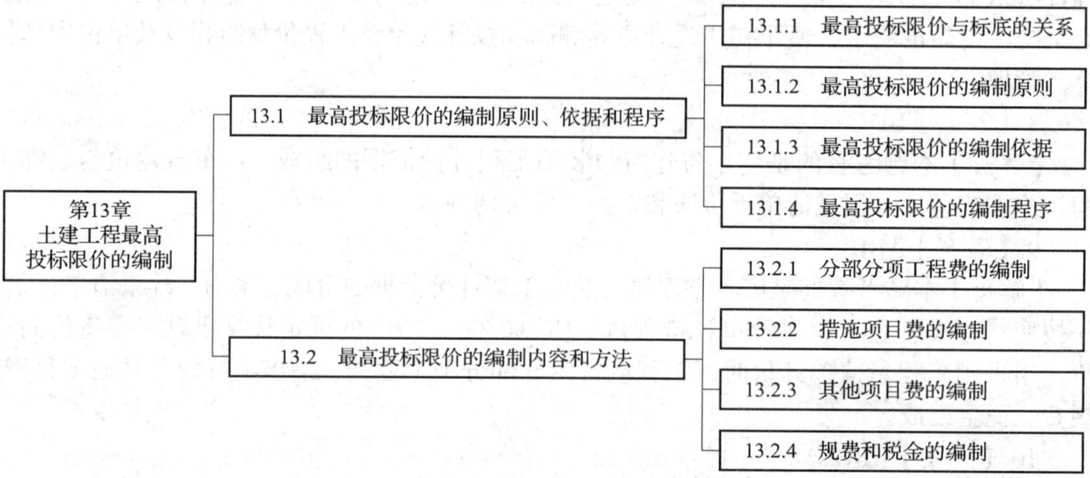

本章知识导图

本章习题精选

一、单项选择题（共 10 题，每题仅有 1 个选项正确）

1. 根据住房和城乡建设部颁布的《建筑工程施工发包与承包计价管理办法》（住建部令第 16 号）的规定，国有资金投资的建筑工程招标的，应当设有最高投标限价，下列不属于设置最高投标限价招标优点的是（　　）。

A. 可有效控制投资，防止恶性哄抬报价带来的投资风险

B. 提高了透明度，避免了暗箱操作等违法活动的产生

C. 可使各投标人自主报价、公平竞争，符合市场规律，投标人自主报价，受标底的左右

D. 既设置了控制上限，又尽量减少了业主依赖评标基准价的影响

2. 招标人公布的最高投标限价未按照《建设工程工程量清单计价规范》GB 50500—2013 规定进行编制的，投标人应在最高投标限价公布后（　　）天内向招标投标监督机构和工程造价管理机构投诉。

A. 3　　B. 5　　C. 7　　D. 14

3. 招标人公布的最高投标限价未按照《建设工程工程量清单计价规范》GB 50500—2013 的规定进行编制的，经招标人改正后，当重新公布最高投标限价时，重新公布之日起至原投标截止期不足（　　）d 的应延长投标截止期。

A. 5　　B. 10　　C. 15　　D. 20

4. 投标人投诉招标人未按照《建设工程工程量清单计价规范》GB 50500—2013 的规定编制最高投标限价的，工程造价管理机构应当在受理投诉的（　　）d 内完成复查。

A. 5　　B. 10　　C. 15　　D. 20

5. 投标人投诉招标人未按照《建设工程工程量清单计价规范》GB 50500—2013 的规定编制最高投标限价的，工程造价管理机构受理投诉后，当最高投标限价复查结论与原公布的最高投标限价误差（　　）时，应责成招标人改正。

A. >±1%　　B. >±2%　　C. >±3%　　D. >±5%

6. 下列关于综合单价中的风险因素考虑，说法错误的是（　　）。

A. 综合单价中应包括招标文件中要求投标人所承担的风险内容及其范围（幅度）产生的风险费用

B. 对于技术难度较大和管理复杂的项目，可考虑一定的风险费用，并纳入综合单价中

C. 对于工程设备、材料价格的市场风险，应依据招标文件的规定、工程所在地或行业工程造价管理机构的有关规定以及市场价格趋势考虑一定率值的风险费用，纳入综合单价中

D. 税金、规费等法律、法规、规章和政策变化的风险费用不应纳入综合单价，人工单价风险费用应纳入综合单价

7. 根据《建设工程工程量清单计价规范》GB 50500—2013 的规定，一般情况下编制最高投标限价采用的材料价优先选用（　　）。

A. 招标人的材料供应商提供的材料单价

B. 近三个月当地已完工程材料结算单价的平均值

C. 工程造价管理机构通过工程造价信息发布的材料单价

D. 当时当地市场的材料单价

8. 根据《建设工程工程量清单计价规范》GB 50500—2013 的规定，一般情况下编制最高投标限价，对计日工中的人工单价优先选用（　　）。

A. 招标人的材料供应商提供的材料单价

B. 近三个月当地已完工程材料结算单价的平均值

C. 省级、行业建设主管部门或其授权的工程造价管理机构公布的单价

D. 当时当地市场的材料单价

9. 暂列金额由招标人根据工程特点、工期长短，一般可以按分部分项工程费的（　　）进行估算。

A. 5%～10%　　B. 10%～15%　　C. 15%～20%　　D. 20%～25%

10. 暂列金额由招标人根据工程特点、工期长短，一般可按（　　）的一定比例进行估算。

A. 分部分项工程费

B. 措施项目费

C. 分部分项工程费 + 措施项目费

D. 分部分项工程费 + 措施项目费 + 其他项目费

二、多项选择题（共 4 题，每题选项中有 2 个或 2 个以上正确，至少有 1 个错项）

1. 下列属于最高投标限价编制原则的是（　　）。

A. 国有资金投资的工程建设项目应实行工程量清单招标，招标人应编制最高投标限

价，并应当拒绝高于最高投标限价的投标报价

B. 最高投标限价应由具有编制能力的投标人或受其委托、具有相应资质的工程造价咨询人编制

C. 最高投标限价应当依据工程量清单、工程计价有关规定和市场价格信息等编制

D. 最高投标限价超过批准的概算时，投标人应将其报原概算审批部门审核

E. 招标人应将最高投标限价及有关资料报送工程所在地或有该工程管辖权的行业管理部门工程造价管理机构备查

2. 下列选项中属于最高投标限价编制依据的是（　　）。

A.《建设工程工程量清单计价规范》GB 50500—2013

B. 省级、行业建设主管部门颁发的计价定额和计价办法

C. 建设工程设计文件

D. 投标文件

E. 与建设项目相关的标准、规范、技术资料

3. 根据《建设工程工程量清单计价规范》GB 50500—2013 规定，其他项目费包括（　　）。

A. 暂列金额　　B. 暂估价

C. 安全文明施工费　　D. 计日工

E. 总承包服务费

4. 根据《建设工程工程量清单计价规范》GB 50500—2013 的规定，采用工程量清单招标的工程，投标人在投标报价时不得作为竞争性费用的是（　　）。

A. 其他项目费　　B. 安全文明施工费

C. 措施项目费　　D. 税金

E. 总承包服务费

本章习题解析

一、单项选择题

1.【答案】C

【解析】本题考查的是最高投标限价的编制原则、依据和程序。采用最高投标限价招标的优点：①可有效控制投资，防止恶性哄抬报价带来的投资风险；②提高了透明度，避免了暗箱操作、寻租等违法活动的产生；③可使各投标人自主报价、公平竞争，符合市场规律，投标人自主报价，不受标底的左右；④既设置了控制上限，又尽量减少了业主依赖评标基准价的影响。

2.【答案】B

【解析】本题考查的是最高投标限价的编制原则、依据和程序。投标人经复核认为招标人公布的最高投标限价未按照《建设工程工程量清单计价规范》GB 50500—2013 的规定进行编制的，应在最高投标限价公布后 5 天内向招标投标监督机构和工程造价管理机构投诉。

3.【答案】C

【解析】本题考查的是最高投标限价的编制原则、依据和程序。当重新公布最高投标

限价时，重新公布之日起至原投标截止期不足 15 天的应延长投标截止期。

4.【答案】B

【解析】本题考查的是最高投标限价的编制原则、依据和程序。工程造价管理机构应当在受理投诉的 10 天内完成复查，特殊情况下可适当延长，并做出书面结论通知投诉人、被投诉人及负责该工程招标投标监督的招标投标管理机构。

5.【答案】C

【解析】本题考查的是最高投标限价的编制原则、依据和程序。工程造价管理机构受理投诉后，当最高投标限价复查结论与原公布的最高投标限价误差大于 ±3% 时，应责成招标人改正。

6.【答案】D

【解析】本题考查的是最高投标限价的编制内容和方法。税金、规费等法律、法规、规章和政策变化的风险和人工单价等风险费用不应纳入综合单价。

7.【答案】C

【解析】本题考查的是最高投标限价的编制原则、依据和程序。一般情况下，编制招标控制价，采用的材料价格应是工程造价管理机构通过工程造价信息发布的材料单价，工程造价信息未发布材料单价的材料，其材料价格应通过市场调查确定。

8.【答案】C

【解析】本题考查的是最高投标限价的编制内容和方法。在编制最高投标限价时，对计日工中的人工单价和施工机具台班单价应按省级、行业建设主管部门或其授权的工程造价管理机构公布的单价计算；材料应按工程造价管理机构发布的工程造价信息中的材料单价计算，工程造价信息未发布单价的材料，其价格应按市场调查确定的单价计算。

9.【答案】B

【解析】本题考查的是最高投标限价的编制内容和方法。暂列金额由招标人根据工程特点、工期长短，按有关计价规定进行估算（一般可以分部分项工程费的 10%~15% 为参考）。

10.【答案】A

【解析】本题考查的是最高投标限价的编制内容和方法。详见本章单项选择题第 9 题解析。

二、多项选择题

1.【答案】ACE

【解析】本题考查的是最高投标限价的编制原则、依据和程序。

（1）国有资金投资的工程建设项目应实行工程量清单招标，招标人应编制最高投标限价，并应当拒绝高于最高投标限价的投标报价。

（2）最高投标限价应由具有编制能力的招标人或受其委托、具有相应资质的工程造价咨询人编制。工程造价咨询人不得同时接受招标人和投标人对同一工程的最高投标限价和投标报价的编制。

（3）最高投标限价应当依据工程量清单、工程计价有关规定和市场价格信息等编制。最高投标限价应在招标文件中公布，对所编制的最高投标限价不得进行上浮或下调。招标人应当在招标时公布最高投标限价的总价，以及各单位工程的分部分项工程费、措施项目费、其他项目费、规费和税金。

（4）最高投标限价超过批准的概算时，招标人应将其报原概算审批部门审核。

（5）投标人经复核认为招标人公布的最高投标限价未按照《建设工程工程量清单计价规范》GB 50500—2013 的规定进行编制的，应在最高投标限价公布后 5 天内向招标投标监督机构和工程造价管理机构投诉。

（6）招标人应将最高投标限价及有关资料报送工程所在地或有该工程管辖权的行业管理部门工程造价管理机构备查。

2.【答案】ABCE

【解析】本题考查的是最高投标限价的编制原则、依据和程序。最高投标限价的编制依据主要包括：

（1）《建设工程工程量清单计价规范》GB 50500—2013 与各专业工程量计算规范。

（2）国家或省级、行业建设主管部门颁发的计价定额和计价办法。

（3）建设工程设计文件及相关资料。

（4）拟定的招标文件及招标工程量清单。

（5）与建设项目相关的标准、规范、技术资料。

（6）施工现场情况、工程特点及常规施工方案。

（7）工程造价管理机构发布的工程造价信息，工程造价信息没有发布的，参照市场价。

（8）其他的相关资料。

3.【答案】ABDE

【解析】本题考查的是最高投标限价的编制内容和方法。其他项目费包括：①暂列金额。②暂估价。③计日工。④总承包服务费。

选项 C 属于措施项目费。

4.【答案】BD

【解析】本题考查的是最高投标限价的编制内容和方法。根据《建设工程工程量清单计价规范》GB 50500—2013 的规定，规费、税金、安全文明施工费不得作为竞争性费用。

第 14 章　土建工程投标报价的编制

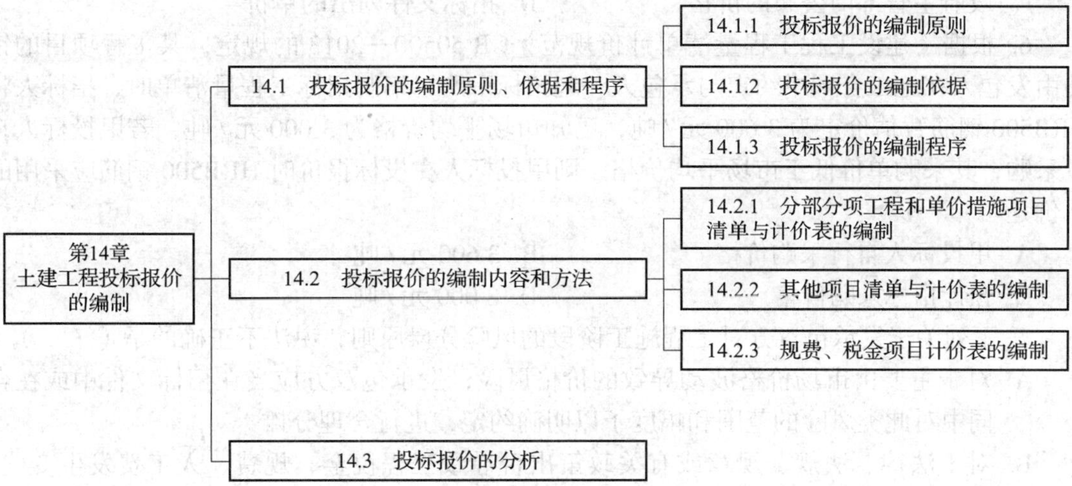

本章知识导图

本章习题精选

一、单项选择题（共 9 题，每题仅有 1 个选项正确）

1. 下列选项中不属于投标报价编制原则的是（　　）。

A. 投标报价由投标人自主确定

B. 投标人的投标报价不得低于工程成本

C. 投标报价要以招标文件中设定的发承包双方责任划分，作为考虑投标报价费用项目和费用计算的基础

D. 以施工方案、技术措施等作为投标报价计算的基本条件

2. 根据《建设工程工程量清单计价规范》GB 50500—2013 的规定，下列属于投标人编制投标报价的独有依据是（　　）。

A. 行业建设主管部门颁发的计价办法

B. 企业定额

C. 建设工程设计文件

D. 与建设项目相关的标准

3. 分部分项工程和单价措施项目清单与计价表编制过程中最主要的内容是（　　）。

A. 确定项目名称　　　　B. 确定综合单价

C. 确定计量单位　　　　D. 确定报价方式

4. 项目特征是确定综合单价的重要依据，在招标投标过程中，当出现招标工程量清单特征描述与设计图纸不符时，投标人应以（　　）为准，确定投标报价的综合单价。

A. 设计图纸　　　　　　　　　　　B. 双方重新协商

C. 招标工程量清单的项目特征描述　D. 招标人答复

5. 根据《建设工程工程量清单计价规范》GB 50500—2013 的规定，编制投标文件时，招标文件中已提供暂估价的材料价格应根据（　　）计入综合单价。

A. 投标时当地的市场价格　　　　B. 投标人自主确定价格

C. 政府主管部门公布的价格　　　D. 招标文件列出的单价

6. 根据《建设工程工程量清单计价规范》GB 50500—2013 的规定，某工程项目的钢筋由发包人在施工合同中约定与承包人一起招标采购，编制招标工程量清单时，招标人将 HRB500 钢筋暂估价定为 3 600 元 / 吨，已知市场平均价格为 3 000 元 / 吨，若甲投标人自行采购，其采购单价低于市场平均价格，则甲投标人在投标报价时 HRB500 钢筋应采用的单价是（　　）。

A. 甲投标人自行采购价格　　　　B. 3 600 元 / 吨

C. 预计招标采购价格　　　　　　D. 3 000 元 / 吨

7. 下列关于发承包双方对工程施工阶段的风险分摊原则，说法不正确的是（　　）。

A. 对于主要由市场价格波动导致的价格风险，发承包双方应当在招标文件中或在合同中对此类风险的范围和幅度予以明确约定，进行合理分摊

B. 对于法律、法规、规章或有关政策出台导致工程税金、规费、人工费发生变化，并由省级、行业建设行政主管部门或其授权的工程造价管理机构根据上述变化发布的政策性调整，以及由政府定价或政府指导价管理的原材料等价格进行的调整，承包人不应承担此类风险，应按照有关调整规定执行

C. 对于承包人能够自主控制的风险，承包人应结合市场情况，根据企业自身的实际合理确定、自主报价，该部分风险由承包人全部承担

D. 对于有关政策出台导致工程税金、规费、人工费发生变化，并由省级、行业建设行政主管部门或其授权的工程造价管理机构根据上述变化发布的政策性调整，发包人和承包人共同承担此类风险

8. 确定综合单价的步骤，排序正确的是（　　）。

A. 确定计算基础→计算工程内容的工程数量与清单单位的含量→分析每一清单项目的工程内容→分部分项工程人工、材料、施工机具使用费的计算→计算综合单价

B. 确定计算基础→计算工程内容的工程数量与清单单位的含量→分部分项工程人工、材料、施工机具使用费的计算→分析每一清单项目的工程内容→计算综合单价

C. 确定计算基础→分部分项工程人工、材料、施工机具使用费的计算→计算工程内容的工程数量与清单单位的含量→分析每一清单项目的工程内容→计算综合单价

D. 确定计算基础→分析每一清单项目的工程内容→计算工程内容的工程数量与清单单位的含量→分部分项工程人工、材料、施工机具使用费的计算→计算综合单价

9. 根据《建设工程工程量清单计价规范》GB 50500—2013 的规定，关于投标人的投标总价编制，说法正确的是（　　）。

A. 为降低投标总价，投标人可以将税金降至零

B. 开标前投标人来不及修改标书时，可在投标者致函中给出优惠比例并将优惠后的总价作为新的投标价

C. 投标总价可在分部分项工程费、措施项目费、其他项目费、规费和税金合计金额上做出优惠

D. 投标人对投标报价的任何优惠均应反映在相应清单项目的综合单价中

二、多项选择题（共3题，每题选项中有2个或2个以上正确，至少有1个错项）

1. 根据《建设工程工程量清单计价规范》GB 50500—2013的规定，下列属于投标人投标报价编制依据的是（　　）。

A. 省级、行业建设主管部门颁发的计价办法

B. 企业定额

C. 建设工程设计文件

D. 业主对项目的要求

E. 招标文件

2. 投标人在编制投标报价过程中，填写的（　　）必须与招标人提供的一致。

A. 项目编码　　B. 项目名称

C. 项目特征　　D. 计量单位

E. 工程量计算式

3. 关于投标报价的编制内容，下列说法正确的是（　　）。

A. 投标人投标报价时应依据招标文件中清单项目的特征描述确定综合单价

B. 在招标投标过程中，当出现招标工程量清单特征描述与设计图纸不符时，投标人应以招标工程量清单的项目特征描述为准，确定投标报价的综合单价

C. 当施工中施工图纸或设计变更与招标工程量清单项目特征描述不一致时，投标人应以招标工程量清单的项目特征描述为准，确定综合单价

D. 招标文件中在其他项目清单中提供了暂估单价的材料和工程设备，应按其暂估的单价计入清单项目的综合单价

E. 招标文件中要求投标人承担的风险费用，投标人应考虑进入综合单价

本章习题解析

一、单项选择题

1.【答案】A

【解析】本题考查的是投标报价的编制原则、依据和程序。投标报价的编制原则如下：

（1）投标报价由投标人自主确定，但必须执行《建设工程工程量清单计价规范》GB 50500—2013的强制性规定。选项A，并不是所有的报价都是由投标人自主确定，而是除了不可竞争费以外的费用，投标人才能自主确定。

（2）投标人的投标报价不得低于工程成本。

（3）投标报价要以招标文件中设定的发承包双方责任划分，作为考虑投标报价费用项目和费用计算的基础，发承包双方的责任划分不同，会导致合同风险不同的分摊，从而导致投标人选择不同的报价；根据工程发承包模式考虑投标报价的费用内容和计算深度。

（4）以施工方案、技术措施等作为投标报价计算的基本条件，以反映企业技术和管理水平的企业定额作为计算人工、材料和机具台班消耗量的基本依据，充分利用现场考察、

调研成果、市场价格信息和行情资料编制基础标价。

（5）报价计算方法要科学严谨，简明适用。

2.【答案】B

【解析】本题考查的是投标报价的编制原则、依据和程序。选项 A、C、D 是编制最高投标限价和投标报价的共同依据。

3.【答案】B

【解析】本题考查的是投标报价的编制内容和方法。确定综合单价是分部分项工程和单价措施项目清单与计价表编制过程中最主要的内容。

4.【答案】C

【解析】本题考查的是投标报价的编制内容和方法。项目特征是确定综合单价的重要依据之一，投标人投标报价时应依据招标文件中清单项目的特征描述确定综合单价。在招标投标过程中，当出现招标工程量清单特征描述与设计图纸不符时，投标人应以招标工程量清单的项目特征描述为准，确定投标报价的综合单价。当施工中施工图纸或设计变更与招标工程量清单项目特征描述不一致时，发承包双方应按实际施工的项目特征，依据合同约定重新确定综合单价。

5.【答案】D

【解析】本题考查的是投标报价的编制内容和方法。招标文件中在其他项目清单中提供了暂估单价的材料和工程设备，应按其暂估的单价计入清单项目的综合单价。

6.【答案】B

【解析】本题考查的是投标报价的编制内容和方法。详见本章单项选择题第 5 题解析。

7.【答案】D

【解析】本题考查的是投标报价的编制内容和方法。对于法律、法规、规章或有关政策出台导致工程税金、规费、人工费发生变化，并由省级、行业建设行政主管部门或其授权的工程造价管理机构根据上述变化发布的政策性调整，以及由政府定价或政府指导价管理的原材料等价格进行的调整，承包人不应承担此类风险，应按照有关调整规定执行。

8.【答案】D

【解析】本题考查的是投标报价的编制内容和方法。综合单价确定的步骤：确定计算基础→分析每一清单项目的工程内容→计算工程内容的工程数量与清单单位的含量→分部分项工程人工、材料、施工机具使用费的计算→计算综合单价。

9.【答案】D

【解析】本题考查的是投标报价的分析。投标人的投标总价应当与组成工程量清单的分部分项工程费、措施项目费、其他项目费和规费、税金的合计金额相一致，即投标人在进行工程量清单招标的投标报价时，不能进行投标总价优惠（或降价、让利），投标人对投标报价的任何优惠（或降价、让利）均应反映在相应清单项目的综合单价中。

二、多项选择题

1.【答案】ABCE

【解析】本题考查的是投标报价的编制原则、依据和程序。根据《建设工程工程量清单计价规范》GB 50500—2013 的规定，投标报价应根据下列依据编制：

（1）《建设工程工程量清单计价规范》GB 50500—2013 与专业工程量计算规范。
（2）国家或省级、行业建设主管部门颁发的计价办法。
（3）企业定额，国家或省级、行业建设主管部门颁发的计价定额。
（4）招标文件、工程量清单及其补充通知、答疑纪要。
（5）建设工程设计文件及相关资料。
（6）施工现场情况、工程特点及投标时拟定的施工组织设计或施工方案。
（7）与建设项目相关的标准、规范等技术资料。
（8）市场价格信息或工程造价管理机构发布的工程造价信息。
（9）其他的相关资料。

2.【答案】ABCD

【解析】本题考查的是投标报价的编制原则、依据和程序。在编制过程中，投标人应按招标人提供的工程量清单填报价格，填写的项目编码、项目名称、项目特征、计量单位、工程量必须与招标人提供的一致。

3.【答案】ABDE

【解析】本题考查的是投标报价的编制内容和方法。当施工中施工图纸或设计变更与招标工程量清单项目特征描述不一致时，发承包双方应按实际施工的项目特征，依据合同约定重新确定综合单价。

第 15 章　土建工程价款结算和合同价款的调整

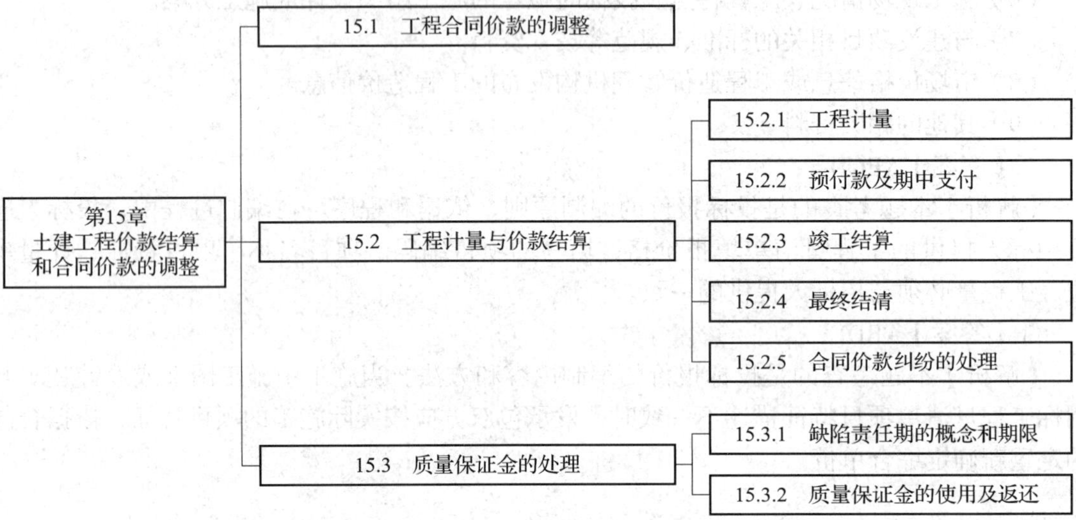

本章知识导图

本章习题精选

一、单项选择题（共 19 题，每题仅有 1 个选项正确）

1. 下列不属于工程计量原则的是（　　）。

A. 不符合合同文件要求的工程不予计量

B. 按合同文件所规定的方法、范围、内容和单位计量

C. 承包人原因造成的超出合同工程范围施工或返工的工程量，发包人不予计量

D. 非发包人原因导致，一律不予计量

2. 下列关于预付款的支付，说法正确的是（　　）。

A. 包工包料工程的预付款的支付比例不得低于签约合同价（不扣除暂列金额）的 10%，不宜高于签约合同价（扣除暂列金额）的 30%

B. 包工包料工程的预付款的支付比例不得低于签约合同价（扣除暂列金额）的 10%，不宜高于签约合同价（扣除暂列金额）的 20%

C. 包工包料工程的预付款的支付比例不得低于签约合同价（扣除暂列金额）的 20%，不宜高于签约合同价（扣除暂列金额）的 30%

D. 包工包料工程的预付款的支付比例不得低于签约合同价（扣除暂列金额）的 10%，不宜高于签约合同价（扣除暂列金额）的 30%

3. 某工程合同金额 800 万元，工程预付款为合同金额的 20%。主要材料及构件占合同金额的比重为 50%，预付款的扣回方式为：从未完施工工程尚需的主要材料及构件的价

值相当于工程预付款数额时开始扣回，则该工程预付款的起扣点是（　　）万元。

A. 480　　B. 400　　C. 320　　D. 160

4. 建设工程中预付款担保的主要形式为（　　）。

A. 保证担保　　B. 银行保函

C. 抵押　　D. 履约保证金

5. 下列担保在担保有效期内，担保金额逐步减少的是（　　）。

A. 工程款支付担保　　B. 履约担保

C. 投标担保　　D. 预付款担保

6. 根据《建设工程工程量清单计价规范》GB 50500—2013 的规定，发包人应在工程开工后的 28 天内预付不低于当年施工进度计划的安全文明施工费总额的（　　）。

A. 40%　　B. 50%　　C. 60%　　D. 70%

7. 进度款的支付比例按照合同约定，按期中结算价款总额计，（　　）。

A. 不低于 50%，不高于 80%　　B. 不低于 60%，不高于 80%

C. 不低于 50%，不高于 90%　　D. 不低于 60%，不高于 90%

8. 工程竣工结算编制与核对的责任分工正确的是（　　）。

A. 发包人编制，承包人核对　　B. 工程造价咨询机构编制，承包人核对

C. 承包人编制，发包人核对　　D. 监理人编制，发包人核对

9. 政府投资项目，建设项目竣工总结算由（　　）审查。

A. 发包人　　B. 同级财政部门

C. 质量监督机构　　D. 审计部门

10. 下列不属于工程竣工结算编制的主要依据是（　　）。

A. 工程合同

B. 发承包双方实施过程中已确认的工程量及其结算的合同价款

C. 建设工程设计文件

D. 招标文件

11. 一般情况下竣工结算审核应采用的方法是（　　）。

A. 抽样审查　　B. 重点审查　　C. 对比审查　　D. 全面审查

12. 建设工程竣工结算文件实行备案管理制度，应当由（　　）报工程所在地县级以上地方人民政府住房和城乡建设主管部门备案。

A. 承包人　　B. 发包人

C. 监理人　　D. 建设工程质量监督机构

13. 根据《最高人民法院关于适用〈中华人民共和国民事诉讼法〉若干问题的解释》（法释〔2015〕5 号）的规定，因建设工程合同纠纷提起的诉讼，应当由（　　）人民法院管辖。

A. 建设单位所在地　　B. 工程所在地

C. 施工单位所在地　　D. 合同签订地

14. 根据《建设工程质量管理条例》（国务院令第 714 号）的规定，缺陷责任期自（　　）之日起计算。

A. 交付使用　　B. 通过竣工验收

C. 发包方办理结算　　D. 入住

15. 根据《建设工程质量管理条例》（国务院令第714号）的规定，建设工程保修期自（　　）之日起计算。

A. 交付使用　　B. 竣工验收合格

C. 发包方支付全部价款　　D. 竣工验收备案

16. 缺陷责任期一般为（　　）。

A. 6个月　　B. 12个月　　C. 24个月　　D. 36个月

17. 根据《建设工程质量保证金管理办法》（建质〔2017〕138号）的规定，发包人预留的质量保证金不得高于工程价款结算总额的（　　）。

A. 2%　　B. 3%　　C. 4%　　D. 5%

18. 下列关于质量保证金预留及管理的说法错误的是（　　）。

A. 在工程项目竣工前，已经缴纳履约保证金的，发包人不得同时预留工程质量保证金

B. 缺陷责任期内，实行国库集中支付的政府投资项目，质量保证金的管理应按国库集中支付的有关规定执行

C. 社会投资项目采用预留质量保证金方式的，发承包双方可以约定将质量保证金交由金融机构托管

D. 缺陷责任期内，由承包人原因造成的缺陷，承包人应负责维修，发包人承担鉴定及维修费用

19. 缺陷责任期内，承包人认真履行合同约定的责任，到期后，承包人向发包人申请返还质量保证金，发包人在接到承包人返还质量保证金申请后，应于（　　）d内会同承包人按照合同约定的内容进行核实。

A. 7　　B. 14　　C. 28　　D. 30

二、多项选择题（共8题，每题选项中有2个或2个以上正确，至少有1个错项）

1. 预付款的支付采用公式计算法计算时，材料储备定额天数由当地材料供应的（　　）等因素决定。

A. 在途天数　　B. 加工天数

C. 整理天数　　D. 施工天数

E. 保险天数

2. 承包人应在每个计量周期到期后，向发包人提交已完成工程进度款支付申请，支付申请包括的内容有（　　）。

A. 累计已完成的合同价款　　B. 本周期合计完成的合同价款

C. 本周期合计应扣减的金额　　D. 累计已调整的合同金额

E. 累计已实际支付的合同价款

3. 承包人提交的已完工程进度款支付申请中，应计入本周期完成合同价款中的有（　　）。

A. 本周期已完成单价项目的金额　　B. 本周期应扣减的预付款

C. 本周期应支付的总价项目的金额　　D. 本周期应支付的安全文明施工费

E. 本周期应增加的金额

4. 承包人应根据办理的竣工结算文件，向发包人提交竣工结算款支付申请，承包人提交的竣工结算申请单应包括的内容有（　　）。

A. 竣工结算合同价款总额
B. 所有已支付的变更价款金额
C. 累计已实际支付的合同价款
D. 应扣留的质量保证金
E. 实际应支付的竣工结算款金额

5. 有效的仲裁协议必须同时具有下列内容（　　）。

A. 选定的仲裁委员会
B. 仲裁地点
C. 仲裁事项
D. 选定的仲裁员
E. 请求仲裁的意思表示

6. 缺陷责任期中的“缺陷”是指建设工程质量不符合（　　）。

A. 业主要求
B. 工程建设强制标准
C. 监理要求
D. 设计文件
E. 承包合同约定

7. 关于施工单位对建设工程质量最低保修期限，说法正确的是（　　）。

A. 有防水要求的卫生间为 2 年
B. 电气设备安装工程为 2 年
C. 给排水管道为 5 年
D. 供热与供冷系统，为 2 个采暖期、供冷期
E. 装修工程为 2 年

8. 关于保修责任的说法，正确的有（　　）。

A. 具体分部分项工程的保修期可以由发包承包双方约定，不受法定最低保修年限的约束
B. 发包人未经竣工验收擅自使用工程的，保修期自转移之日起算
C. 工程保修期从竣工验收合格之日起算
D. 保修期内，承包人应当根据法律规定和合同约定承担保修责任
E. 发包人未经竣工验收提前使用工程的，保修期自开始使用之日起算

本章习题解析

一、单项选择题

1.【答案】D

【解析】本题考查的是工程计量与价款结算。工程计量的原则包括下列三个方面：

（1）不符合合同文件要求的工程不予计量。

（2）按合同文件所规定的方法、范围、内容和单位计量。

（3）因承包人原因造成的超出合同工程范围施工或返工的工程量，发包人不予计量。

2.【答案】D

【解析】本题考查的是工程计量与价款结算。包工包料工程的预付款的支付比例不得低于签约合同价（扣除暂列金额）的 10%，不宜高于签约合同价（扣除暂列金额）的 30%。

3.【答案】A

【解析】本题考查的是工程计量与价款结算。

$T=P-M/N=800-800\times 20\%/50\%=480$（万元）。

4.【答案】B

【解析】本题考查的是工程计量与价款结算。预付款担保的主要形式为银行保函。

5.【答案】D

【解析】本题考查的是工程计量与价款结算。预付款一般逐月从工程进度款中扣除，预付款担保的担保金额也相应逐月减少。

6.【答案】C

【解析】本题考查的是工程计量与价款结算。发包人应在工程开工后的 28 天内预付不低于当年施工进度计划的安全文明施工费总额的 60%，其余部分按照提前安排的原则进行分解，与进度款同期支付。（注意：关于安全文明施工费的支付，《建设工程工程量清单计价规范》GB 50500—2013 的规定和《建筑工程施工合同（示范文本）》GF-2017-0201 不一致）

7.【答案】D

【解析】本题考查的是工程计量与价款结算。进度款的支付比例按照合同约定，按期中结算价款总额计，不低于 60%，不高于 90%。

8.【答案】C

【解析】本题考查的是工程计量与价款结算。工程竣工结算由承包人或受其委托具有相应资质的工程造价咨询人编制，由发包人或受其委托具有相应资质的工程造价咨询人核对。

9.【答案】B

【解析】本题考查的是工程计量与价款结算。单项工程竣工结算或建设项目竣工总结算由总（承）包人编制，发包人可直接进行审查，也可以委托具有相应资质的工程造价咨询机构进行审查。政府投资项目，由同级财政部门审查。

10.【答案】D

【解析】本题考查的是工程计量与价款结算。工程竣工结算编制的主要依据有：

（1）《建设工程工程量清单计价规范》GB 50500—2013；

（2）工程合同；

（3）发承包双方实施过程中已确认的工程量及其结算的合同价款；

（4）发承包双方实施过程中已确认调整后追加（减）的合同价款；

（5）建设工程设计文件及相关资料；

（6）投标文件；

（7）其他依据。

11.【答案】D

【解析】本题考查的是工程计量与价款结算。竣工结算审核应采用全面审核法，除委托咨询合同另有约定外，不得采用重点审核法、抽样审核法或类比审核法等其他方法。

12.【答案】B

【解析】本题考查的是工程计量与价款结算。竣工结算文件应当由发包人报工程所在地县级以上地方人民政府住房和城乡建设主管部门备案。

13.【答案】B

【解析】本题考查的是合同价款纠纷的处理。根据《最高人民法院关于适用〈中华人民共和国民事诉讼法〉若干问题的解释》(法释〔2015〕5号)的规定，因建设工程合同纠纷提起的诉讼，应当由工程所在地人民法院管辖。

14.【答案】B

【解析】本题考查的是质量保证金的处理。缺陷责任期从工程通过竣工验收之日起计。即从竣工验收合格之日起计。

15.【答案】B

【解析】本题考查的是质量保证金的处理。保修期自竣工验收合格之日起计算，具体分部分项工程的保修期由合同当事人在专用合同条款中约定，但不得低于法定最低保修年限。关于本题2019年版教材为“保修期自实际竣工日期起计算”有误。

16.【答案】B

【解析】本题考查的是质量保证金的处理。缺陷责任期一般为1年，最长不超过2年，由发承包双方在合同中约定。

17.【答案】B

【解析】本题考查的是质量保证金的处理。根据《建设工程质量保证金管理办法》(建质〔2016〕295号)的规定，发包人应按照合同约定方式预留质量保证金，质量保证金总预留比例不得高于工程价款结算总额的5%。但根据最新的《建设工程质量保证金管理办法》(建质〔2017〕138号)的规定，质量保证金总预留比例不得高于工程价款结算总额的3%。

18.【答案】D

【解析】本题考查的是质量保证金的处理。缺陷责任期内，由承包人原因造成的缺陷，承包人应负责维修，并承担鉴定及维修费用。

19.【答案】B

【解析】本题考查的是质量保证金的处理。缺陷责任期内，承包人认真履行合同约定的责任，到期后，承包人向发包人申请返还质量保证金，发包人在接到承包人返还质量保证金申请后，应于14天内会同承包人按照合同约定的内容进行核实。

二、多项选择题

1.【答案】ABCE

【解析】本题考查的是工程计量与价款结算。公式计算法是根据主要材料(含结构件等)占年度承包工程总价的比重、材料储备定额天数和年度施工天数等因素，通过公式计算预付款额度的一种方法。材料储备定额天数由当地材料供应的在途天数、加工天数、整理天数、供应间隔天数、保险天数等因素决定。

2.【答案】ABCE

【解析】本题考查的是工程计量与价款结算。承包人应在每个计量周期到期后向发包人提交已完工程进度款支付申请一式四份，详细说明此周期认为有权得到的款额，包括分包人已完工程的价款。支付申请的内容包括：①累计已完成的合同价款；②累计已实际支付的合同价款；③本周期合计完成的合同价款；④本周期合计应扣减的金额；⑤本周期实际应支付的合同价款。

3.【答案】ACDE

【解析】本题考查的是工程计量与价款结算。本周期合计完成的合同价款，其中包括：①本周期已完成单价项目的金额；②本周期应支付的总价项目的金额；③本周期已完成的计日工价款；④本周期应支付的安全文明施工费；⑤本周期应增加的金额。

4.【答案】ACDE

【解析】本题考查的是工程计量与价款结算。承包人应根据办理的竣工结算文件，向发包人提交竣工结算款支付申请。该申请应包括下列内容：

（1）竣工结算合同价款总额；

（2）累计已实际支付的合同价款；

（3）应扣留的质量保证金；

（4）实际应支付的竣工结算款金额。

5.【答案】ACE

【解析】本题考查的是合同价款纠纷的处理。仲裁协议的内容应当包括：①请求仲裁的意思表示；②仲裁事项；③选定的仲裁委员会。这三项内容必须同时具备，仲裁协议方为有效。

6.【答案】BDE

解析：本题考查的是质量保证金的处理。“缺陷”是指建设工程质量不符合工程建设强制标准、设计文件，以及承包合同的约定。

7.【答案】BDE

【解析】本题考查的是质量保证金的处理。按照《建设工程质量管理条例》（国务院令第 714 号）的规定，保修期限如下：

（1）基础设施工程、房屋建筑的地基基础工程和主体结构工程，为设计文件规定的该工程的合理使用年限；

（2）屋面防水工程、有防水要求的卫生间、房间和外墙面的防渗漏为 5 年；

（3）供热与供冷系统为 2 个采暖期、供冷期；

（4）电气管线、给排水管道、设备安装和装修工程为 2 年。

8.【答案】BCD

【解析】本题考查的是质量保证金的处理。保修期自竣工验收合格之日起计算，具体分部分项工程的保修期由合同当事人在专用合同条款中约定，但不得低于法定最低保修年限。在工程保修期内，承包人应当根据有关法律规定以及合同约定承担保修责任。发包人未经竣工验收擅自使用工程的，保修期自转移占有之日起算。

第16章　建设工程竣工决算价款的编制

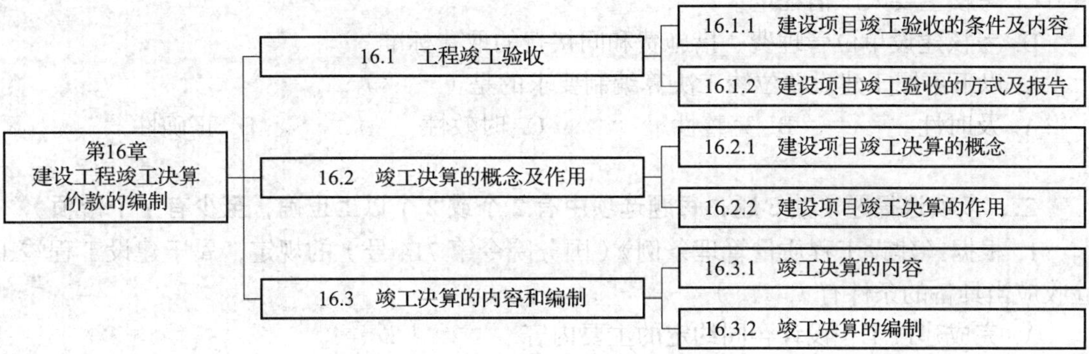

本章知识导图

本章习题精选

一、单项选择题（共8题，每题仅有1个选项正确）

1. 下列不能组织验收大中型建设项目的是（　　）。

A. 国家发改委　　B. 监理单位

C. 其委托项目主管部门　　D. 地方政府部门

2. 小型和限额以下建设项目由（　　）组织验收。

A. 项目主管部门　　B. 业主

C. 监理单位　　D. 地方政府部门

3. 建设项目竣工验收合格后，（　　）应当及时提出办理工程竣工验收报告。

A. 监理单位　　B. 建设单位　　C. 设计单位　　D. 施工单位

4. 下列不属于建设项目竣工决算内容的是（　）。

A. 竣工财务决算说明书　　B. 竣工财务决算报表

C. 工程竣工图　　D. 竣工结算表

5. 建设项目一般不允许预留尾工工程，但确需预留的，尾工工程投资额不得超过批准的项目概算总投资的（　　）。

A. 3%　　B. 5%　　C. 10%　　D. 15%

6. 下列关于建设工程竣工图的具体要求，说法不正确的是（　　）。

A. 凡按图竣工没有变动的，由承包人在原施工图上加盖“竣工图”表之后，即作为竣工图

B. 凡在施工过程中，虽有一般性设计变更，但能将原施工图加以修改补充作为竣工图的，可不重新绘制

C. 凡结构形式改变、施工工艺改变、平面布置改变、项目改变以及有其他重大改变，

不宜再在原施工图上修改、补充时，应重新绘制改变后的竣工图

D. 由原设计原因造成的和施工原因造成的，均由设计单位负责重新绘制

7. 编制建设工程竣工决算时，需进行工程造价对比分析，主要分析的内容不包括（　　）。

A. 考核主要实物工程量

B. 考核主要材料消耗量

C. 考核主要人工消耗量

D. 考核建设单位管理费、措施费和间接费的取费标准

8. 以下不属于建设单位竣工决算编制要求的是（　　）。

A. 及时性　B. 完整性　C. 时效性　D. 正确性

二、多项选择题（共 5 题，每题选项中有 2 个或 2 个以上正确，至少有 1 个错项）

1. 根据《建设工程质量管理条例》（国务院令第 714 号）的规定，属于建设工程竣工验收应当具备的条件有（　　）。

A. 完成建设工程设计合同约定的主要内容

B. 有工程使用的全部建筑材料、建筑构配件和设备的进场试验报告

C. 有完整的技术档案和施工管理资料

D. 有勘察、设计、施工、工程监理等单位共同签署的质量合格文件

E. 有施工企业签署的工程保修书

2. 下列属于工程资料验收的是（　　）。

A. 工程技术资料验收　B. 工程综合资料验收

C. 安装工程验收　D. 工程财务资料验收

E. 建筑工程验收

3. 建设项目竣工决算是综合全面地反映竣工项目建设成果及财务情况的总结性文件，反映了交付使用资产的全部价值，包括（　　）。

A. 固定资产　B. 流动资产

C. 无形资产　D. 长期投资

E. 其他资产的价值

4. 建设工程竣工决算的核心内容是（　　）。

A. 竣工财务决算说明书　B. 建设项目交付使用资产总表

C. 竣工财务决算报表　D. 工程竣工图

E. 工程竣工造价对比分析

5. 下列属于编制建设项目竣工决算依据的是（　　）。

A. 招标文件　B. 最高投标限价

C. 投标文件　D. 工程合同文件

E. 项目竣工结算文件

本章习题解析

一、单项选择题

1.【答案】B

【解析】本题考查的是工程竣工验收。大中型和限额以上项目由国家发改委或由其委托项目主管部门或地方政府部门组织验收。

2.【答案】A

【解析】本题考查的是工程竣工验收。小型和限额以下项目由项目主管部门组织验收。业主、监理单位、施工单位、设计单位和使用单位参加验收工作。

3.【答案】B

【解析】本题考查的是工程竣工验收。建设项目竣工验收合格后，建设单位应当及时提出办理工程竣工验收报告。

4.【答案】D

【解析】本题考查的是竣工决算的内容和编制。根据财政部、国家发改委及住房和城乡建设部的有关文件规定，竣工决算是由竣工财务决算说明书、竣工财务决算报表、工程竣工图和工程竣工造价对比分析四部分组成。

5.【答案】B

【解析】本题考查的是竣工决算的内容和编制。项目一般不得预留尾工工程，确需预留尾工工程的，尾工工程投资不得超过批准的项目概（预）算总投资的5%。

6.【答案】D

【解析】本题考查的是竣工决算的内容和编制。凡结构形式改变、施工工艺改变、平面布置改变、项目改变以及有其他重大改变，不宜再在原施工图上修改、补充时，应重新绘制改变后的竣工图。由原设计原因造成的，由设计单位负责重新绘制；由施工原因造成的，由承包人负责重新绘图；由其他原因造成的，由建设单位自行绘制或委托设计单位绘制。

7.【答案】C

【解析】本题考查的是竣工决算的内容和编制。工程造价对比分析，在实际工作中，应主要分析以下内容：

（1）考核主要实物工程量。

（2）考核主要材料消耗量。

（3）考核建设单位管理费、措施费和间接费的取费标准。

8.【答案】C

【解析】本题考查的是竣工决算的内容和编制。竣工决算有以下编制要求：

（1）按照规定组织竣工验收，保证竣工决算的及时性。

（2）积累、整理竣工项目资料，保证竣工决算的完整性。

（3）清理、核对各项账目，保证竣工决算的正确性。

二、多项选择题

1.【答案】CE

【解析】本题考查的是工程竣工验收。《建设工程质量管理条例》（国务院令第714号）的规定，建设工程竣工验收应当具备以下条件：

（1）完成建设工程设计和合同约定的各项内容。

（2）有完整的技术档案和施工管理资料。

（3）有工程使用的主要建筑材料、建筑构配件和设备的进场试验报告。

（4）有勘察、设计、施工、工程监理等单位分别签署的质量合格文件。

（5）有施工单位签署的工程保修书。

2.【答案】ABD

【解析】本题考查的是工程竣工验收。工程资料验收包括工程技术资料、工程综合资料和工程财务资料验收三个方面的内容。选项C和选项E属于工程内容验收。

3.【答案】ABCE

【解析】本题考查的是竣工决算的概念及作用。竣工决算反映了交付使用资产的全部价值，包括固定资产、流动资产、无形资产和其他资产的价值。

4.【答案】AC

【解析】本题考查的是竣工决算的内容和编制。根据财政部、国家发改委及住房和城乡建设部的有关文件规定，竣工决算是由竣工财务决算说明书、竣工财务决算报表、工程竣工图和工程竣工造价对比分析四部分组成。其中竣工财务决算说明书和竣工财务决算报表这两部分又称建设项目竣工财务决算，是竣工决算的核心内容。

5.【答案】ABDE

【解析】本题考查的是竣工决算的内容和编制。建设项目竣工决算应依据下列资料编制：

（1）《基本建设财务规则》（财政部令第81号）等法律、法规和规范性文件，项目计划任务书及立项批复文件；

（2）项目总概算书和单项工程概算书文件；

（3）经批准的设计文件及设计交底、图纸会审资料；

（4）招标文件和最高投标限价；

（5）工程合同文件；

（6）项目竣工结算文件；

（7）工程签证、工程索赔等合同价款调整文件；

（8）设备、材料调价文件记录；

（9）会计核算及财务管理资料；

（10）其他有关项目管理的文件。

第四篇 案例专项题

【案例1】某工程 ±0.00 以下基础施工图见图4-1～图4-3，室内外标高高差为450mm。基础垫层为非原槽浇筑，垫层支模，混凝土强度等级为C15；地圈梁混凝土强度等级为C20。砖基础为普通页岩标准砖，M5.0水泥砂浆砌筑。独立柱基及柱为C25混凝土，采用商品混凝土，预拌砂浆，分层回填。土壤类别为三类土。依据《房屋建筑与装饰工程工程量计算规范》GB 50854—2013和广东省相关规定，完成下列问题（计算结果保留两位小数）。

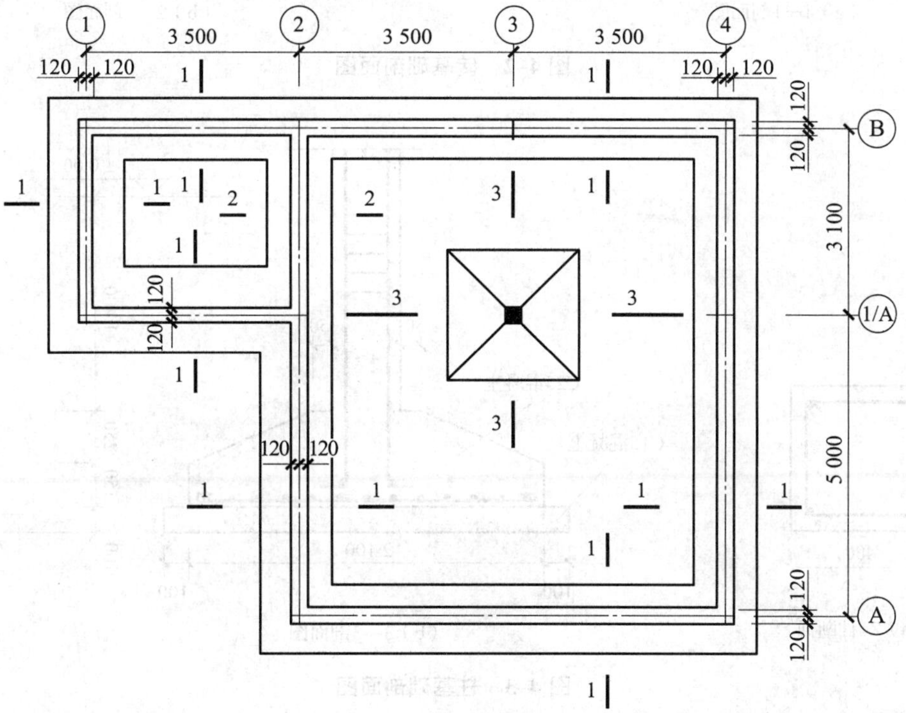

图4-1 某工程基础平面图

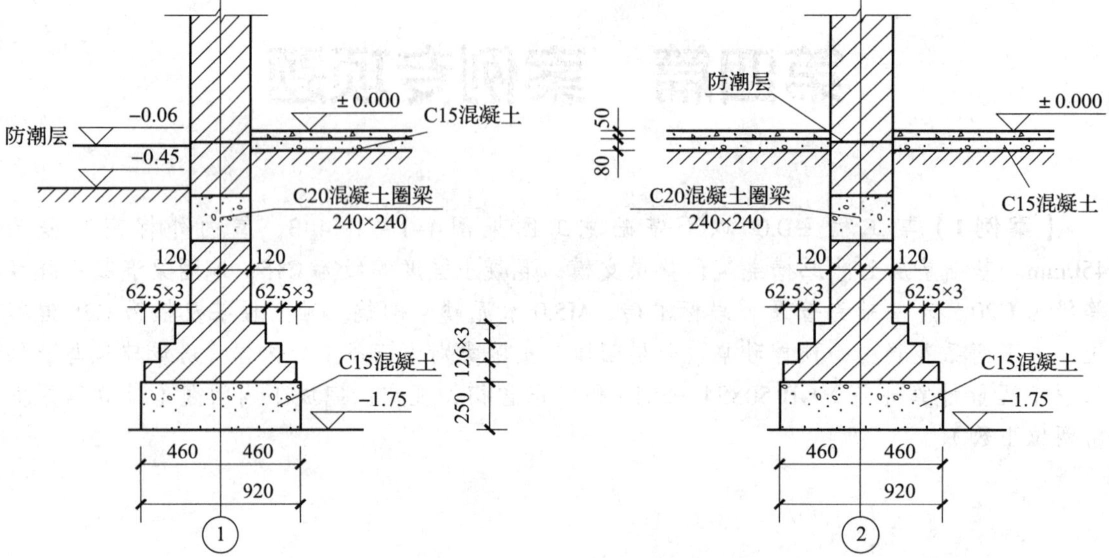

（a）1—1剖面图　　（b）2—2剖面图

图 4–2　砖基础剖面图

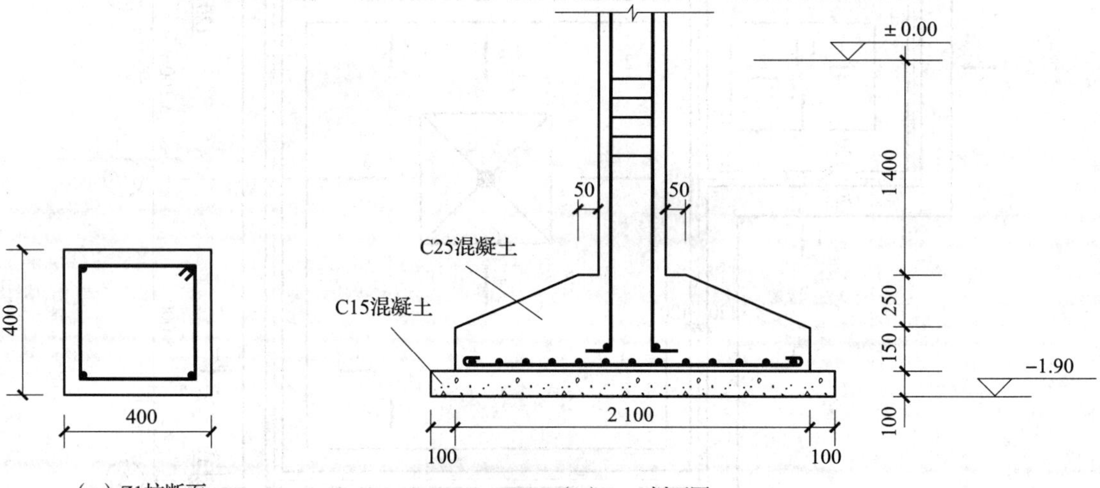

（a）Z1柱断面　　（b）3—3剖面图

图 4–3　柱基础剖面图

问题：

1. 计算平整场地清单工程量。
2. 计算挖沟槽土方清单工程量。
3. 计算挖基坑土方清单工程量。
4. 计算土方回填清单工程量。
5. 计算余土弃置或买土回填清单工程量。

【**案例 2**】某工程 +0.00 以下条形基础平面、剖面大样图详见图 4–4，室内外高差为 150mm，室外标高为 –0.20。基础垫层为原槽浇筑，垫层为 3∶7 灰土，现场拌和。砌石部分采用清条石 1 200mm × 300mm × 300mm，M7.5 水泥砂浆砌筑。砌砖部分采用 MU10 的页岩标准砖，M7.5 水泥砂浆砌筑。依据《房屋建筑与装饰工程工程量计算规范》GB 50854—2013 和广东省相关规定，完成下列问题（计算结果保留两位小数）。

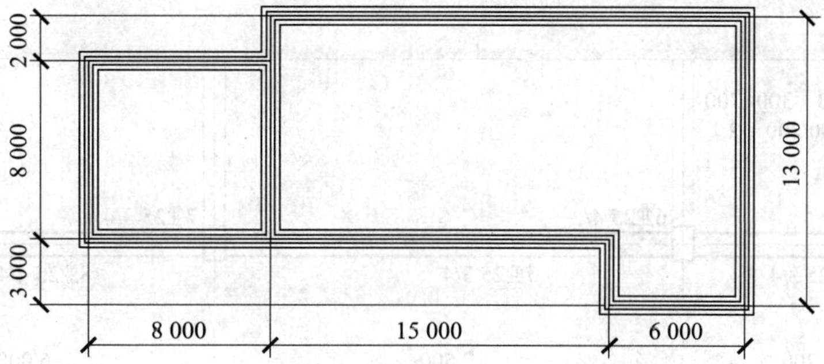

（a）基础平面图

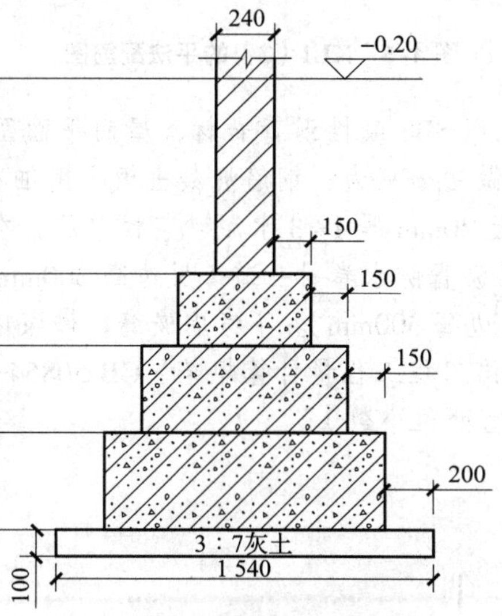

（b）基础剖面大样图

图 4–4　基础平面图和剖面大样图

问题：

1. 分别确定基础垫层清单项目编码和基础垫层清单工程量。
2. 计算石基础清单工程量。
3. 计算砖基础清单工程量。

【**案例 3**】某框架梁的平法配筋图如图 4–5 所示，混凝土强度等级为 C30，抗震等级为二级；框架柱断面为 500mm × 400mm，次梁断面为 200mm × 400mm，框架梁钢筋保护层为 20mm，受拉钢筋抗震锚固长度 L_{abE}=37d，梁上下部纵筋及支座负筋至边柱内为 0.4L_{abE} 另加弯折长度 15d，下部纵筋伸入中间支座长度为 L_{abE}。钢筋定尺长度为 9m，采用闪光对焊接头，不考虑钢筋长度增加。钢筋理论重量：⌀25：3.850kg/m，⌀8：0.395kg/m。依据国家建筑标准设计图集《混凝土结构施工图平面整体表示方法制图规则和构造详图（现浇混凝土框架、剪力墙、梁、板）》22G101-1 以及题目中给定条件，计算该框架梁钢筋工程量。（注：①计算结果以“t”为单位，保留三位小数；② h_b 表示梁高；③ d 表示钢筋直径。）

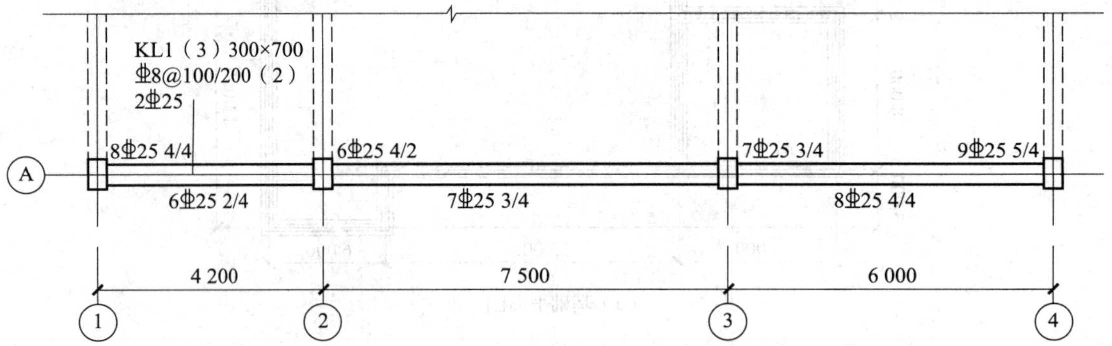

图 4-5　KL1（3）的平法配筋图

【案例 4】某工程屋面采用 SBS 改性沥青卷材，屋面平面图、剖面大样图如图 4-6 所示，其自结构层由下向上的做法分别为：钢筋混凝土板上用细石混凝土找坡，坡度 1.5%，最薄处 40mm；保温隔热层上 20mm 厚 1∶3 水泥砂浆找平层，在找平层上刷冷底子油，加热烤铺，贴 3mm 厚 SBS 改性沥青防水卷材一道（反边高 300mm），在防水卷材上抹 20mm 厚 1∶3 水泥砂浆找平层（反边高 300mm）。不考虑嵌缝，砂浆以中砂为拌合料，女儿墙不计算。依据《房屋建筑与装饰工程工程量计算规范》GB 50854—2013 和广东省相关规定，完成下列问题（计算结果保留两位小数）。

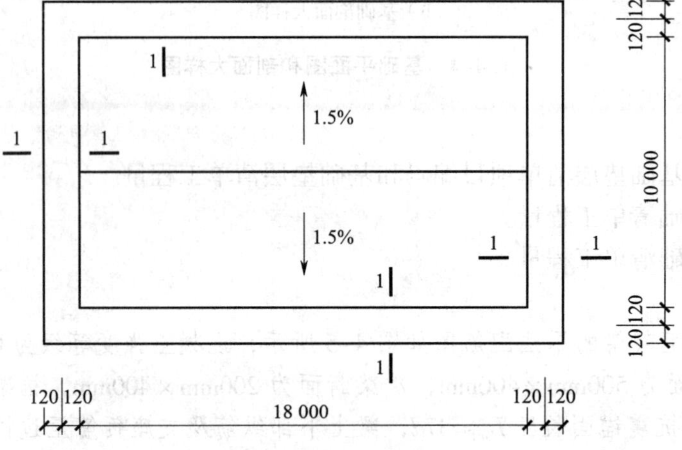

（a）屋面平面图

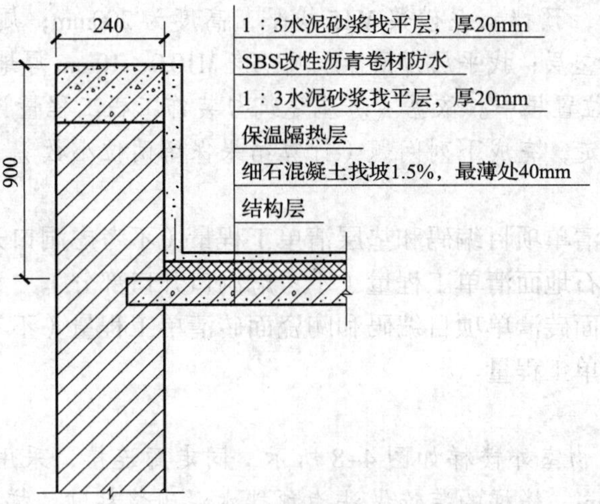

（b）剖面大样图

图 4-6 屋面平面图和剖面大样图

问题：

1. 确定屋面卷材防水清单项目编码。
2. 屋面卷材防水清单工程量。
3. 计算屋面保温隔热层清单工程量。
4. 计算保温隔热层上水泥砂浆找平层清单工程量。

【案例 5】某工程首层平面图如图 4-7 所示，办公室地面为 100mm 厚 C15 混凝土垫层，20mm 厚预拌水泥砂浆 M10.0 找平，20mm 厚现浇普通水磨石面层（带嵌条）；踢脚

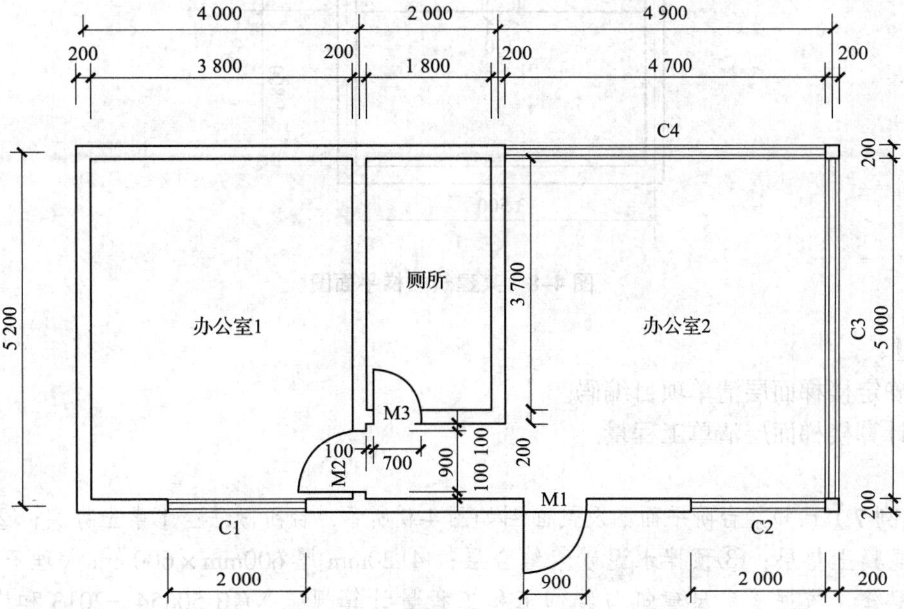

图 4-7 某建筑一层平面图

线为5mm厚陶瓷地砖，预拌水泥砂浆M15找平，高度为200mm；厕所地面为陶瓷地砖地面：100厚C15混凝土垫层；找平层为预拌水泥砂浆M10.0；10mm厚地砖（600mm×600mm）铺实，未注明的轴线位置居中。依据《房屋建筑与装饰工程工程量计算规范》GB 50854—2013和广东省相关规定，完成下列问题（计算结果保留两位小数）。

问题：

1. 分别确定垫层清单项目编码和垫层清单工程量（不考虑洞口开口部分）。
2. 计算现浇水磨石地面清单工程量（不考虑洞口开口部分）。
3. 分别确定陶瓷面砖清单项目编码和陶瓷面砖清单工程量（不考虑洞口开口部分）。
4. 计算踢脚线清单工程量。

【案例6】某建筑物室外楼梯如图4–8所示，同走廊连接，采用直行双跑形式，墙厚200mm，梯井宽300mm，楼梯的装饰做法为预拌水泥砂浆粘贴，梯面铺米色大理石面层。依据《房屋建筑与装饰工程工程量计算规范》GB 50854—2013和广东省相关规定，完成下列问题（计算结果保留两位小数）。

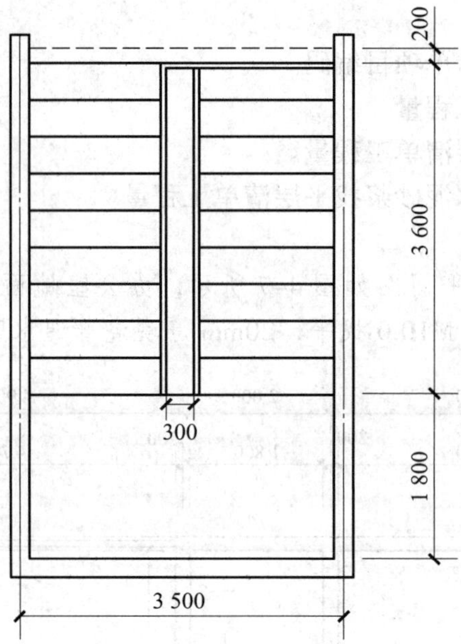

图4–8 某建筑楼梯平面图

问题：

1. 确定楼梯面层清单项目编码。
2. 计算楼梯面层清单工程量。

【案例7】已知某台阶平面图及剖面图如图4–9所示，台阶做法：①素土夯实；② 100mm厚C20混凝土垫层；③预拌水泥砂浆结合层；④ 20mm厚600mm×600mm大理石板面层，白水泥擦缝。依据《房屋建筑与装饰工程工程量计算规范》GB 50854—2013和广东省相关规定，完成下列问题（计算结果保留两位小数）。

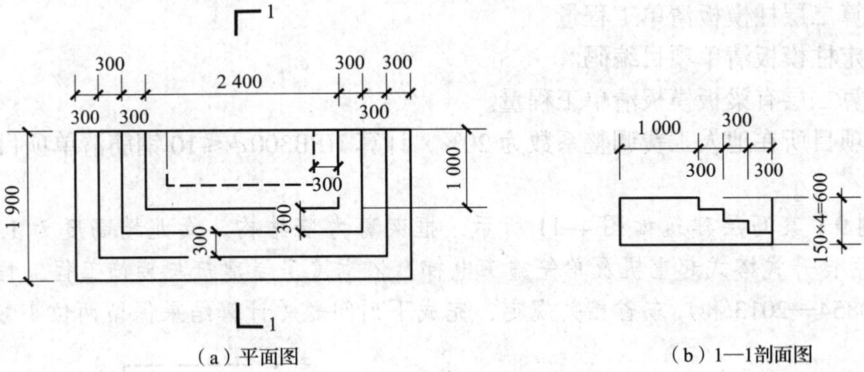

图 4-9 某建筑台阶平面图及剖面图

问题:

1. 计算台阶垫层清单工程量。
2. 计算台阶面层清单工程量。
3. 计算大理石楼地面清单工程量。

【案例 8】某工程为框架结构，二层层高为 4.2m，二层现浇混凝土有梁板如图 4-10 所示（图中未注明的单位为 mm），板厚 120mm，有梁板 HPB300 $\phi \leq 10$ 钢筋含量为 40kg/m。柱、有梁板均为 C30 商品混凝土，柱、有梁板设计为清水模板，采用复合模板支模。依据《房屋建筑与装饰工程工程量计算规范》GB 50854—2013 和广东省相关规定，完成下列问题（计算结果保留两位小数）。

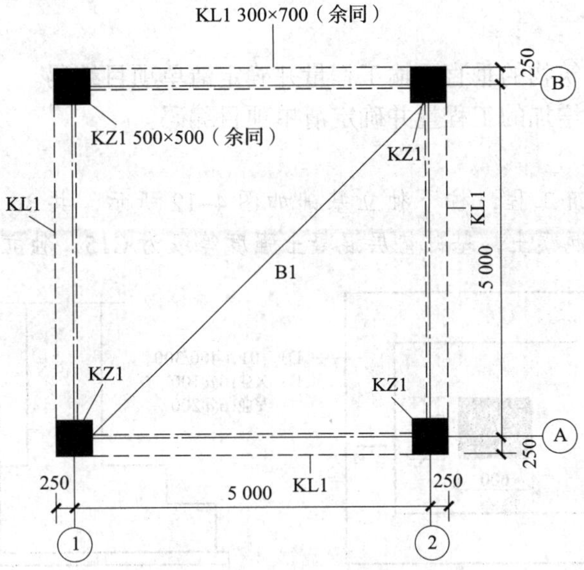

图 4-10 二层现浇混凝土有梁板

问题:

1. 计算二层有梁板混凝土清单工程量。

2. 计算二层柱模板清单工程量。
3. 确定柱模板清单项目编码。
4. 计算二层有梁板模板清单工程量。
5. 若项目所在地人工费调整系数为 20%，计算 HPB300$\phi\leqslant10$ 钢筋清单项目合价。

【案例 9】某高层建筑如图 4–11 所示，框架剪力墙结构，女儿墙高度为 1.8m，垂直运输，采用自升式塔式起重机及单笼施工电梯。依据《房屋建筑与装饰工程工程量计算规范》GB 50854—2013 和广东省相关规定，完成下列问题（计算结果保留两位小数）。

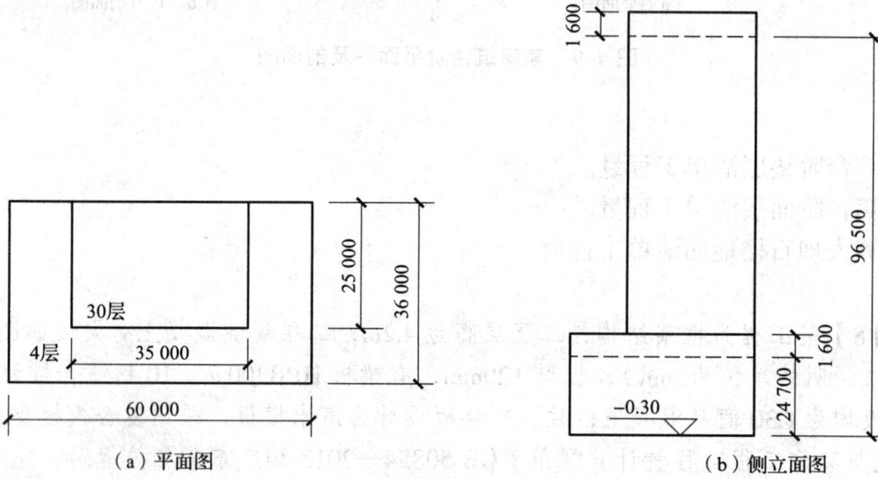

图 4–11　某高层建筑示意图

问题：
1. 计算该高层建筑物的垂直运输工程量并确定清单项目编码。
2. 计算超高施工增加的工程量并确定清单项目编码。

【案例 10】某建筑工程，柱下独立基础如图 4–12 所示，共 30 个。土壤类别为三类土。混凝土采用商品混凝土，基础垫层混凝土强度等级为 C15，独立基础混凝土强度等级

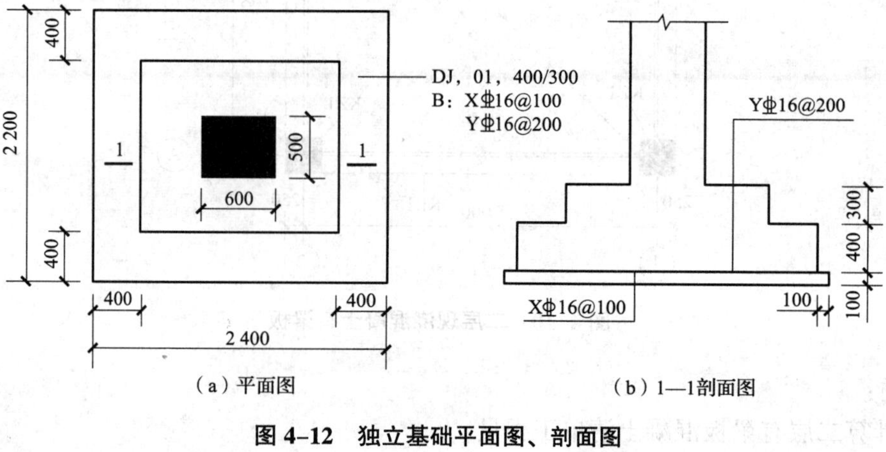

图 4–12　独立基础平面图、剖面图

为 C30，基础保护层 40mm。C30 混凝土价格为 430.00 元 /m^3（不含税，含泵送），用于混凝土独立基础，Φ16 钢筋理论质量为 1.578kg/m。依据《房屋建筑与装饰工程工程量计算规范》GB 50854—2013 和广东省相关规定，完成下列问题。

问题：

1. 计算垫层混凝土清单工程量。
2. 计算独立基础混凝土清单工程量。
3. 计算现浇构件钢筋清单工程量。

【案例 11】将定额中石子最大粒径为 30mm 的 C20 混凝土换成坍落度和石子最大粒径相同的 C35 混凝土。

已知 C20 混凝土的基价为 410 元 /m^3，材料用量为：①水泥（32.5）：303.00kg；②中（粗）砂：0.51m^3；③碎石（粒径 30mm）：0.90m^3；④水：0.18m^3。

C35 混凝土的材料用量为：①水泥（42.5）：364.00kg；②中（粗）砂：0.45m^3；③碎石（粒径 30mm）：0.91m^3；④水：0.18m^3。

其中各材料基价：水泥（32.5）0.50 元 /kg、水泥（42.5）0.60 元 /kg、中（粗）砂定额单价 240 元 /m^3、碎石（粒径 30mm）定额单价 200 元 /m^3。求 C35 混凝土的基价。

【案例 12】某混凝土独立基础工程，采用 C30 商品混凝土。根据预算定额，定额子目“C20 混凝土独立基础”定额单价为 410 元 /m^3，每 10m^3 混凝土独立基础消耗的混凝土为 10.1m^3；C30 混凝土单价为 390 元 /m^3，C20 混凝土单价为 350 元 /m^3。计算 C30 混凝土独立基础的工料机单价。

【案例 13】某地面装饰工程，在楼地面上采用 30mm 厚 1∶3 水泥砂浆。根据预算定额，定额项目“水泥砂浆（厚 20mm）基价为 1 200 元 /100m^2”及定额项目“水泥砂浆找平层厚度每增减 5mm”单价增减 200 元 /100m^2。请确定厚 30mm 的水泥砂浆的工料机单价。

【案例 14】某工程 C40 商品混凝土合同约定的基准价为 400 元 /m^3，合同约定的风险幅度为 10%。其中，合同工期内的工程量为 3 000m^3，信息价为 460 元 /m^3；因发包方原因导致工期延误，延误期间增加的工程量为 500m^3，信息价为 480 元 /m^3，该 C40 商品混凝土应调整的费用为多少元？

【案例 15】某工程建筑面积为 30 000m^2，檐口高度 65.80m，基础为无梁式满堂基础，地下室外墙为钢筋混凝土墙，满堂基础平面布置示意图见图 4–13，基础及剪力墙剖面示意见图 4–14。混凝土采用商品混凝土，强度等级：基础垫层为 C15，满堂基础、混凝土墙均为 C40。土质为三类土，所挖全部土方场内弃土运距 60m，基坑夯实回填，基底无须钎探，挖、填土方计算均按天然密实土体积计算，放坡系数 K=0.25。依据《房屋建筑与装饰工程工程量计算规范》GB 50854—2013 和广东省相关规定，完成下列问题（计算结果保留两位小数）。

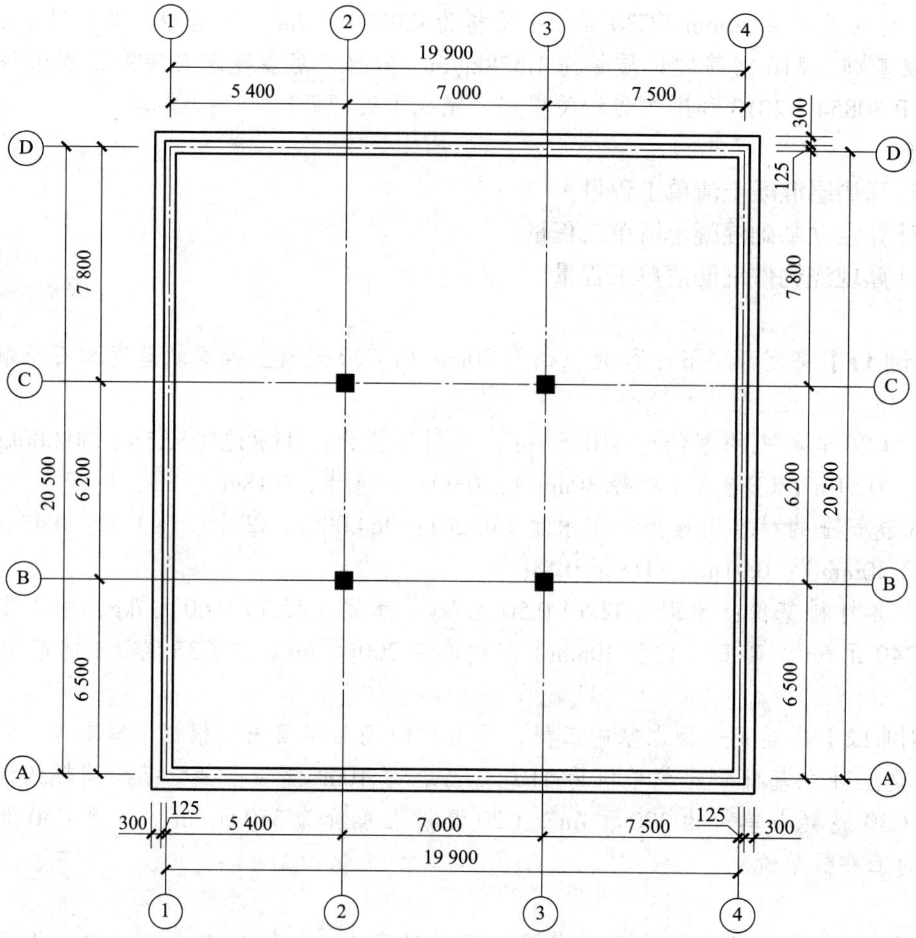

图 4–13　满堂基础平面布置图

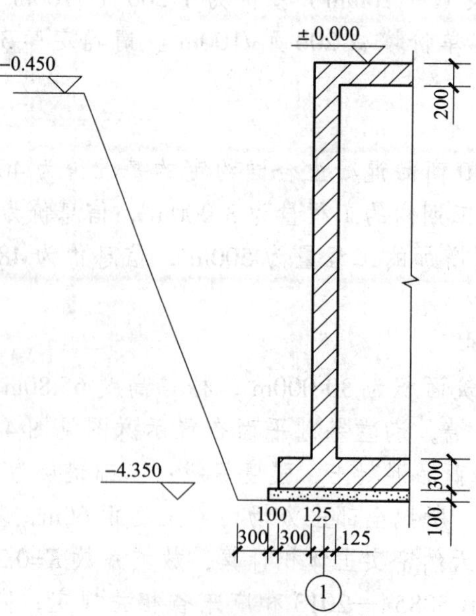

图 4–14　基础及剪力墙剖面示意图

问题：

1. 计算挖一般土方清单工程量。
2. 计算回填土方清单工程量。
3. 确定基础混凝土垫层清单项目编码并计算基础垫层工程量。
4. 计算混凝土满堂基础清单工程量。
5. 计算混凝土墙清单工程量。
6. 计算垫层模板清单工程量。
7. 计算满堂基础模板清单工程量。
8. 确定混凝土墙模板项目编码并计算混凝土墙模板清单工程量。
9. 计算垂直运输清单工程量。

【案例 16】依据《广东省房屋建筑与装饰工程综合定额（2018）》的规定，求 7.58m³ M7.5 水泥砂浆砖基础所需要的人工消耗量、材料消耗量。砖基础定额如表 4–1 所示。

表 4–1 砖基础定额

工作内容：运料、淋砖、砂浆运输、清理基槽坑、砌砖等。　　计量单位：10m³

定额编号			A1–4–1
项目名称			砖基础
类别	名称	单位	消耗量
人工	人工费	元	1 555.22
材料	预拌水泥砂浆 M7.5	m³	（2.360）
	标砖 240mm × 115mm × 53mm	千块	5.236
	水	m³	1.05
	其他材料	元	18.77

【案例 17】依据《广东省房屋建筑与装饰工程综合定额（2018）》的规定，计算 M10 水泥砂浆砖基础定额基价。砖基础定额及砌筑砂浆配合比表如表 4–2 和表 4–3 所示。

表 4–2 砖基础定额

工作内容：运料、淋砖、砂浆运输、清理基槽坑、砌砖等。　　计量单位：10m³

定额编号				A1–4–1
项目名称				砖基础
基价		元		3 442.24
类别	名称	单位	单价	消耗量
其中	人工费	元		1 555.22
	材料费	元		1 651.56
	机械费	元		—
	管理费	元		235.46

续表 4–2

类别	名称	单位	单价	消耗量
人工	人工费	元	—	1 555.22
材料	预拌水泥砂浆 M7.5	m^3	—	（2.360）
	标砖 240mm × 115mm × 53mm	千块	310.92	5.236
	水	m^3	4.58	1.05
	其他材料	元	1.00	18.77

表 4–3　砌筑砂浆配合比表　　单位：$10m^3$

编号	8005901	8005902	8005903	8005904
	湿拌砌筑砂浆			
强度等级	M5	M7.5	M10	M15
基价（元）	271	290	296	303

【案例 18】某发承包双方在建筑工程承包合同中规定：

（1）建筑安装工程造价为 1 800 万元，建筑材料及设备费占施工产值的比重为 60%；

（2）工程预付款为建筑安装工程造价的 20%。工程实施后，工程预付款从未施工工程尚需的主要材料及构件的价值相当于工程预付款数额时起扣，从每次结算工程价款中按材料和设备价值占施工产值的比重扣抵工程预付款，竣工前全部扣清；

（3）工程进度款逐月计算；

（4）工程质量保修金为建筑安装工程造价的 5%，竣工结算月一次扣留；

（5）材料和设备价差调整按规定进行（按有关规定上半年材料和设备价差上调 8%，在 6 月份一次调增）。

承包商每月实际完成并经工程师签证确认的工程量见表 4–4。

表 4–4　每月实际完成工程量

月份	1	2	3	4	5	6
完成产值（万元）	130	270	380	260	420	340

问题：

1. 该工程的工程预付款为多少？
2. 该工程的工程款起扣点为多少？
3. 该工程 1 ~ 5 月每月应拨付工程款为多少？累计支付的工程款为多少？
4. 6 月份办理工程竣工结算，该工程结算价为多少？
5. 甲方应付的工程结算款为多少？

【案例 19】某装饰工程地面的装饰如图 4–15 所示，房间外墙厚度为 240mm，中到中尺寸为 16 000mm × 10 000mm，有 600mm × 600mm 独立柱 4 根，墙体抹灰厚度为 20mm(门窗占位面积 60.00m²，门窗洞口侧壁抹灰 15.00m²，柱垛展开面积 10.00m²），地砖地面施工完成后尺寸如图示为（16.00−0.24−0.04）m ×（10.00−0.24−0.04）m，吊顶高度 3 500mm（窗帘盒占位面积 8.00m²），做法：地面 20mm 厚 1∶2.5 水泥砂浆找平、20 厚 1∶2 干性水泥砂浆粘贴玻化砖，玻化砖踢脚线高度 200mm（门洞宽度合计 6.00m），乳胶漆一底两面，顶棚轻钢龙骨石膏板面刮成品腻子面罩乳胶漆一底两面。柱面挂贴 30mm 厚花岗石板，花岗石板和柱结构面之间的空隙填灌 50mm 厚的 1∶3 水泥砂浆。依据《房屋建筑与装饰工程工程量计算规范》GB 50854—2013 和广东省相关规定，完成下列问题（计算结果保留两位小数）。

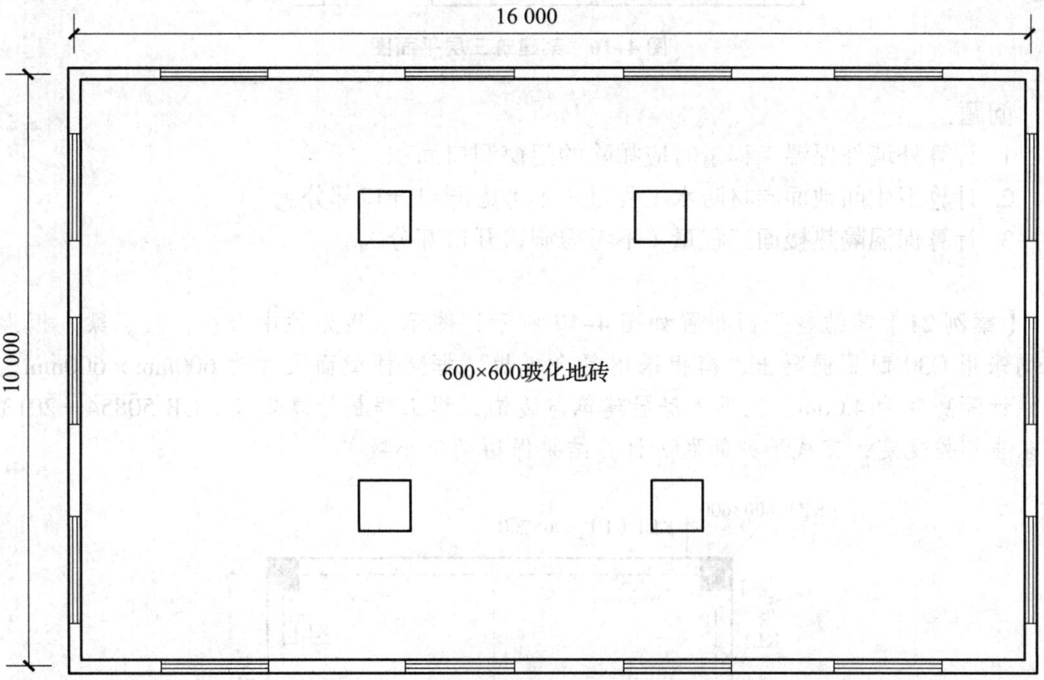

图 4–15　某装饰工程地面装饰图

问题：

1. 计算玻化砖地面工程量。
2. 计算玻化砖脚踢线工程量。
3. 计算墙面混合砂浆抹灰工程量。

【案例 20】某建筑三层平面图如图 4–16 所示，卫生间采用 SBS 卷材防水，卫生间地面防水反边高度为 400mm，外墙保温为外保温，楼面为保温隔热楼面（除卫生间外）。图示轴线均为墙体中心线，墙厚均为 240mm，独立柱截面尺寸为 500mm × 500mm，墙垛截面尺寸为 250mm × 500mm。门窗洞口尺寸：M1 为 1 600mm × 2 400mm；M2 为 900mm × 2 100mm；C1 为 1 800mm × 2 200mm。依据《房屋建筑与装饰工程工程量计算规范》GB 50854—2013 和广东省相关规定，完成下列问题（计算结果保留两位小数）。

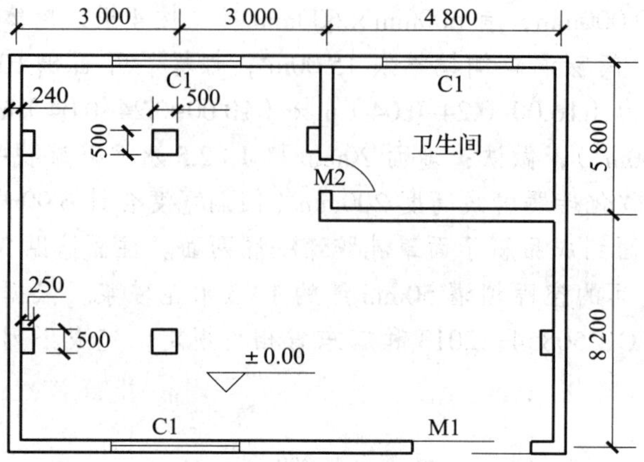

图 4–16　某建筑三层平面图

问题：

1. 计算外墙外保温工程量时应扣除的门窗洞口面积。
2. 计算卫生间地面卷材防水工程量（不考虑洞口开口部分）。
3. 计算保温隔热楼面工程量（不考虑洞口开口部分）。

【案例 21】某结构平面布置如图 4–17 所示，图示轴线为柱中心线，柱、梁、板混凝土均采用 C30 商品混凝土，模板采用复合模板，框架柱截面尺寸为 600mm × 600mm，框架柱计算高度为 4.00m。依据《房屋建筑与装饰工程工程量计算规范》GB 50854—2013 和广东省相关规定，完成下列问题（计算结果保留两位小数）。

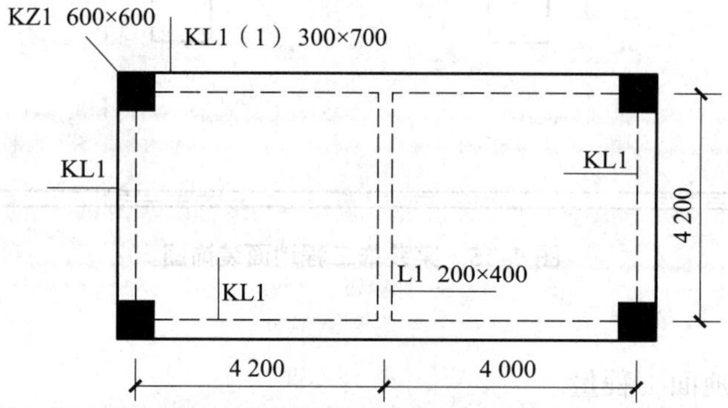

图 4–17　某结构平面布置图

问题：

1. 确定框架柱混凝土清单项目编码。
2. 确定有梁板模板清单项目编码。
3. 计算框架柱混凝土工程量。
4. 如图示有梁板模板工程量为 62.74m²，依据《广东省房屋建筑与装饰工程综合定额（2018）》的规定，已知人工费调整系数为 20%，列出所选定额编号，并计算有梁板模板的人工费用。

【**案例 22**】某建筑平面图如图 4–18 所示，墙体厚度为 240mm，间隔墙为 100mm 厚，①轴居墙中布置，框架柱截面尺寸为 600mm × 500mm，②轴为框架柱中心线，门洞口尺寸 1 200mm × 2 100mm。

地面面层做法：素土夯实；C15 混凝土垫层 100mm 厚；水泥砂浆找平层 20mm 厚；软铺实木地板。

踢脚线做法：木质踢脚线高 150mm 高。

要求完成下列各小题（计算结果保留两位小数）。

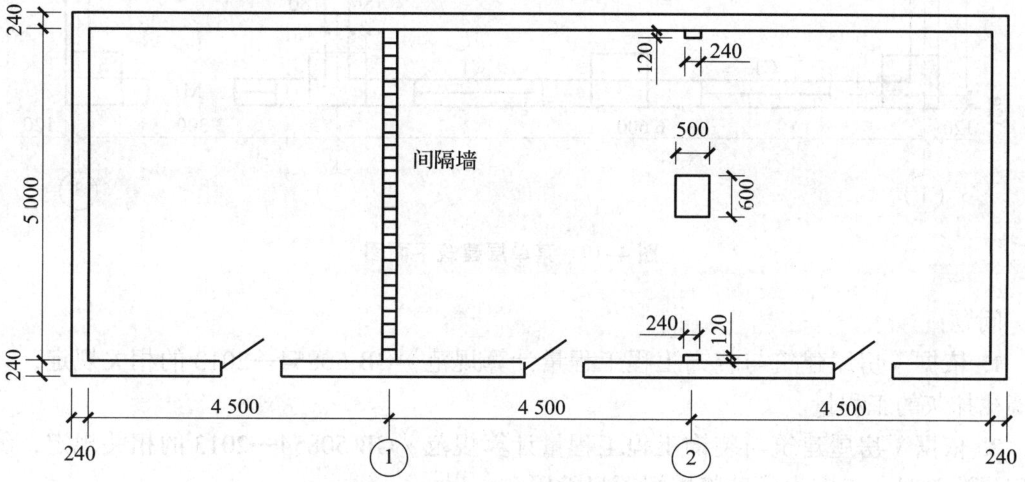

图 4–18　某建筑平面图

问题：

1. 依据《房屋建筑与装饰工程工程量计算规范》GB 50854—2013 的相关规定，计算木质踢脚线工程量。（注：门洞口侧边做 100mm 宽；以"m^2"为计量单位。）

2. 依据《房屋建筑与装饰工程工程量计算规范》GB 50854—2013 的相关规定，编制工程量清单时，确定实木地板项目编码。

3. 依据《房屋建筑与装饰工程工程量计算规范》GB 50854-2013 的相关规定，计算实木地板地面面层的工程量。（注：门洞口做法同地面，宽度按照 240mm 计算，工程量计算时不考虑墙面装饰影响。）

4. 实木地板项目特征为：基层：水泥地面；面层材料：普通实木地板，平口。依据《广东省房屋建筑与装饰工程综合定额（2018）》，计算实木地板工程定额基价合价。

【**案例 23**】某单层建筑平面如图 4–19 所示，净高 3.3m，窗台距室内地面 0.9m。砌体墙厚 240mm，所有柱尺寸均为 600mm × 600mm，②轴为墙与柱的中心线，其余轴线均为墙体中心线。门洞 M1 尺寸为 1 200mm × 2 100mm、门洞 M2 尺寸为 900mm × 2 100mm、窗洞 C1 尺寸为 1 800mm × 1 800mm。内墙裙高 0.9m，采用 15mm 厚水泥石灰砂浆打底，面层抹 5mm 厚水泥砂浆，其余内墙面（包括柱面）与墙裙做法相同。根据要求完成下列各小题（计算结果保留两位小数）。

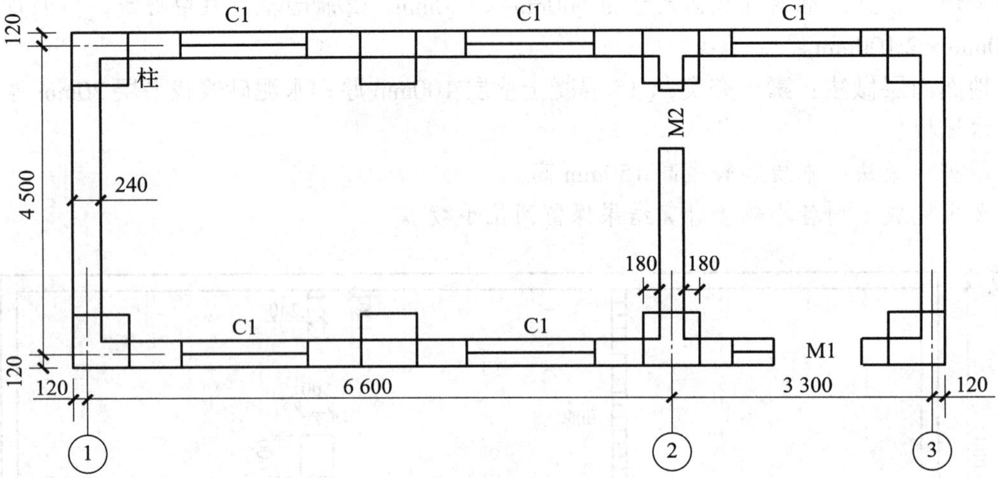

图 4–19　某单层建筑平面图

问题：

1. 依据《房屋建筑与装饰工程工程量计算规范》GB 50854—2013 的相关规定，计算内墙裙抹灰的工程量。

2. 依据《房屋建筑与装饰工程工程量计算规范》GB 50854—2013 的相关规定，编制工程量清单时，确定水泥砂浆墙裙项目编码。

3. 依据《房屋建筑与装饰工程工程量计算规范》GB 50854—2013 的相关规定，计算其余内墙面（包括柱面）抹灰工程量。

4. 若人工费调整幅度系数为 20%，根据《广东省房屋建筑与装饰工程综合定额（2018）》的规定，一般计税模式下，除人工费外其余费用均不调整，计算内墙裙分项工程费用。

【案例 24】某建筑物地下部分如图 4–20 所示，采用复合模板，KZ1 尺寸为 400mm × 400mm，DKL1 顶标高为 –0.5m，截面尺寸为 250mm × 550mm，图中 h_1=400mm，h_2=300mm（计算结果保留两位小数）。

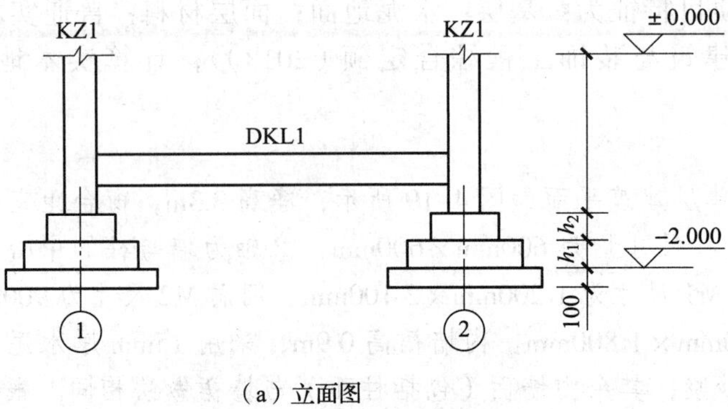

（a）立面图

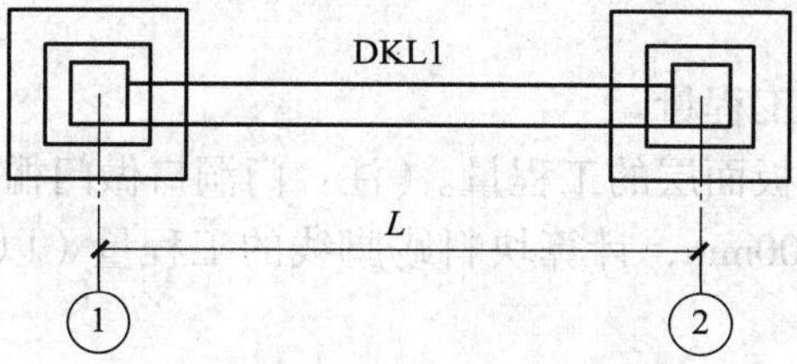

（b）平面图

图 4-20　某建筑物地下部分

问题：

1. 根据《广东省房屋建筑与装饰工程综合定额（2018）》的规定，计算 ±0.000 以下 KZ1 模板工程量。

2. 根据《广东省房屋建筑与装饰工程综合定额（2018）》的规定，确定 KZ1 模板的定额编号。

3. 若人工费调整幅度系数为 20%，根据《广东省房屋建筑与装饰工程综合定额（2018）》的规定，一般计税模式下，除人工费外其余费用均不调整，计算调整后 KZ1 项目模板的分项工程费用。

【案例 25】 某建筑平面图如图 4-21 所示，外墙厚度为 240mm，内墙厚度为 240mm，轴线居中布置。独立柱截面尺寸为 600mm × 600mm。M1 洞口尺寸 1 200mm × 2 400mm，M2 洞口尺寸 1 000mm × 2 100mm，①轴交Ⓑ轴处为 800mm × 500mm 砖砌烟道。已知室内地面面层为 12mm 厚强化木地板；踢脚线为高度 150mm 彩釉砖踢脚板；台阶面层铺贴 20mm 厚花岗石。依据《房屋建筑与装饰工程工程量计算规范》GB 50854—2013 和广东省相关规定，完成下列问题（计算结果保留两位小数）。

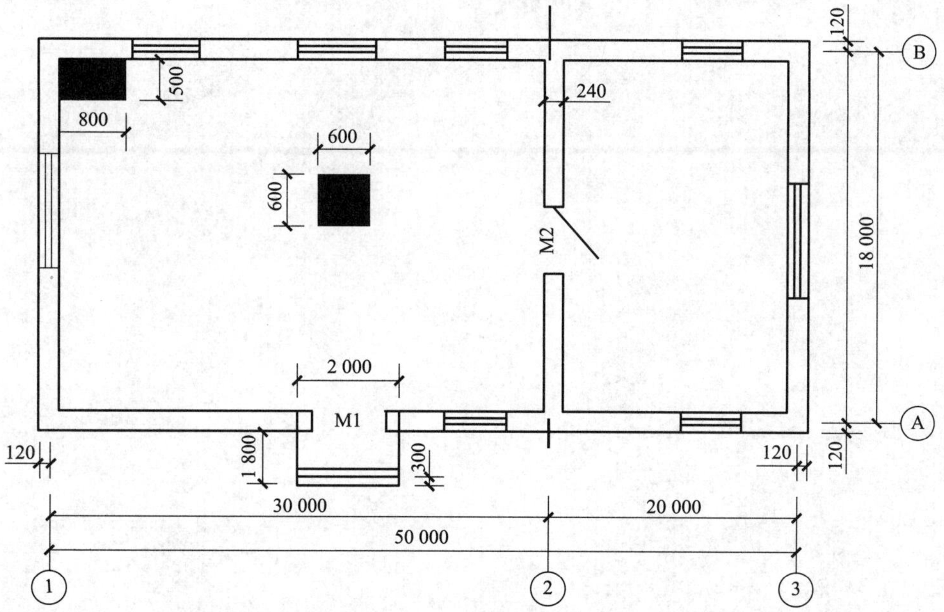

图 4-21　某建筑平面图

问题：

1. 计算花岗石台阶面工程量。

2. 计算室内强化木地板面层的工程量。（注：门洞口做门槛石。）

3. 门洞口侧边共计400mm，计算块料踢脚线的工程量（以面积计算，含独立柱、烟道处）。

案例专项题解析

【案例 1】

问题 1：

平整场地工程量 =（3.5×3+0.12×2）×（3.1+0.12×2）+（3.5×2+0.12×2）×5

=72.07（m^2）

问题 2：

挖沟槽土方清单工程量

考虑加工作面：（3.50×3+5.00+3.10）×2+（3.10−0.92−0.60）=38.78（m）

V=（0.92+0.60）×38.78×1.3=76.63（m^3）

问题 3：

挖基坑土方清单工程量

考虑加工作面：V=（2.10+0.1×2+0.3×2）×（2.10+0.1×2+0.3×2）×（1.9−0.45）

=12.19（m^3）

问题 4：

计算土方回填清单工程量

（1）沟槽回填：

$V_{垫层}$=［（3.50×3+5.00+3.10）×2+（3.1−0.92）］×0.92×0.25=9.06（m^3）

$V_{室外地坪以下砖基础（含地圈梁）}$=（37.20+2.86）×［（1.3−0.25）×0.24+0.062 5×0.126×12］

=13.88（m^3）

$V_{沟槽回填}$=76.63−9.06−13.88=53.69（m^3）

（2）基坑回填：

$V_{垫层}$=2.3×2.3×0.1=0.529（m^3）

$V_{地坪以下独立柱基}$=1/3×0.25×（0.5^2+2.1^2+0.5×2.1）+2.1×2.1×0.15+（1.9−0.45−0.5）×0.4×0.4

=1.29（m^3）

$V_{基坑回填}$=12.19−0.529−1.29=10.37（m^3）

（3）室内回填：

$h_{室内回填厚度}$=0.45−0.08−0.05=0.32（m）

$V_{左}$=（3.50−0.24）×（3.1−0.24）×0.32=2.98（m^3）

$V_{右}$=（3.50×2−0.24）×（8.10−0.24）×0.32−0.40×0.40×0.32=16.95（m^3）

$V_{室内回填}$=2.98+16.95=19.93（m^3）

（4）土方回填：

$V_{土方回填}$=53.69+10.37+19.93=83.99（m^3）

问题 5：

买土回填清单工程量

76.63+12.19−83.99×1.15=−7.77（m^3）

【案例 2】

问题 1：

（1）基础垫层清单项目编码：010404001001

（2）外墙中心线长度：（8.00+15.00+6.00+3.00+8.00+2.00）×2=84.00（m）
内墙垫层的净长度：8.00−1.54=6.46（m）
基础垫层清单工程量 =（84.00+6.46）×1.54×0.1=13.93（m^3）
问题 2：
外墙中心线长度：（8.00+15.00+6.00+3.00+8.00+2.00）×2=84.00（m）
内墙最下一阶基础净长度：$L_{净1}$=8.00−1.14=6.86（m）
内墙中间一阶基础净长度：$L_{净2}$=8.00−0.84=7.16（m）
内墙最上一阶基础净长度：$L_{净1}$=8.00−0.54=7.46（m）
石基础清单工程量 =（1.14×0.4+0.84×0.35+0.54×0.3）×84+1.14×0.4×6.86+0.84×0.35×7.16+0.54×0.3×7.46=83.05（m^3）
问题 3：
外墙中心线长度：（8.00+15.00+6.00+3.00+8.00+2.00）×2=84.00（m）
内墙净长线长度：8.00−0.12×2=7.76（m）
砖基础清单工程量 =（84.00+7.76）×0.24×（0.80+0.20）=22.02（m^3）

【案例 3】

KL1（3）钢筋工程量计算：
（1）通长筋 2⌀25
弯锚长度 =$0.4L_{abE}+15d$=0.4×37×25+15×25=745（mm）
单根通长筋长度 L= 梁净跨 + 伸入左支座锚固长度 + 伸入右支座锚固长度
=（4 200+7 500+6 000−250×2）+745×2=18 690（mm）
接头个数 =18 690mm/9 000−1=2（个）
通长筋总长 =18.69×2=37.38（m）
（2）①/Ⓐ轴端支座 8⌀25 4/4（第一排有 2 根是通长筋）
第一排负筋 2⌀25：
单根长度 $L=L_{n_i}/3+L_{锚固}$
=（4 200−250−250）/3+745=1 978（mm）
第二排负筋 4⌀25：
单根长度 $L=L_{n_i}/4+L_{锚固}$
=（4 200−250−250）/4+745=1 670（mm）
（3）④/Ⓐ轴端支座 9⌀25 5/4（第一排有 2 根是通长筋）
第一排负筋 3⌀25：
单根长度 $L=L_{n_i}/3+L_{锚固}$
=（6 000−250−250）/3+745=2 578（mm）
第二排负筋 4⌀25：
单根长度 $L=L_{n_i}/4+L_{锚固}$
=（6 000−250−250）/4+745=2 120（mm）
（4）②/Ⓐ轴中间支座负筋 6⌀25 4/2（第一排有 2 根是通长筋）
第一排负筋 2⌀25：
第一排单根长度 =Max｛L_{n_i}，$L_{n_{i+1}}$｝/3×2+h_c

=Max｛3 700，7 000｝/3×2+500=5 167（mm）

第二排负筋 2⌀25：

第二排单根长度 =Max｛L_{n_i}，$L_{n_{i+1}}$｝/4×2+h_c

=Max｛3 700，7 000｝/4×2+500=4 000（mm）

（5）③/Ⓐ轴中间支座负筋 7⌀25 3/4（第一排有 2 根是通长筋）

第一排负筋 1⌀25：

第一排单根长度 =Max｛L_{n_i}；$L_{n_{i+1}}$｝/3×2+h_c

=Max｛7 000，5 700｝/3×2+500=5 167（mm）

第二排负筋 4⌀25：

第二排单根长度 =Max｛L_{n_i}，$L_{n_{i+1}}$｝/4×2+h_c

=Max｛7 000，5 700｝/4×2+500=4 000（mm）

负筋总长 =1.978×2+1.67×4+2.578×3+2.12×4+5.167×2+4×2+5.167×1+4×4

=66.351（m）

（6）底筋

第一跨底筋 6⌀25 2/4：

$L_{第一跨}$= 当前跨净跨长 + 左支座锚固长度 + 右支座锚固长度

$L_{第一跨}$=4 200−250−250+745+37×25=5 370（mm）

第二跨底筋 7⌀25 3/4：

$L_{第二跨}$= 当前跨净跨长 + 左支座锚固长度 + 右支座锚固长度

=7 500−250−250+37×25+37×25=8 850（mm）

第三跨底筋 8⌀25 4/4：

$L_{第三跨}$= 当前跨净跨长 + 左支座锚固长度 + 右支座锚固长度

=6 000−250−250+37×25+745=7 170（mm）

底筋总长 =5.37×6+8.85×7+7.17×8=151.53（m）

（7）箍筋⌀8@100/200（2）

单根箍筋长度 =（梁高 + 梁宽）×2−8× 保护层厚度 +2×11.9d

=（300+700）×2−8×20+11.9×8×2=2 030.4（mm）

箍筋根数 = 加密区箍筋根数 + 非加密区箍筋根数

本工程抗震等级为二级，加密区长度为 Max｛1.5h_b，500｝=1.5×700=1 050（mm）

加密区箍筋根数 =（加密区长度 −50）/ 加密间距 +1=（1 050−50）/100+1=11（根）

非加密区箍筋根数 = 非加密区长度 / 非加密间距 −1

第一跨非加密区箍筋根数 =（3 700−1 050×2）/200−1=7（根）

第二跨非加密区箍筋根数 =（7 000−1 050×2）/200−1=24（根）

第三跨非加密区箍筋根数 =（5 500−1 050×2）/200−1=16（根）

箍筋总根数：11×6+7+24+16=113（根）

⌀25 钢筋工程量 =（37.38+66.351+151.53）×3.850/1 000=0.983（t）

⌀8 钢筋工程量 =2.030 4×113×0.395/1 000=0.091（t）

【案例 4】

问题 1：

屋面卷材防水清单项目编码：010902001001

问题 2：

屋面卷材防水清单工程量 =18.00×10.00+（18.00+10.00）×2×0.3=196.80（m^2）

问题 3：

屋面保温隔热层清单工程量 =18.00×10.00=180.00（m^2）

问题 4：

水泥砂浆找平层清单工程量 =18.00×10.00=180.00（m^2）

【案例 5】

问题 1：

（1）垫层清单项目编码：010501001001

（2）垫层清单工程量 =［（5.20−0.10×2）×3.80+1.80×3.70+（0.90+0.1×2）×（1.80+0.20）+4.70×5.00］×0.1=5.14（m^3）

问题 2：

现浇水磨石地面清单工程量 =（5.20−0.10×2）×3.8+（0.90+0.1×2）×（1.80+0.20）+4.70×5.00=44.70（m^2）

问题 3：

（1）陶瓷面砖清单项目编码：011102003001

（2）陶瓷面砖清单工程量 =1.80×3.70=6.66（m^2）

问题 4：

踢脚线清单工程量 =［（5.20−0.10×2+3.80）×2−0.90+（4.70+5.00）×2−0.90×2+2.00×2−0.70］×0.2=37.60×0.20=7.52（m^2）

【案例 6】

问题 1：

楼梯面层清单项目编码：011106001001

问题 2：

楼梯面层清单工程量 =（3.50−0.10×2）×（1.80+3.60+0.20）=18.48（m^2）

【案例 7】

问题 1：

台阶垫层清单工程量 =［（0.3×6+2.40）×1.90−（2.4−0.3×2）×（1.00−0.30）］×0.1=0.67（m^3）

问题 2：

台阶面层清单工程量 =（0.3×6+2.40）×1.90−（2.4−0.3×2）×（1.00−0.30）=6.72（m^2）

问题 3：

大理石楼地面清单工程量 =（2.4−0.3×2）×（1.00−0.30）=1.26（m^2）

【案例 8】

问题 1：

二层有梁板混凝土清单工程量 =0.3×0.7×4.5×4+（5.5−0.3×2）×（5.5−0.3×2）×0.12=6.66（m^3）

问题 2：

二层柱模板清单工程量 =（0.5×4×4.2−0.3×0.7×2−0.2×0.12×2）×4=31.73（m^2）

问题 3：

矩形柱清单项目编码：011702002001

问题 4：

有梁板模板清单工程量 =4.5×（0.7+0.58+0.3）×4+（5.5−2×0.3）×（5.5−2×0.3）−0.2×0.2×4=52.29（m^2）

问题 5：套用定额：

HPB300φ≤10 钢筋套用定额“A1−5−102”，定额基价 4 643.54 元 /t，其中人工费 710.25 元 /t；

HPB300φ≤10 钢筋清单项目合价 =（4 643.54+710.25×0.2）×6.66×40÷1 000
=1 274.88（元）

【案例 9】

问题 1：

（1）垂直运输（檐高 96.50m 以内）

S=35.00×25.00×30=26 250.00（m^2）

清单项目编码：011704001001

（2）垂直运输（檐高 24.70m 以内）

S=（60.00×36.00−35.00×25.00）×4=5 140.00（m^2）

清单项目编码：011704001002

问题 2：

超高施工增加 S=35.00×25.00×24=21 000.00（m^2）

清单项目编码：011705001001

【案例 10】

问题 1：

垫层混凝土清单工程量 =2.6×2.4×0.1×30=18.72（m^3）

问题 2：

独立基础混凝土清单工程量 =（2.4×2.2×0.4+1.6×1.4×0.3）×30=83.52（m^3）

问题 3：

X 方向钢筋：

单根长度 =2 400−2×40=2 320（mm）

根数 =（2 200−2×50）/100+1=22（根）

钢筋长度 =2.32×22=51.04（m）

Y 方向钢筋：单根长度 =2 200−2×40=2 120（mm）

根数 =（2 400−2×75）/200+1=13（根）

钢筋长度 =2.12×13=27.56（m）

合计长度 =78.6（m）

现浇构件钢筋清单工程量：78.6×1.578×30/1 000=3.721（t）

［注：根据国家建筑标准设计图集《混凝土结构施工图平面整体表示方法制图规则和构造

详图（独立基础、条形基础、筏形基础、桩基础）》22G101-3，底筋起步距 Min（75，间距/2）。]

【案例 11】

换算原理：换算后 C35 混凝土的基价 =C20 混凝土的基价 –C20 混凝土的水泥（32.5）用量 × 水泥定额单价 +C35 混凝土的水泥（42.5）用量 × 水泥定额单价 –C20 中（粗）砂用量 × 中（粗）砂定额单价 +C35 中（粗）砂用量 × 中（粗）砂定额单价 –C20 碎石用量 × 碎石（粒径 30mm）定额单价 +C35 碎石用量 × 碎石（粒径 30mm）定额单价，即换算后 C35 混凝土的基价 =410–303.00 × 0.50+364.00 × 0.60–0.51 × 240+0.45 × 240–0.90 × 200+0.91 × 200=464.50（元 /m^3）

【案例 12】

预算定额中给出的工料机单价为 C20 的商品混凝土，本题为 C30 的商品混凝土，需要进行价格调整。

调整后的单价 =410+10.1/10 ×（390–350）=450.40（元 /m^3）

【案例 13】

本工程找平层厚为 30mm，预算定额中按 20mm 编制，需要对定额项目进行换算。原定额单价为 1 200 元 /$100m^2$。

调整后单价 =1 200+（30–20）÷ 5 × 200=1 600（元 /$100m^2$）

【案例 14】

（1）正常施工期间价格为：460 元 /m^3>400 ×（1+10%），超过风险幅度部分应予以调价，调价为 460–440=20（元 /m^3）；

正常施工期间的调价为：20 × 3 000=6（万元）

（2）工期延误是发包方造成的，因此延误期间的增加费用应由发包方承担，

延误期间的调价为：480–400=80（元 /m^3）；

增加的工程量为 $500m^3$，差价为：500 × 80=4（万元）

（3）C40 商品混凝土应调整的总价差为：6+4=10（万元）

【案例 15】

问题 1：

挖一般土方工程量 =（19.90+1.05+2 × 0.3+0.25 × 3.9）×（20.5+1.05+2 × 0.3+0.25 × 3.9）× 3.9+1/3 × 0.25^2 × 3.9^3=2 032.71（m^3）

问题 2：

回填土方工程量 =2 032.71–45.15–132.90–（19.9+0.25）×（20.5+0.25）×（3.9–0.1–0.3）=391.27（m^3）

问题 3：

（1）基础混凝土垫层项目编码：010501001001

（2）基础垫层工程量 =（19.9+0.25+0.3 × 2+0.1 × 2）×（20.5+0.25+0.3 × 2+0.1 × 2）× 0.1=45.15（m^3）

问题 4：

混凝土满堂基础工程量 =（19.9+0.25+0.3 × 2）×（20.5+0.25+0.3 × 2）× 0.3=132.90（m^3）

问题 5：

混凝土墙（直形墙）工程量 =（19.9+20.5）× 2 × 0.25 ×（4.35–0.1–0.3）=79.79（m^3）

问题 6：

垫层模板工程量 =［（19.9+0.25+0.3×2+0.1×2）+（20.5+0.25+0.3×2+0.1×2）］×2×0.1
=8.50（m^2）

问题 7：

满堂基础模板工程量 =[（19.9+0.25+0.3×2）+（20.5+0.25+0.3×2）]×2×0.3=25.26（m^2）

问题 8：

混凝土墙（直形墙）模板项目编码：011702011001

工程量 =（19.9+0.25+20.5+0.25）×2×（4.35−0.1−0.3）+（19.9−0.25+20.5−0.25）×2×（4.35−0.1−0.3−0.2）=622.36（m^2）

问题 9：

垂直运输工程量 =30 000.00（m^2）（按建筑面积计算）

【案例 16】

由表 4−1 可知：

（1）人工

1 555.22/10×7.58=1 178.86（元）

（2）材料

预拌水泥砂浆 M7.5：2.36/10×7.58=1.789（m^3）

标准砖：5.236/10×7.58=3.969（千块）

水：1.05/10×7.58=0.796（m^3）

其他材料费：18.77/10×7.58=14.23（元）

【案例 17】

换算后定额基价 = 原定额基价 + 定额砂浆用量 ×（换入砂浆基价 − 换出砂浆基价）

换算后 M10 水泥砂浆砖基础定额基价 =3 442.24+2.36×（296−0）=4 140.80（元）

【案例 18】

问题 1：

预付款 =1 800×20%=360（万元）

问题 2：

起扣点：$T=P-M/N$=1 800−360/60%=1 200（万元）

问题 3：

1 月应拨付工程款：130 万元，累计支付的工程款 130 万元

2 月应拨付工程款：270 万元，累计支付的工程款 130+270=400（万元）

3 月应拨付工程款：380 万元，累计支付的工程款 400+380=780（万元）

4 月应拨付工程款：260 万元，累计支付的工程款 780+260=1 040（万元）

5 月：420+1 040=1 460（万元）>1 200 万元，达到起扣点，本月应拨付工程款为 420−（1 460−1 200）×60%=264（万元），累计支付的工程款 1 040+264=1 304（万元）

问题 4：

结算价 =1 800+1 800×60%×8%=1 886.4（万元）

问题 5：

甲方应付的工程结算款 =1 886.4−1 304−360−1 886.4×5%=128.08（万元）

【案例 19】

问题 1：

玻化砖地面：S=（16.00−0.24−0.04）×（10.00−0.24−0.04）−（0.6×0.6）×4（柱占位面积）=151.36（m^2）

问题 2：

玻化砖脚踢线：

L=［（16.00−0.24−0.04）+（10.00−0.24−0.04）］×2−6.00（门洞宽度合计）=44.88（m）

S=44.88×0.20（高）=8.98（m^2）

问题 3：

墙面混合砂浆抹灰：

S=［（16.00−0.24）+（10.00−0.24）］×2×3.50（高）−60.00（门窗占位面积）+10.00（柱垛展开面积）=128.64（m^2）

【案例 20】

问题 1：

应扣除的门窗洞口面积 =1.6×2.4+1.8×2.2×3=15.72（m^2）

问题 2：

卫生间地面卷材防水工程量 =（4.8−0.12×2）×（5.8−0.12×2）=25.35（m^2）

（注：翻边高度 >300mm 时算作立面防水，因此反边高度 400mm 不能算到地面防水工程量里面。）

问题 3：

墙面混合砂浆抹灰工程量 =（6.0−0.12×2）×（14.0−0.12×2）+4.8×（8.2−0.12×2）=117.47（m^2）

（注：柱、垛面积≤0.3m^2 所占面积不扣除，背景资料中的柱、垛面积均≤0.3m^2。）

【案例 21】

问题 1：

框架柱混凝土清单项目编码：010502001001（按矩形柱编码列项）

问题 2：

有梁板模板清单项目编码：011702014001（按有梁板编码列项）

问题 3：

框架柱混凝土工程量 =0.6×0.6×4×4=5.76（m^3）

问题 4：

（1）有梁板模板定额编号为"A1−20−75"［见《广东省房屋建筑与装饰工程综合定额（2018）》，下同］

（2）有梁板模板的人工费用：62.74×2 976.20/100×（1+20%）=2 240.72（元）

（注：①人工费和定额人工费有区别；②本题是柱高 4.00m，不是层高。）

【案例 22】

问题 1：

木质踢脚线工程量：

踢脚线长度 =（4.5×3−0.1）×2+5×4+（0.5+0.6）×2+0.12×4+0.1×6−1.2×3=46.48（m）

踢脚线面积 =44.48 × 0.15=6.67（m^2）

问题 2：

实木地板项目编码：011105005001

问题 3：

实木面层工程量 =（4.5 × 3–0.1）× 5+1.2 × 0.24 × 3–0.5 × 0.6–0.24 × 0.12 × 2=67.51（m^2）

问题 4：

计算实木地板定额基价合价：

根据《广东省房屋建筑与装饰工程综合定额（2018）》的规定，块料面层的工程量按下列规定计算：橡胶面层、塑料面层、地毯面层、木地板、防静电活动地板、金属复合地板面层，按设计图示尺寸以“m^2”计算。门洞、空圈、暖气包槽、壁龛的开口部分并入相应的工程量内。

定额工程量 =（4.5 × 3–0.1）× 5+1.2 × 0.24 × 3–0.5 × 0.6–0.24 × 0.12 × 2=67.51（m^2）

套用的定额编号为“A1–12–148”（表 4–5），定额基价为 10 834.61/100m^2；

定额合价 =10 834.61 × 67.51/100=7 314.45（元）

表 4–5 木地板面层

工作内容：清理基础、刷胶、钉铺木地板、净面。 计量单位：100m^2

定额编号		A1–12–148	A1–12–149	A1–12–150	A1–12–151
子目名称		普通实木地板			
		铺在水泥地面上		铺在木楞上	
		平口	企口	平口	企口
基价（元）		10 834.61	12 386.22	10 730.71	12 091.35
其中	人工费（元）	2 195.13	2 714.85	2 238.98	2 593.46
	材料费（元）	8 240.66	9 180.41	8 085.17	9 024.92
	机具费（元）	8.17	8.17	8.17	8.17
	管理费（元）	390.65	482.79	398.42	461.80

【案例 23】

问题 1：

内墙裙抹灰面积 =［（6.6+3.3–0.24 × 2）× 2+（4.5–0.24）× 4+0.36 × 4–0.9 × 2–1.2］× 0.9
=30.89（m^2）

问题 2：

水泥砂浆墙裙项目编码：011201001001

问题 3：

应扣减的门窗洞口面积 =1.2 × 2.1+0.9 × 2.1 × 2+1.8 × 1.8 × 5=22.5（m^2）

内墙抹灰 =［（6.6+3.3–0.24 × 2）× 2+（4.5–0.24）× 4+0.36 × 4］×（3.3–0.9）–22.5
=67.07（m^2）

问题 4：

套用的定额编号："A1-13-8"（表 4-6）。

调整后的定额基价 =1 583.41+1 344.04 × 20%=1 852.22（元 /100m^2）

分项工程费用 =1 852.22 × 30.89/100=572.15（元）

表 4-6　一般抹灰

工作内容：修整表面、砂浆运输、刷水泥浆、抹灰、找平、罩面、压光。　　计量单位：100m^2

定额编号		A1-13-8	A1-13-9	A1-13-10	A1-13-11
子目名称		各种墙面 15+5mm			
		水泥石灰砂浆底			
		水泥砂浆面		石灰砂浆面	
		内墙	外墙	内墙	外墙
基价（元）		1 583.41	2 825.33	1 432.55	2 553.79
其中	人工费（元）	1 344.04	2 419.31	1 213.43	2 184.21
	材料费（元）	31.04	31.03	31.04	31.03
	机具费（元）	—	—	—	—
	管理费（元）	208.33	374.99	188.08	338.55

【案例 24】

问题 1：

KZ1 模板工程量 =［0.4 × 4 ×（2-0.4-0.3）-0.25 × 0.55］× 2=3.89（m^2）

问题 2：

套用的定额编号为"A1-20-15"（表 4-7）。

问题 3：

KZ1 模板的分项费用 =（4 876.05+2 819.89 × 20%）/100 × 3.89=211.62（元）

表 4-7　柱模板（支模高度 8.4m 以内）

工作内容：1. 模板制作。

2. 模板安装、拆除、维护、整理、堆放及场内外运输。

3. 清理模板粘结物及模内杂物、刷隔离剂等。　　计量单位：100m^2

定额编号		A1-20-14	A1-20-15	A1-20-16
子目名称		矩形柱模板（周长 m）		
		支模高度 3.6m 内		
		1.2 内	1.8 内	1.8 外
基价（元）		6 001.77	4 876.05	5 366.80
其中	人工费（元）	3 569.39	2 819.89	3 101.61
	材料费（元）	1 242.90	1 088.08	1 222.88
	机具费（元）	197.03	178.11	178.11
	管理费（元）	992.45	789.97	864.20

【案例 25】

问题 1：

花岗石台阶面工程量 $=0.3\times3\times2.0=1.80$（$m^2$）

问题 2：

强化木地板面层工程量 $=(30.0-0.12\times2)\times(18-0.12\times2)+(20.0-0.12\times2)\times(18-0.12\times2)-0.8\times0.5-0.6\times0.6=878.72$（$m^2$）

问题 3：

解析：

（1）计算踢脚线长度 $=[(30-0.12\times2)+(15-0.12\times2)]\times2+[(20-0.12\times2)+(15-0.12\times2)]\times2+0.6\times4+0.4-(1.2+1+1)=157.68$（m）

（2）踢脚线工程量 $=157.68\times0.15=23.65$（m^2）

模拟测试卷一

第一部分 客观题

一、单项选择题（共 30 题，每小题 0.8 分，共 24 分。每小题的备选项中，只有 1 个最符合题意）

1. 建筑高度 80m 的住宅建筑为（ ）。

A. 高层住宅 B. 多层建筑 C. 高层建筑 D. 超高层建筑

2. 地下室的所有墙体都必须设（ ）道水平防潮层。

A. 一 B. 两 C. 三 D. 四

3. 下列属于水硬性胶凝材料的是（ ）。

A. 石膏 B. 水泥 C. 砂浆 D. 石灰

4. 采用商品混凝土时要考虑混凝土的经济运距，一般以 15 ~ 20km 为宜，运输时间一般不宜超过（ ）h。

A. 1 B. 1.5 C. 2 D. 0.5

5. 集水坑应设置在基础范围以外、地下水走向的上游，根据地下水量大小、基坑平面形状及水泵能力，集水坑每隔（ ）m 设置一个。

A. 20 ~ 30 B. 20 ~ 40 C. 30 ~ 40 D. 30 ~ 50

6. 实际工程中，常用的预应力混凝土管桩直径为（ ）mm。

A. 400 ~ 500 B. 500 ~ 600 C. 400 ~ 600 D. 300 ~ 500

7. 不同规格的预制桩应分别堆放，堆放层数不宜超过（ ）层。

A. 2 B. 3 C. 4 D. 5

8. 挖土特点是前进向上，强制切土的（ ）挖掘机。

A. 正铲 B. 反铲 C. 拉铲 D. 抓铲

9. 在较大面积的平整场地施工中，采用并列推土方法，推土机并列台数不宜超过（ ）台。

A. 2 B. 3 C. 4 D. 5

10. 单位工程施工组织设计应由（ ）主持编制。

A. 施工项目负责人 B. 施工单位技术负责人

C. 施工单位授权的技术人员 D. 施工项目部技术负责人

11. 根据《建筑工程建筑面积计算规范》GB/T 50353—2013 的规定，建筑物门厅、大厅内设置的走廊，其建筑面积计算应按（ ）。

A. 围护设施外围水平面积计算 B. 结构底板水平投影面积计算

C. 围护结构外围水平面积计算 D. 其顶盖的水平投影面积计算

12. 根据《建筑工程建筑面积计算规范》GB/T 50353—2013 的规定，对于结构层高为 4.20m 的门斗，其建筑面积应按（ ）。

A. 围护结构外围水平面积计算全面积

B. 围护结构外围水平面积计算 1/2 面积

C. 顶盖水平投影面积计算全面积

D. 顶盖水平投影面积计算 1/2 面积

13. 在分部分项工程项目清单中，表示附录分类顺序码的是（　　）。

A. 第一级编码　　B. 第二级编码

C. 第三级编码　　D. 第四级编码

14. 根据《房屋建筑与装饰工程工程量计算规范》GB 50854—2013 的规定，下列关于沟槽、基坑和一般土方的划分，正确的是（　　）。

A. 底宽 $<7m$，且底长 ≥ 3 倍底宽为沟槽

B. 底长 >3 倍底宽，且底宽 $>7m$ 为一般土方

C. 底长 >3 倍底宽，且底面积 $\geq 150m^2$ 为基坑

D. 底宽 $<7m$，且底长 ≤ 3 倍底宽为基坑

15. 根据《房屋建筑与装饰工程工程量计算规范》GB 50854—2013 的规定，关于地基处理工程量计算，下列选项中说法正确的是（　　）。

A. 水泥粉煤灰碎石桩按设计图示尺寸以体积计算

B. 砂石桩按设计图示尺寸以桩长（包括桩尖）计算

C. 振冲桩（填料）按设计图示处理范围以面积计算

D. 深层搅拌桩按设计图示尺寸桩长乘以截面积以体积计算

16. 根据《房屋建筑与装饰工程工程量计算规范》GB 50854—2013 的规定，关于砖基础与墙身的划分，下列说法不正确的是（　　）。

A. 基础与墙（柱）身使用同一种材料时，以设计室内地面为界，以下为基础，以上为墙（柱）身

B. 基础与墙（柱）身使用同一种材料时，有地下室者，以地下室室内设计地面为界，以下为基础，以上为墙（柱）身

C. 砖围墙以 ± 0.00 为界，以下为基础，以上为墙身

D. 基础与墙身使用不同材料时，位于设计室内地面高度 $\leq \pm 300mm$ 时，以不同材料为分界线

17. 根据《房屋建筑与装饰工程工程量计算规范》GB 50854—2013 的规定，球型节点钢网架工程量应按照（　　）。

A. 设计图示尺寸以铺设水平投影面积计算

B. 设计图示尺寸以“榀”计算

C. 设计图示尺寸以质量按“t”计算

D. 设计图示尺寸以体积计算

18. 根据《房屋建筑与装饰工程工程量计算规范》GB 50854—2013 的规定，下列关于屋面防水及其他工程量计算规则的说法，正确的是（　　）。

A. 屋面卷材防水按设计图示尺寸以面积计算，其防水搭接及附加层用量不另行计算，在综合单价中考虑

B. 屋面排水管设计未标注尺寸，考虑弯折处的增加以长度计算

C. 屋面铁皮天沟按设计图示尺寸以长度计算

D. 屋面变形缝按设计尺寸以铺设面积计算

19. 根据《房屋建筑与装饰工程工程量计算规范》GB 50854—2013 的规定，天棚抹灰工程量应按（　　）计算。

A. 展开面积　　B. 实际抹灰面积

C. 斜面积　　D. 水平投影面积

20. 根据《广东省房屋建筑与装饰工程综合定额（2018）》的规定，若开挖设计长为 21m，宽为 6.5m，深度为 0.7 的土方工程，在定额中列项应为（　　）。

A. 平整场地　　B. 挖沟槽

C. 挖基坑　　D. 挖一般土方

21. 根据《广东省房屋建筑与装饰工程综合定额（2018）》的规定，支挡土板定额子目分为密板和疏板，密板是满支挡土板，板距不大于（　　）cm；疏板是间隔支挡土板，板距不大于（　　）cm，实际间距不同时，不做调整。

A. 30；150　　B. 40；120　　C. 50；150　　D. 60；120

22. 根据《广东省房屋建筑与装饰工程综合定额（2018）》的规定，原土打夯、碾压工程量按设计图示尺寸以（　　）计算。

A. “m”　　B. “m^2”　　C. “m^3”　　D. “t”

23. 根据《广东省房屋建筑与装饰工程综合定额（2018）》的规定，沉管灌注混凝土桩工程量计算规则是（　　）。

A. 按设计图示数量以“根”计算

B. 按设计图示桩长（不包括桩尖）以“m”计算

C. 按入土长度以“t”计算

D. 按桩长乘以设计截面面积以“m^3”计算

24. 根据《广东省房屋建筑与装饰工程综合定额（2018）》的规定，关于梁长的表述，下列说法正确的是（　　）。

A. 梁与柱连接时，梁长算至柱内侧面

B. 主梁与次梁连接时，主梁长算至次梁内侧面

C. 主梁与次梁连接时，次梁长算至主梁外侧面

D. 挑檐、天沟与梁连接时，以梁中心线为分界线

25. 根据《广东省房屋建筑与装饰工程综合定额（2018）》的规定，电子感应自动门工程量按设计图示以（　　）计算。

A. “m^2”　　B. “樘”　　C. “t”　　D. “个”

26. 根据《广东省房屋建筑与装饰工程综合定额（2018）》的规定，建筑物地下室防水层，平面与立面交接处的防水层，其上卷高度超过（　　）mm 时，按立面防水层计算。

A. 300　　B. 500　　C. 800　　D. 1 000

27. 根据《广东省房屋建筑与装饰工程综合定额（2018）》的规定，幕墙工程中的干挂石材钢骨架、点支式全玻璃幕墙钢结构桁架，按设计图示尺寸以（　　）计算。

A. “个”　　B. “t”　　C. “m^2”　　D. “榀”

28. 预算定额直接套用时可按（　　）顺序找出所需项目。

A. 定额节→分部工程→子项目→定额项目表
B. 定额项目表→分部工程→子项目→定额节
C. 分部工程→定额节→定额项目表→子项目
D. 定额节→分部工程→定额项目表→子项目
29. 为适应工程量清单计价模式，施工图预算的编制全面转向（　　）。
A. 全费用综合单价法　　B. 综合单价法
C. 工料单价法　　D. 成本加利润法
30. 暂列金额由招标人根据工程特点、工期长短，一般可以按分部分项工程费的（　　）进行估算。
A. 5%~10%　　B. 10%~15%　　C. 15%~20%　　D. 20%~25%

二、多项选择题（共 20 题，每小题 1.3 分，共 26 分。每小题的备选项中，有 2 个或 2 个以上符合题意，至少有 1 个错项，错选、多选、少选均不得分）

1. 基础按受力特点及材料性能可分为（　　）。
A. 独立基础　　B. 刚性基础
C. 条形基础　　D. 柔性基础
E. 桩基础
2. 抗拉性能是钢材的最主要性能，其主要技术指标有（　　）。
A. 屈服强度　　B. 弯曲性能
C. 抗拉强度　　D. 伸长率
E. 焊接性能
3. 混凝土养护一般可分为（　　）。
A. 低温养护　　B. 标准养护
C. 常温养护　　D. 加热养护
E. 自然养护
4. 建筑幕墙按幕墙材料可分为（　　）。
A. 玻璃幕墙　　B. 石材幕墙
C. 金属幕墙　　D. 陶瓷幕墙
E. 混凝土幕墙
5. 工程项目施工过程中，应及时修改、补充施工组织总设计的情形有（　　）。
A. 工程设计有修改
B. 有关法律法规、标准的实施、修订或废止
C. 主要施工方法有重大调整
D. 主要施工资源配置有重大调整
E. 施工环境有重大改变
6. 分部分项工程量清单必须载明（　　）。
A. 综合单价　　B. 工作内容
C. 项目特征　　D. 项目名称
E. 计量单位

7.《广东省房屋建筑与装饰工程综合定额（2018）》由分部分项工程项目和（　　）组成。

A. 措施项目　　B. 其他项目

C. 税金　　D. 规费

E. 附录

8. 根据《房屋建筑与装饰工程工程量计算规范》GB 50854—2013 的规定，内墙抹灰面积按主墙间的净长乘以高度计算，不扣除（　　）的面积。

A. 门窗洞口　　B. 踢脚线

C. 挂镜线　　D. $0.3m^2$ 以内孔洞

E. 墙裙

9. 根据《房屋建筑与装饰工程工程量计算规范》GB 50854—2013 的规定，关于混凝土工程量计算，下列选项中说法不正确的有（　　）。

A. 有梁板的柱高自柱基上表面至上一层楼板下表面之间的高度计算

B. 依附柱上的牛腿及升板的柱帽，并入柱身体积内计算

C. 现浇混凝土无梁板按板和柱帽的体积之和计算

D. 预制混凝土楼梯按水平投影面积计算

E. 预制混凝土沟盖板、井盖板、井圈按设计图示尺寸以体积计算

10. 根据《房屋建筑与装饰工程工程量计算规范》GB 50854—2013 的规定，关于混凝土及钢筋混凝土工程量计算，下列选项中正确的是（　　）。

A. 天沟、挑檐板按设计尺寸以面积计算

B. 现浇混凝土墙的工程量不包括墙垛体积

C. 散水、坡道按设计图示尺寸以面积计算

D. 地沟按设计图示以中心线长度计算

E. 预制沟盖板、井盖板以“个”计算

11. 根据《广东省房屋建筑与装饰工程综合定额（2018）》的规定，关于抹灰面层工程量计算规则，不正确的有（　　）。

A. 天棚抹灰，除注明外，按设计图示水平投影面积以“m^2”计算

B. 扣除间壁墙、垛、柱、附墙烟囱、检查口和管道所占的面积

C. 天棚抹灰如带有装饰线时，装饰线按设计图示尺寸以“m”计算，计算天棚抹灰工程量时不扣除装饰线所占面积

D. 板式楼梯底面抹灰按斜面积以“m^2”计算

E. 梁式楼梯底板抹灰按投影面积以“m^2”计算

12. 根据《广东省房屋建筑与装饰工程综合定额（2018）》的规定，关于景观工程工程量计算规则，正确的有（　　）。

A. 园路按设计图示尺寸以“m^2”计算，卵石拼花按其外接矩形或圆形以“m^2”计算

B. 路牙铺设按设计图示尺寸以“m^3”计算

C. 塑假山按外形表面的展开面积以“m^2”计算

D. 石笋按设计图示数量以“m^3”计算

E. 塑竹、柱面塑松皮按设计图示尺寸以“m”计算

13. 根据《广东省房屋建筑与装饰工程综合定额（2018）》的规定，关于现浇混凝土

建筑物模板工程量计算规则，下列说法不正确的有（　　）。

A. 现浇混凝土建筑物模板工程量，除另有规定外，均按混凝土与模板的接触面积以“m^2”计算，不扣除后浇带面积

B. 楼梯模板按混凝土与模板的接触面积以“m^2”计算

C. 梁与梁、梁与墙，梁与柱交接时，净空长度以“m”计算，不扣减接合处的模板面积

D. 板模板工程量应扣除混凝土柱、梁、墙所占的面积

E. 台阶模板按水平投影面积计算，台阶两侧另行计算模板面积

14. 关于施工单位对建设工程质量最低保修期限，说法正确的是（　　）。

A. 有防水要求的卫生间为2年

B. 电气设备安装工程为2年

C. 给排水管道为5年

D. 供热与供冷系统，为2个采暖期、供冷期

E. 装修工程为2年

15. 根据《广东省房屋建筑与装饰工程综合定额（2018）》的规定，关于门窗装饰工程量计算规则，说法正确的有（　　）。

A. 门饰面，按设计图示饰面外围尺寸展开面积以“m^2”计算

B. 门窗套，按设计图示饰面外围尺寸展开面积以“m^2”计算

C. 窗台板，按设计图示饰面外围尺寸展开面积以“m^2”计算

D. 门窗贴脸，按设计图示饰面外围尺寸以“m^2”计算

E. 窗帘盒、窗帘轨（杆），按设计图示尺寸以“m”计算

16. 广东省建筑与装饰工程工程量清单计价的工程造价由（　　）组成。

A. 分部分项工程费　　B. 措施项目费、其他项目费

C. 绿色施工安全防护措施费　　D. 规费

E. 税金

17. 承包人应根据办理的竣工结算文件，向发包人提交竣工结算款支付申请，承包人提交的竣工结算申请单应包括的内容有（　　）。

A. 竣工结算合同价款总额　　B. 所有已支付的变更价款金额

C. 累计已实际支付的合同价款　　D. 应扣留的质量保证金

E. 实际应支付的竣工结算款金额

18. 缺陷责任期中的“缺陷”是指建设工程质量不符合（　　）。

A. 业主要求　　B. 工程建设强制标准

C. 监理要求　　D. 设计文件

E. 承包合同约定

19. 根据《建设工程工程量清单计价规范》GB 50500—2013的规定，采用工程量清单招标的工程，投标人在投标报价时不得作为竞争性费用的是（　　）。

A. 其他项目费　　B. 安全文明施工费

C. 措施项目费　　D. 税金

E. 总承包服务费

20. 广东省建筑与装饰工程计价方法包括（　　）。

A. 全费用综合单价法　　B. 工程量清单计价法

C. 工料单价法　　D. 定额计价法

E. 成本加利润法

第二部分　材料分析题（共 50 分）

一、某工程基础平面图如图 1-1（a）所示，现浇钢筋混凝土带形基础、独立基础的尺寸如图 1-1（b）所示。混凝土垫层强度等级为 C15，基础混凝土为商品混凝土，强度等级为 C30。垫层为非原槽浇筑，工作面宽度为 300mm。依据《房屋建筑与装饰工程工程量计算规范》GB 50854—2013 和广东省相关规定，完成下列问题（计算结果保留两位小数）。（共 12 分）

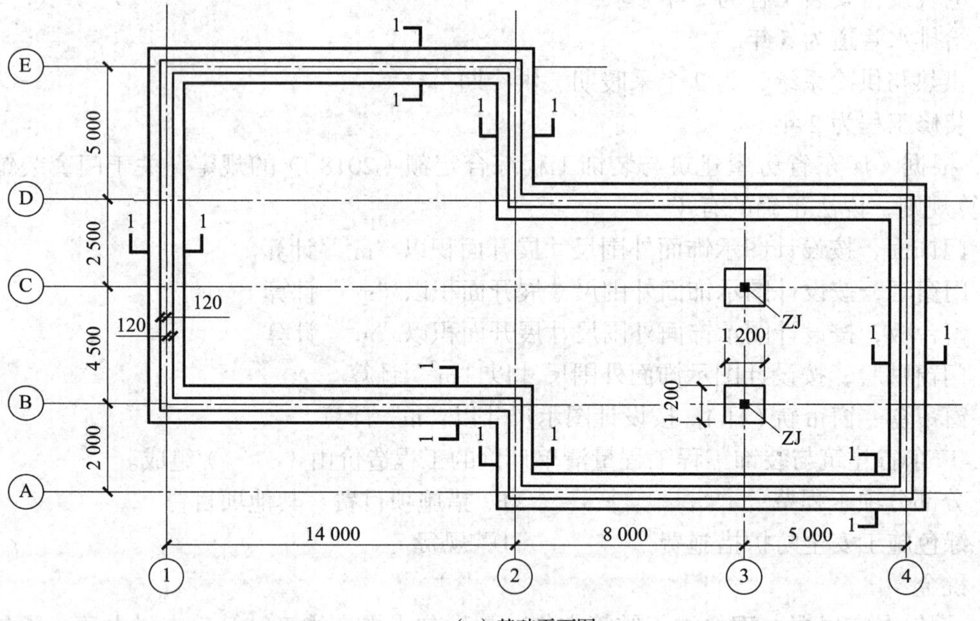

（a）基础平面图

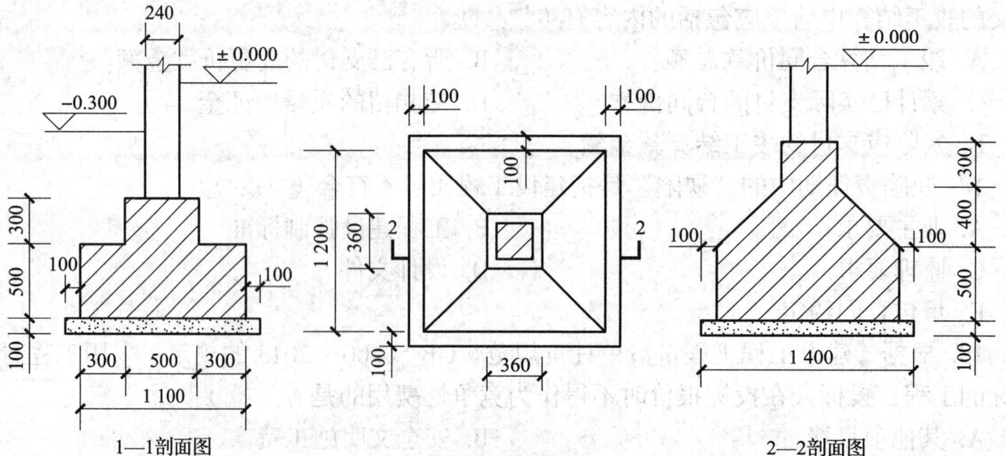

（b）基础剖面图

图 1-1　某基础平面图和剖面图

问题：

1. 确定带形基础清单项目编码。
2. 计算带形基础清单工程量。
3. 计算带形基础垫层清单工程量。
4. 计算独立基础清单工程量。
5. 确定独立基础垫层清单项目编码。
6. 计算独立基础垫层清单工程量。

二、某框架梁如图 1–2 所示，抗震等级为三级，柱、梁保护层厚度均为 25mm，KZ1 截面尺寸为 600mm × 600mm，图示轴线为柱中心线。已知抗震设计中受拉钢筋基本锚固长度 L_{abE} 为 33d，受拉钢筋抗震锚固长度 L_{aE} 为 35d（d 为锚固钢筋直径），若纵筋锚固为弯锚时，弯锚长度按 0.4L_{abE}+15d 计取；箍筋加密范围为 Max（1.5H_b，500），其中 H_b 为梁截面高度。依据《混凝土结构施工图平面整体表示方法制图规则和构造详图（现浇混凝土框架、剪力墙、梁、板）》22G101–1、《房屋建筑与装饰工程工程量计算规范》GB 50854—2013 和广东省相关规定，完成下列问题（除特别注明外，计算结果保留三位小数）。（共 18 分）

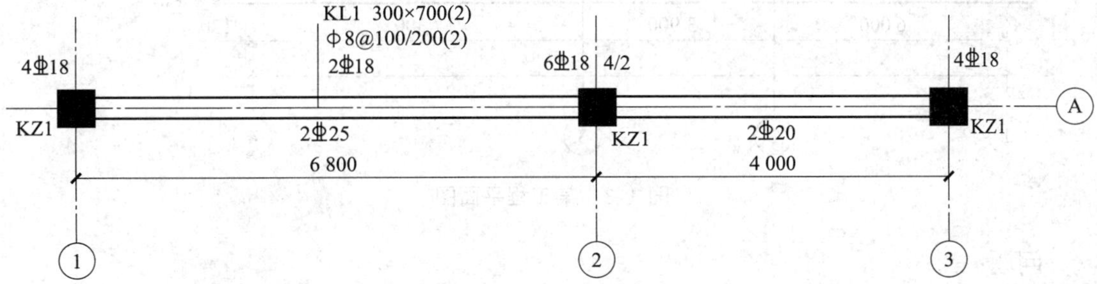

图 1–2 某框架梁图

问题：

1. 影响受拉钢筋锚固长度的因素有哪些？

2. 已知钢筋线密度：ϕ8 为 0.395kg/m，⌀18 为 1.997kg/m，⌀20 为 2.466kg/m，⌀25 为 3.850kg/m，以“t”为计量单位，计算图示上部、下部钢筋工程量。

3. 计算图示箍筋钢筋工程量，已知 ϕ8 钢筋线密度为 0.395kg/m。

三、某工程平面图如图 1–3 所示，墙体厚度为 240mm，墙体轴线居墙中线布置，矩形柱截面尺寸为 500mm × 500mm，矩形柱与墙体外边线平齐（④轴交Ⓒ轴的矩形柱除外，其中心线同④轴墙体中心线）。（10 分）

洗澡间地面做法：素土夯实；C15 混凝土垫层 80mm 厚；干混砂浆铺贴 5mm 厚 600mm × 600mm 地砖面层。

洗澡间踢脚线做法：干混砂浆铺贴彩釉砖踢脚板，150mm 高。

按要求回答以下问题（计算结果保留两位小数）。

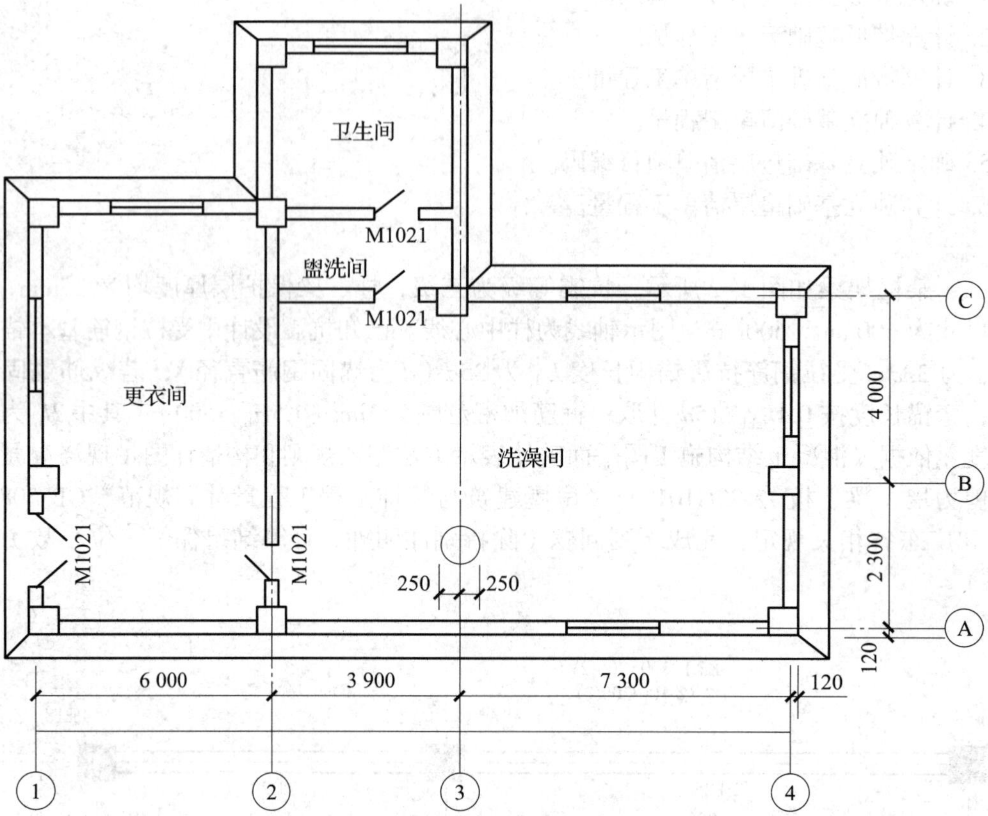

图 1–3　某工程平面图

问题：

1. 依据《房屋建筑与装饰工程工程量计算规范》GB 50854—2013 的相关规定，计算洗澡间地砖面层工程量。（注：工程量不考虑门洞开口部分地面。）

2. 依据《房屋建筑与装饰工程工程量计算规范》GB 50854—2013 的相关规定，编制工程量清单时，确定洗澡间地砖楼地面项目编码。

3. 依据《房屋建筑与装饰工程工程量计算规范》GB 50854—2013 的相关规定，计算洗澡间块料踢脚线工程量。（注：①门洞侧边做 100mm 宽；②以"m^2"为计量单位；③框架柱踢脚线做法同墙面。）

四、某项目平面图如图 1–4 所示（砖砌体墙厚 240mm，墙体轴线居墙中心线布置）。内墙净高 3.9m，内墙均做有内墙裙，内墙裙高 0.9m，采用 15mm 厚水泥石灰砂浆打底，面层抹 5mm 厚水泥砂浆；其余内墙面（包括柱面）用 15mm 厚水泥石灰砂浆打底，面层抹 5mm 厚水泥石灰砂浆。M1 尺寸为 1 000mm × 2 100mm、M2 尺寸为 800mm × 2 100mm，C1 尺寸为 1 800mm × 1 800mm，窗台高度为 900mm。按要求回答以下问题（计算结果保留两位小数）。（共 10 分）

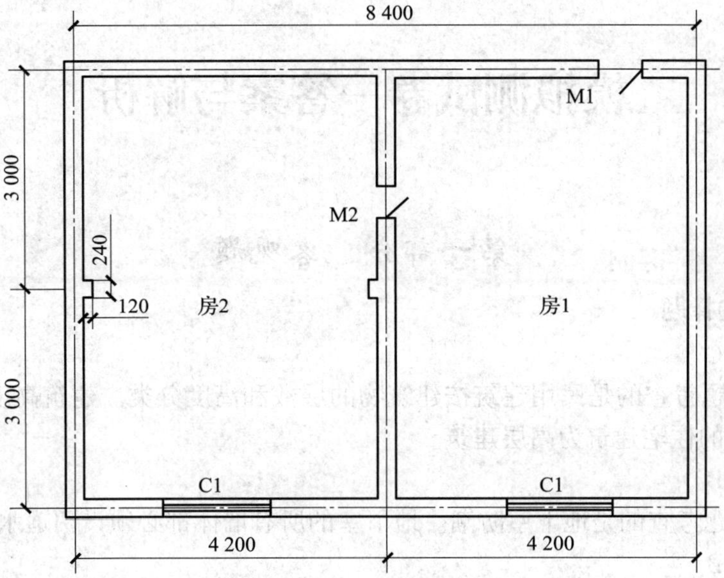

图 1-4　某项目平面图

问题：

1. 依据《房屋建筑与装饰工程工程量计算规范》GB 50854—2013 的相关规定，计算水泥石灰砂浆墙面抹灰的工程量。

2. 依据《房屋建筑与装饰工程工程量计算规范》GB 50854—2013 的相关规定，编制项目清单时，确定水泥石灰砂浆墙面项目编码。

3. 依据《房屋建筑与装饰工程工程量计算规范》GB 50854—2013 的相关规定，计算墙裙抹灰的工程量。

模拟测试卷一答案与解析

第一部分　客观题

一、单项选择题

1.【答案】C

【解析】本题考查的是民用建筑按建筑物的层数和高度分类。建筑高度大于 27m 且小于或等于 100m 的住宅建筑为高层建筑。

2.【答案】B

【解析】本题考查的是地下室防潮。地下室的所有墙体都必须设两道水平防潮层。

3.【答案】B

【解析】本题考查的是无机凝胶材料。水泥是一种良好的矿物胶凝材料，属于水硬性胶凝材料。

4.【答案】A

【解析】本题考查的是预拌混凝土。国家提倡或强制要求采用商品混凝土施工，在采用商品混凝土时要考虑混凝土的经济运距，一般以 15 ~ 20km 为宜，运输时间一般不宜超过 1h。

5.【答案】B

【解析】本题考查的是明排水法施工。集水坑应设置在基础范围以外、地下水走向的上游，根据地下水量大小、基坑平面形状及水泵能力，集水坑每隔 20 ~ 40m 设置一个。

6.【答案】C

【解析】本题考查的是钢筋混凝土预制桩施工。常用的钢筋混凝土预制桩断面有实心方桩与预应力混凝土空心管桩两种。预应力混凝土管桩直径为 400 ~ 600mm，在工厂内用离心法制成。

7.【答案】C

【解析】本题考查的是桩的堆放。桩堆放时应设置垫木，垫木的位置与吊点位置相同，各层垫木应上下对齐，堆放层数不宜超过 4 层。不同规格的桩应分别堆放。

8.【答案】A

【解析】本题考查的是单斗挖掘机施工。正铲挖掘机的挖土特点是：前进向上，强制切土。

9.【答案】B

【解析】本题考查的是推土机施工。并列推土法，在较大面积的平整场地施工中，采用 2 台或 3 台推土机并列推土的方法。

10.【答案】A

【解析】本题考查的是单位工程施工组织设计。单位工程施工组织设计应由施工项目负责人主持编制，应由施工单位技术负责人或其授权的技术人员负责审批。

11.【答案】B

【解析】本题考查的是《建筑工程建筑面积计算规范》GB/T 50353—2013 的规定及应用。建筑物的门厅、大厅应按一层计算建筑面积，门厅、大厅内设置的走廊应按走廊结构底板水平投影面积计算建筑面积。结构层高在 2.20m 及以上的，应计算全面积；结构层高在 2.20m 以下的，应计算 1/2 面积。

12.【答案】A

【解析】本题考查的是《建筑工程建筑面积计算规范》GB/T 50353—2013 的规定及应用。门斗应按其围护结构外围水平面积计算建筑面积。结构层高在 2.20m 及以上的，应计算全面积；结构层高在 2.20m 以下的，应计算 1/2 面积。

13.【答案】B

【解析】本题考查的是项目编码。分部分项工程量清单项目编码以五级编码设置，用十二位阿拉伯数字表示。一、二、三、四级编码为全国统一，即一至九位按计算规范附录的规定设置；第五级即十至十二位应根据拟建工程的工程量清单项目名称设置，不得有重码，这三位清单项目编码由招标人针对招标工程项目具体编制，并应自 001 起顺序编制。各级编码代表的含义如下：①第一级表示专业工程代码（分二位）；②第二级表示附录分类顺序码（分二位）；③第三级表示分部工程顺序码（分二位）；④第四级表示分项工程项目名称顺序码（分三位）；⑤第五级表示工程量清单项目名称顺序码（分三位）。

14.【答案】B

【解析】本题考查的是土石方工程计算规则。沟槽、基坑、一般土方的划分为：底宽 ≤7m，且底长 >3 倍底宽为沟槽；底长≤3 倍底宽，且底面积≤150m^2 为基坑；超出上述范围则为一般土方。

15.【答案】B

【解析】本题考查的是地基处理与边坡支护工程计算规则。振冲桩（填料）：以“m”计量，按设计图示尺寸以桩长计算；以“m^3”计量，按设计桩截面乘以桩长以体积计算。砂石桩：以“m”计量，按设计图示尺寸以桩长（包括桩尖）计算；以“m^3”计量，按设计桩截面乘以桩长（包括桩尖）以体积计算。水泥粉煤灰碎石桩：按设计图示尺寸以桩长（包括桩尖）计算。深层搅拌桩：按设计图示尺寸以桩长计算。

16.【答案】C

【解析】本题考查的是砌筑工程计算规则。基础与墙（柱）身使用同一种材料时，以设计室内地面为界（有地下室者，以地下室室内设计地面为界），以下为基础，以上为墙（柱）身。基础与墙身使用不同材料时，位于设计室内地面高度≤±300mm 时，以不同材料为分界线；高度 >±300mm 时，以设计室内地面为分界线。砖围墙以设计室外地坪为界，以下为基础，以上为墙身。

17.【答案】C

【解析】本题考查的是金属结构工程计算规则。钢网架工程量按设计图示尺寸以质量计算。

18.【答案】A

【解析】本题考查的是屋面及防水工程计算规则。选项 A 正确，屋面防水搭接及附加层用量不另行计算，在综合单价中考虑。选项 B 错误，屋面排水管，按设计图示尺寸以长度计算；如设计未标注尺寸，以檐口至设计室外散水上表面垂直距离计算。选项 C 错误，屋面铁皮天沟按设计图示尺寸以展开面积计算。选项 D 错误，屋面变形缝，按设计图示以长度计算。

19.【答案】D

【解析】本题考查的是天棚工程计算规则。天棚抹灰按设计图示尺寸以水平投影面积计算。板式楼梯底面抹灰按斜面积计算；艺术造型天棚抹灰按展开面积计算。

20.【答案】B

【解析】本题考查的是《广东省房屋建筑与装饰工程综合定额（2018）》（以下简称《2018 综合定额》）。该定额“A.1.1 土石方工程”规定：平整场地、沟槽、基坑、一般土石方的划分，场地厚度≤±30cm 的就地挖、填、运、找平为平整场地；底宽≤7m 且底长 >3 倍底宽为沟槽；底长≤3 倍底宽且面积≤150m^2 为基坑；超出上述范围则为一般土石方。

21.【答案】A

【解析】本题考查的是《2018 综合定额》。该定额“A.1.1 土石方工程”规定：支挡土板定额子目分为密板和疏板，密板是指满支挡土板，板距不大于 30cm；疏板是指间隔支挡土板，板距不大于 150cm，实际间距不同时，不做调整。

22.【答案】B

【解析】本题考查的是《2018 综合定额》。该定额“A.1.1 土石方工程”规定：原土打夯、碾压工程量按设计图示尺寸以“m^2”计算。

23.【答案】D

【解析】本题考查的是《2018 综合定额》。该定额“A.1.3 桩基础工程”规定：沉管灌注混凝土桩、夯扩桩工程量，按桩长乘以设计截面面积以“m^3”计算。

24.【答案】A

【解析】本题考查的是《2018 综合定额》。该定额“A.1.5 混凝土及钢筋混凝土工程”规定：主梁与次梁连接时，次梁长算至主梁内侧面；挑檐、天沟与梁连接时，以梁外边线为分界线。

25.【答案】B

【解析】本题考查的是《2018 综合定额》。该定额“A.1.9 门窗工程”规定：电子感应自动门、全玻转门、不锈钢电动伸缩门按设计图示数量以“樘”计算。

26.【答案】A

【解析】本题考查的是《2018 综合定额》。该定额“A.1.10 屋面及防水工程”规定：建筑物地下室防水层，按设计图示尺寸以“m^2”计算，但不扣除 0.3m^2 以内的孔洞所占面积。平面与立面交接处的防水层，其上卷高度超过 300mm 时，按立面防水层计算。

27.【答案】B

【解析】本题考查的是《2018 综合定额》。该定额“A.1.13 墙、柱面装饰与隔断、幕墙工程”规定：干挂石材钢骨架、点支式全玻璃幕墙钢结构桁架，按设计图示尺寸以“t”计算。

28.【答案】C

【解析】本题考查的是预算定额的调整与应用。直接套用定额时可按分部工程→定额节→定额项目表→子项目的顺序找出所需项目。

29.【答案】B

【解析】本题考查的是单位工程施工图预算的编制。为适应工程量清单计价模式，目前预算定额采用综合单价的模式编制，施工图预算的编制也相应从工料单价法全面转向了综合单价法。

30.【答案】B

【解析】本题考查的是其他项目费的编制。暂列金额由招标人根据工程特点、工期长短，按有关计价规定进行估算（一般可以分部分项工程费的 10%~15% 为参考）。

二、多项选择题

1.【答案】BD

【解析】本题考查的是民用建筑构造中基础的分类。基础按受力特点及材料性能可分为刚性基础和柔性基础。

2.【答案】ACD

【解析】本题考查的是钢材的性能。抗拉性能是钢材的最主要性能，表征其性能的技术指标主要是屈服强度、抗拉强度和伸长率。

3.【答案】BDE

【解析】本题考查的是混凝土的养护。混凝土养护一般可分为标准养护、加热养护和自然养护。

4.【答案】ABCE

【解析】本题考查的是建筑幕墙按幕墙材料划分的种类。建筑幕墙按幕墙材料可分为玻璃幕墙、石材幕墙、金属幕墙、混凝土幕墙和组合幕墙。

5.【答案】BCDE

【解析】本题考查的是施工组织总设计。工程项目施工过程中，发生下列情形之一时，应及时修改、补充施工组织总设计：①工程设计有重大修改；②有关法律法规、标准的实施、修订或废止；③主要施工方法有重大调整；④主要施工资源配置有重大调整；⑤施工环境有重大改变。

6.【答案】CDE

【解析】本题考查的是分部分项工程量清单的编制。分部分项工程项目清单必须载明项目编码、项目名称、项目特征、计量单位和工程量，分部分项工程项目清单必须根据各专业工程工程量计算规范规定的项目编码、项目名称、项目特征、计量单位和工程量计算规则进行编制。

7.【答案】ABCE

【解析】本题考查的是《2018 综合定额》。该定额“总说明”规定：本综合定额由分部分项工程项目、措施项目、其他项目、税金、附录共五部分组成。

8.【答案】BCD

【解析】本题考查的是墙、柱面装饰与隔断、幕墙工程计算规则。墙面一般抹灰，扣除墙裙、门窗洞口及单个 $>0.3m^2$ 的孔洞面积，不扣除踢脚线、挂镜线和墙与构件交接处的面积，门窗洞口和孔洞的侧壁及顶面不增加面积。

9.【答案】AD

【解析】本题考查的是混凝土及钢筋混凝土工程计算规则。选项 A 错误，有梁板的柱高自柱基上表面至上一层楼板上表面之间的高度计算；选项 D 错误，预制混凝土楼梯以“m^3”或“块”计量。

10.【答案】CD

【解析】本题考查的是混凝土及钢筋混凝土工程计算规则。天沟、挑檐板按设计图示尺寸以体积计算；现浇混凝土墙的工程量中墙垛及凸出墙面部分并入墙体体积内计算；沟盖板、井盖板、井圈，按设计图示尺寸以体积计算或按设计图示尺寸以数量计算。

11.【答案】BE

【解析】本题考查的是《2018 综合定额》。该定额“A.1.14 天棚工程”规定：不扣除间壁墙、垛、柱、附墙烟囱、检查口和管道所占的面积；梁式楼梯底板抹灰按展开面积以“m^2”计算。

12.【答案】ACE

【解析】本题考查的是《2018 综合定额》。该定额“A.1.17 景观工程”规定：路牙铺设按设计图示尺寸以“m”计算；石笋按设计图示数量以“根”计算。

13.【答案】BE

【解析】本题考查的是《2018 综合定额》。该定额“A.1.20 模板工程”规定：楼梯模板按水平投影面积计算，整体楼梯（包括直形楼梯、弧形楼梯）的水平投影面积包括休息平台、平台梁、斜梁和楼梯的连接梁；台阶模板按水平投影面积计算，台阶两侧不另计算模板面积。

14.【答案】BDE

【解析】本题考查的是质量保证金的处理。按照《建设工程质量管理条例》（国务院令第 714 号）的规定，保修期限如下：

（1）基础设施工程、房屋建筑的地基基础工程和主体结构工程，为设计文件规定的该工程的合理使用年限；

（2）屋面防水工程、有防水要求的卫生间、房间和外墙面的防渗漏为 5 年；

（3）供热与供冷系统为 2 个采暖期、供冷热期；

（4）电气管线、给排水管道、设备安装和装修工程为 2 年。

15.【答案】ABCE

【解析】本题考查的是《2018 综合定额》。该定额“A.1.9 门窗工程”规定：门窗贴脸、盖口条、披水条，按设计图示饰面外围尺寸以“m”计算。

16.【答案】ABDE

【解析】本题考查的是广东省建筑与装饰工程计价依据的组成。采用工程量清单计价，是按照《建设工程工程量清单计价规范》GB 50500—2013 的规定计算建设工程造价的计价。当采用工程量清单计价时，工程造价由分部分项工程费、措施项目费、其他项目费、规费、税金组成。

17.【答案】ACDE

【解析】本题考查的是竣工结算款的支付。承包人应根据办理的竣工结算文件，向发包人提交竣工结算款支付申请。该申请应包括下列内容：

（1）竣工结算合同价款总额；

（2）累计已实际支付的合同价款；

（3）应扣留的质量保证金；

（4）实际应支付的竣工结算款金额。

18.【答案】BDE

【解析】本题考查的是质量保证金的处理。缺陷是指建设工程质量不符合工程建设强制标准、设计文件，以及承包合同的约定。

19.【答案】BD

【解析】本题考查的是不可竞争费。根据《建设工程工程量清单计价规范》GB 50500—2013 的规定，规费、税金、安全文明施工费，不得作为竞争性费用。

20.【答案】BD

【解析】本题考查的是广东省建筑与装饰工程计价依据的组成。广东省建筑与装饰工程计价方法包括工程量清单计价法和定额计价法两种。

第二部分　材料分析题

材料分析题一

问题 1：

带形基础清单项目编码：010501002001

问题 2：

（14.00+8.00+5.00）×2+（2.00+4.50+2.50+5.00）×2=82.00（m）

带形基础工程量 =（1.10×0.50+0.50×0.30）×82.00=57.40（m^3）

问题 3：

带形基础垫层 =1.30×0.10×82.00=10.66（m^3）

问题 4：

独立基础工程量 =［0.36×0.36×0.30+1.20×1.20×0.50+（1.20×1.20+0.36×0.36+1.56×1.56）×0.4/6］×2=2.05（m^3）

问题 5：

独立基础垫层清单项目编码：010501001001

问题 6：

独立基础垫层工程量 =1.40×1.40×0.10×2=0.39（m^3）

材料分析题二

问题 1：

（1）抗震构件受拉钢筋锚固长度的影响因素：①钢筋种类；②抗震等级；③混凝土强度等级；④钢筋直径

（2）非抗震构件受拉钢筋锚固长度的影响因素：①钢筋种类；②钢筋直径；③混凝土强度等级

问题 2：

（1）先判断通长筋伸入两端支座的长度是直锚还是弯锚

支座宽度 600mm，水平段长度 =600−25=575（mm），锚固长度 $L_{aE}=35d=35\times18=$

630（mm），575mm<630mm，所以通长筋伸入两端支座锚固长度为弯锚，即 $0.4L_{abE}+15d$

（2）上部通长筋长度 =［6 800+4 000−300×2+（0.4×33×18+15×18）×2］×2
=22.430 4（m）

（3）Ⓐ轴 / ①轴端支座第一排负筋：4⌀18（其中 2⌀18 是通长筋）

单根长度 $L=L_n/3+L_{锚固}$ =（6 800−300−300）/3+0.4×33×18+15×18=2.574（m）

（4）Ⓐ轴 / ②轴中间支座负筋：6⌀18 4/2（其中 2⌀18 是通长筋）

第一排 2⌀18：

单根长度 =Max｛L_{n_i}，$L_{n_{i+1}}$｝/3×2+h_c

Max｛6 200，3 400｝/3×2+600=4.733（m）

第二排 2⌀18：

单根长度 =Max｛L_{n_i}，$L_{n_{i+1}}$｝/4×2+h_c

单根长度 =Max｛6 200，3 400｝/4×2+600=3.700（m）

（5）Ⓐ轴 / ③轴端支座第一排负筋：4⌀18（其中 2⌀18 是通长筋）

单根长度 $L=L_{ni}/3+L_{锚固}$ =（4 000−300−300）/3+0.4×33×18+15×18=1.641（m）

⌀18 钢筋工程量 =（22.430 4+2.574×2+4.733×2+3.700×2+1.641×2）×1.997/1 000
=0.095（t）

（6）第一跨（长跨）下部钢筋：2⌀25

长度 =（6 800−300−300+0.4×33×25+15×25+35×25）×2=15.56（m）

⌀25 钢筋工程量 =15.56×3.850/1 000=0.060（t）

（7）第二跨（短跨）下部钢筋：2⌀20

长度 =（4 000−300−300+35×20+0.4×33×20+15×20）×2=9.328（m）

⌀20 钢筋工程量 =9.328×2.466/1 000=0.023（t）

问题 3：

（1）确定箍筋加密范围长度为 Max（1.5H_b，500）

Max（1.5×700，500）=1 050（mm）

（2）一端加密区箍筋根数 =（加密区长度 −50）/ 加密区间距 +1=［（1 050−50）/100+1］=11（根）

（3）非加密区箍筋根数 =（梁净长 − 两端加密区长度）/ 非加密区箍筋间距 −1

第一跨（长跨）非加密区箍筋根数 =［（6 800−300×2）−1 050×2］/200−1=20（根）

第二跨（短跨）非加密区箍筋根数 =［（4 000−300×2）−1 050×2］/200−1=6（根）

总箍筋根数 =11×4+20+6=70（根）

单根箍筋长度 =（梁高 + 梁宽）×2−8× 保护层厚度 +2×11.9d
=（300+700）×2−8×25+11.9×8×2=1 990.4（mm）

φ8 箍筋钢筋工程量 =1.990 4×70×0.395/1 000=0.055（t）

材料分析题三

问题 1：

（1）应扣减的面积 =0.50×0.26×2+0.26×0.13×2+0.26×0.26+3.14×0.25^2=0.59（m^2）

（2）洗澡间地砖面层工程量 =（3.90+7.30−0.12×2）×（2.30+4.00−0.12×2）−0.59
=65.83（m^2）

问题 2：

洗澡间地砖楼地面项目编码 011102003001

问题 3：

踢脚线长度 =［（3.90+7.30−0.12×2）+（2.30+4.00−0.24）］×2+0.26×4+0.10×4−1.00×2
=33.48（m）

踢脚线面积 =33.48×0.15=5.02（m^2）

材料分析题四

问题 1：

应扣减的门窗洞口面积 =1.80×1.80×2+1.00×（2.10−0.90）+0.80×（2.10−0.90）×2
=9.60（m^2）

内墙面抹灰：

S=［（8.40−0.24×2）×2+（6.00−0.24）×4+0.12×4］×（3.90−0.90）−9.60=108.48（m^2）

问题 2：

水泥石灰砂浆墙面项目编码 011201001001

问题 3：

S=［（8.40−0.24×2）×2+（6.00−0.24）×4+0.12×4］×0.90−（1.00×0.90+0.80×0.90×2）
=33.08（m^2）

模拟测试卷二

第一部分　客观题（共50分）

一、单项选择题（共30题，每小题0.8分，共24分。每小题的备选项中，只有1个最符合题意）

1. 四级建筑耐久年限为（　　）。

A. 100年以上　B. 50～100年　C. 25～50年　D. 15年以下

2. 当地下室地坪位于最高设计地下水位以下时，地下室四周墙体及底板均受水压影响，应有（　　）功能。

A. 防潮　B. 防火　C. 防水　D. 抗震

3. 钢材冷弯时的弯曲角度越（　　）、弯心直径越（　　），则表示其冷弯性能越好。

A. 大，大　B. 小，小　C. 小，大　D. 大，小

4. 目前地下连续墙施工中采用最多的一种接头是（　　）。

A. 接头管　B. 接头箱　C. 隔板式　D. 分段式

5. 正常施工条件下，石砌体每日砌筑高度不宜超过（　　）m。

A. 1.0　B. 1.1　C. 1.5　D. 1.2

6. 直接承受动力荷载的钢筋混凝土结构构件，其纵向钢筋连接应优先采用（　　）。

A. 闪光对焊　B. 电渣压力焊

C. 绑扎搭接　D. 直螺纹套筒连接

7. 下列不属于钢构件拼装方法的是（　　）。

A. 平装法　B. 立拼法

C. 组装法　D. 利用模具拼装法

8. 打桩机正确的打桩顺序为（　　）。

A. 先外后内　B. 先小后大　C. 先长后短　D. 先浅后深

9. 超过一定规模的危险性较大的分部分项工程专项施工方案应当由（　　）组织召开专家论证会。

A. 建设单位　B. 监理单位

C. 施工单位　D. 建设单位和施工单位共同

10. 在网络计划中（　　）为关键工作。

A. 自由时差最小的工作　B. 自由时差最大的工作

C. 总时差最小的工作　D. 总时差最大的工作

11. 根据《建筑工程建筑面积计算规范》GB/T 50353—2013的规定，有顶盖和围护设施的架空走廊，其建筑面积计算应按（　　）。

A. 围护结构外围水平面积的1/2计算　B. 围护结构外围水平面积计算全面积

C. 结构底板水平投影面积的1/2计算　D. 结构底板水平投影面积计算全面积

12. 某分部分项工程的清单项目编码为010401006001，则其专业工程代码为（　　）。

A. 01　　B. 04　　C. 006　　D. 001

13.《广东省房屋建筑与装饰工程综合定额（2018）》的编制反映了（　　）。

A. 社会平均先进水平　　B. 社会平均水平

C. 社会先进水平　　D. 社会综合水平

14. 根据《房屋建筑与装饰工程工程量计算规范》GB 50854—2013的规定，关于实心砖墙工程量计算规则，下列选项中说法正确的是（　　）。

A. 凸出墙面的砖垛需单独列项计算　　B. 平屋顶算至钢筋混凝土板顶

C. 围墙的高度算至压顶下表面　　D. 框架梁间内墙按梁间墙体积计算

15. 根据《房屋建筑与装饰工程工程量计算规范》GB 50854—2013的规定，关于木结构工程量计算规则，下列选项中说法不正确的是（　　）。

A. 木屋架按设计图示数量以"榀"计算

B. 木屋架按设计图示尺寸以"m^3"计算

C. 钢木屋架按设计图示数量以"榀"计算

D. 钢木屋架按设计图示尺寸以"m^3"计算

16. 根据《房屋建筑与装饰工程工程量计算规范》GB 50854—2013的规定，关于保温、隔热工程量计算，下列选项中说法正确的是（　　）。

A. 柱帽保温隔热应并入柱保温隔热工程量内

B. 保温隔热方式指内保温、外保温、夹心保温

C. 池槽保温隔热应按板保温隔热项目编码列项

D. 保温柱、梁适用于与墙、天棚相连的柱、梁

17. 根据《房屋建筑与装饰工程工程量计算规范》GB 50854—2013的规定，板式楼梯底面抹灰按（　　）计算。

A. 展开面积　　B. 实际抹灰面积

C. 斜面积　　D. 水平投影面积

18. 根据《广东省房屋建筑与装饰工程综合定额（2018）》的规定，挖桩间土不扣除桩芯直径（　　）cm以内或类似尺寸桩体所占体积。

A. 30　　B. 50　　C. 60　　D. 80

19. 根据《广东省房屋建筑与装饰工程综合定额（2018）》的规定，机械挖土方需人工辅助开挖时，按施工组织设计的规定分别计算机械、人工挖土工程量，如施工组织设计无规定的，按机械挖土方（　　）、人工挖土方（　　）计算。

A. 95%；5%　　B. 90%；10%　　C. 80%；20%　　D. 75%；25%

20. 根据《广东省房屋建筑与装饰工程综合定额（2018）》的规定，沉管灌注混凝土桩工程量计算规则是（　　）。

A. 按设计图示数量以"根"计算

B. 按设计图示桩长（不包括桩尖）以"m"计算

C. 按入土长度以"t"计算

D. 按桩长乘以设计截面面积以"m^3"计算

21. 根据《广东省房屋建筑与装饰工程综合定额（2018）》的规定，凸出混凝土外墙

面、阳台梁、栏板外侧（　　）mm 的装饰线条，执行压顶、扶手项目。

A. ≤600　　B. ≤500　　C. ≤400　　D. ≤300

22. 根据《广东省房屋建筑与装饰工程综合定额（2018）》的规定，栏板、反檐包括其伸入砌体内的部分，栏板、反檐高度超过（　　）m，按墙计算。

A. 1.0　　B. 1.2　　C. 1.5　　D. 1.8

23. 根据《广东省房屋建筑与装饰工程综合定额（2018）》的规定，关于预制构件工程量计算规则，下列说法正确的有（　　）。

A. 单元式幕墙安装工程量按单元板块组合后设计图示外围尺寸以“m”计算

B. 承重隔墙安装工程量按设计图示尺寸的墙体体积以“m^3”计算

C. 成品护栏安装工程量按设计图示中心线长度以“m”计算

D. 墙面成品木饰面安装工程量按设计图示尺寸以“m^3”计算

24. 根据《广东省房屋建筑与装饰工程综合定额（2018）》的规定，木构件中的木地楞工程量，按设计图示尺寸以（　　）计算。

A. “m”　　B. “m^2”　　C. “m^3”　　D. “根”

25. 根据《广东省房屋建筑与装饰工程综合定额（2018）》的规定，不锈钢电动伸缩门工程量按设计图示以（　　）计算。

A. “m^2”　　B. “樘”　　C. “t”　　D. “个”

26. 根据《广东省房屋建筑与装饰工程综合定额（2018）》的规定，关于找平层工程量计算规则，不正确的有（　　）。

A. 按设计图示尺寸以“m^2”计算

B. 扣除凸出地面构筑物、设备基础、室内管道、地沟等所占面积

C. 不扣除间壁墙和 $0.3m^2$ 以内的柱、垛、附墙烟囱及孔洞所占面积

D. 门洞、空圈、暖气包槽、壁龛的开口部分另行计算面积

27. 根据《广东省房屋建筑与装饰工程综合定额（2018）》的规定，幕墙工程中的通风器按设计图示尺寸以（　　）计算。

A. “m”　　B. “m^2”　　C. “个”　　D. “m^3”

28. 根据《广东省房屋建筑与装饰工程综合定额（2018）》的规定，筒子板工程量按设计图示饰面（　　）以“m^2”计算。

A. 水平投影面积　　B. 斜面积

C. 外围尺寸展开面积　　D. 垂直投影面积

29. 在广东省行政范围内，除全部采用国有资金投资或国有资金投资为主的建设项目外，其他投资主体的建设项目，施工合同未约定计价方法的，应采用（　　）。

A. 工料单价法　　B. 工程量清单计价法

C. 定额计价法　　D. 全费用综合单价法

30. 关于设备购置费构成，正确的是（　　）。

A. 设备购置费 = 设备原价 + 安装工程费

B. 设备购置费 = 设备原价 + 设备运杂费

C. 设备购置费 = 设备原价 + 设备运杂费 + 安装工程费

D. 设备购置费 = 设备原价 + 包装费 + 辅助材料费

二、多项选择题（共20题，每小题1.3分，共26分。每小题的备选项中，有2个或2个以上符合题意，至少有1个错项，错选、多选、少选均不得分）

1. 隔墙的类型很多，按其构造方式可分为（　　）。

A. 块材隔墙　　B. 板块隔墙

C. 骨架隔墙　　D. 板材隔墙

E. 钢筋隔墙

2. 影响混凝土和易性的主要因素有（　　）。

A. 水泥浆　　B. 骨料品种与品质

C. 水质　　D. 砂率

E. 其他因素

3. 填土压实方法有（　　）。

A. 强压法　　B. 碾压法

C. 夯实法　　D. 振动压实法

E. 颤动压实法

4. 钢筋的连接方法有（　　）。

A. 焊接连接　　B. 绑扎搭接连接

C. 机械连接　　D. 螺栓连接

E. 对口连接

5. 在工程实践中，铲运机的开行路线有（　　）。

A. 之字形路线　　B. 交叉路线

C. 环形路线　　D. 8字形路线

E. 平行路线

6. 根据《建筑工程建筑面积计算规范》GB/T 50353-2013的规定，下列选项中不计算建筑面积的是（　　）。

A. 附属在建筑物外墙的落地橱窗

B. 悬挑长度为1.60m的无柱雨篷

C. 主体结构外的阳台

D. 窗台与室内楼地面高差为0.5m且结构净高为2.20m的飘窗

E. 有围护设施的室外挑廊

7. 根据《房屋建筑与装饰工程工程量计算规范》GB 50854—2013的规定，关于地基处理与边坡支护工程计算规则中桩和注浆地基的相关工程量计算，下列选项中说法正确的是（　　）。

A. 振冲桩（填料）按设计图示处理范围以面积计算

B. 砂石桩以“m”计量，按设计图示尺寸以桩长（不包括桩尖）计算

C. 石灰桩以“m”计量，按设计图示尺寸以桩长（包括桩尖）计算

D. 柱锤冲扩桩以“m^3”计量，按设计图示尺寸以桩长（包括桩尖）乘以桩截面计算

E. 注浆地基以“m^3”计量，按设计图示尺寸以加固体积计算

8. 根据《房屋建筑与装饰工程工程量计算规范》GB 50854—2013的规定，关于现浇混凝土基础的项目列项或工程量计算，下列选项中正确的是（　　）。

A. 箱式满堂基础中的梁按基础梁列项

B. 箱式满堂基础中的墙按现浇混凝土墙列项

C. 框架式设备基础的基础底板按现浇混凝土独立基础列项

D. 框架式设备基础的柱和墙按设备基础列项

E. 现浇混凝土基础按设计图示尺寸以体积“m^3”计算

9. 根据《房屋建筑与装饰工程工程量计算规范》GB 50854—2013 的规定，关于混凝土及钢筋混凝土工程量计算，下列选项中正确的是（　　）。

A. 天沟、挑檐板按设计尺寸以面积计算

B. 现浇混凝土墙的工程量不包括墙垛体积

C. 散水、坡道按设计图示尺寸以面积计算

D. 地沟按设计图示以中心线长度计算

E. 预制沟盖板、井盖板以“个”计算

10. 根据《房屋建筑与装饰工程工程量计算规范》GB 50854—2013 的规定，关于油漆工程量计算，下列选项中说法正确的是（　　）。

A. 金属门油漆按设计图示洞口尺寸以面积计算

B. 窗台板油漆按设计图示尺寸以长度计算

C. 金属面油漆按设计展开面积计算

D. 木隔断油漆按设计图示尺寸以单面外围面积计算

E. 挂镜线油漆按设计图示尺寸以面积计算

11. 根据《广东省房屋建筑与装饰工程综合定额（2018）》的规定，关于砖墙工程量计算规则，下列选项中说法正确的是（　　）。

A. 砖墙工程量，按设计图示尺寸以“m^3”计算

B. 扣除门窗洞口、过人洞、空圈、嵌入墙内的钢筋混凝土柱、梁、梁头、圈梁、挑梁、过梁及凹进墙内的壁龛、管槽、暖气槽、消火栓箱所占体积

C. 不扣除单个面积 $0.3m^2$ 以内的孔洞所占体积

D. 凸出墙面的窗台线、窗眉线、虎头砖、门窗套以及三皮砖以内的腰线、压顶线、挑檐的体积不增加

E. 凸出墙面的砖垛以及三皮砖以上的腰线、压顶线、挑檐的体积并入墙身工程量内计算

12. 根据《广东省房屋建筑与装饰工程综合定额（2018）》的规定，关于柱高的表述，下列说法不正确的是（　　）。

A. 有梁板的柱高，应自柱基上表面（或楼板上表面）至上一层楼板下表面之间的高度计算

B. 无梁板的柱高，应自柱基上表面（或楼板上表面）至柱帽上表面高度计算

C. 框架柱的柱高，应自柱基上表面至柱顶高度计算

D. 构造柱按全高计算，嵌接墙体部分并入柱身体积

E. 钢管柱以钢管高度按钢管外径计算混凝土体积

13. 根据《广东省房屋建筑与装饰工程综合定额（2018）》的规定，关于围护体系安装工程量计算规则，下列说法正确的是（　　）。

A. 钢楼层板、屋面板按设计图示尺寸铺设面积以“m^2”计算，不扣除单个面积 $0.3m^2$ 以内柱、垛及孔洞所占面积

B. 屋面板按设计图示尺寸以铺设面积计算，不扣除单个面积 $0.3m^2$ 以内孔洞所占面积

C. 钢板天沟按设计图示尺寸以“m^2”计算

D. 不锈钢天沟、彩钢板天沟按设计图示尺寸以“t”计算

E. 硅酸钙板墙面板按设计图示尺寸墙体面积以“m^2”计算，不扣除单个面积 $0.3m^2$ 以内孔洞所占面积

14. 根据《广东省房屋建筑与装饰工程综合定额（2018）》的规定，关于木构件工程量计算规则，说法正确的是（　　）。

A. 木柱工程量，按设计图示尺寸以“m^3”计算

B. 木梁工程量，按设计图示尺寸以“m^3”计算

C. 枋、桁工程量，按设计图示尺寸以“m^3”计算

D. 木楼梯按设计图示水平投影面积以“m^2”计算，不扣除宽度小于 300mm 的楼梯井，伸入墙内部分不计算

E. 椽子工程量，按设计图示尺寸以“m^2”计算。

15. 根据《广东省房屋建筑与装饰工程综合定额（2018）》的规定，关于块料面层工程量计算规则，不正确的有（　　）。

A. 块料面层按设计图示尺寸以“m^2”计算

B. 扣除凸出地面构筑物、设备基础、室内管道、地沟等所占面积，不扣除间壁墙、点缀和 $0.3m^2$ 以内的柱、垛、附墙烟囱及孔洞所占面积

C. 楼梯及台阶面层防滑条，设计未注明长度时，防滑条按踏步两端距离各减 300mm 计算

D. 块料面层，门洞、空圈、暖气包槽、壁龛的开口部分不增加面积

E. 橡胶面层按设计图示尺寸以“m^2”计算，门洞、空圈、暖气包槽、壁龛的开口部分不增加面积

16. 根据《广东省房屋建筑与装饰工程综合定额（2018）》的规定，关于抹灰工程量计算规则，正确的有（　　）。

A. 抹灰工程量按设计图示结构面以“m^2”计算

B. 墙面抹灰按设计图示尺寸以“m^2”计算，扣除墙裙、门窗洞口及单个 $0.3m^2$ 以外的孔洞面积

C. 不扣除踢脚线、挂镜线和墙与构件交接处的面积，门窗洞口和孔洞的侧壁及顶面并入墙面

D. 飘窗另按墙面、地面、天棚面分别计算

E. 附墙柱、梁、垛、烟囱侧壁并入相应的墙面面积内计算

17. 根据《广东省房屋建筑与装饰工程综合定额（2018）》的规定，关于现浇混凝土建筑物模板工程量计算规则，下列说法不正确的有（　　）。

A. 现浇混凝土建筑物模板工程量，除另有规定外，均按混凝土与模板的接触面积以“m^2”计算，不扣除后浇带面积

B. 楼梯模板按混凝土与模板的接触面积以“m^2”计算

C. 梁与梁、梁与墙，梁与柱交接时，净空长度以“m”计算，不扣减接合处的模板面积

D. 板模板工程量应扣除混凝土柱、梁、墙所占的面积

E. 台阶模板按水平投影面积计算，台阶两侧另行计算模板面积

18. 根据《广东省房屋建筑与装饰工程综合定额（2018）》的规定，不能按工作内容单独计量的绿色施工安全防护措施费包括（　　）。

A. 绿色施工　　B. 临时设施

C. 安全施工　　D. 用工实名管理

E. 密目式安全网

19. 建设项目总预算按二级预算编制由（　　）汇总而成。

A. 单位工程施工图预算　　B. 工程建设其他费

C. 综合预算　　D. 预备费

E. 建设期利息及铺底流动资金

20. 广东省建筑与装饰工程定额计价的工程造价由（　　）组成。

A. 分部分项工程费　　B. 措施项目费

C. 其他项目费　　D. 规费

E. 税金

第二部分　材料分析题（共50分）

一、某工程带形砖基础剖面如图2–1所示，室外标高 –0.20m，室内标高 ±0.00m，土壤类别为三类土，机械顺沟槽坑上挖掘，C15混凝土垫层非原槽浇筑，基础墙厚240mm按轴线居中布置，外墙中心线长度80.00m，内墙净长67.00m、内墙墙基挖土净长64.80m、内墙墙基垫层净长62.40m。砖基础采用MU25页岩标砖，M10水泥砂浆（中砂）砌筑，–0.06m标高处设防潮层一道。依据《房屋建筑与装饰工程工程量计算规范》GB 50854—2013和广东省相关规定，完成下列问题（计算结果保留两位小数）。（共12分）

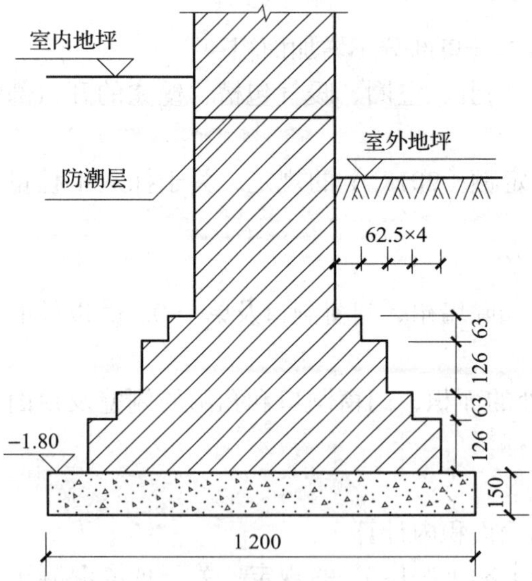

图2–1　基础剖面图

问题：

1. 计算挖沟槽土方清单工程量。
2. 计算垫层清单工程量。
3. 计算砖基础清单工程量。
4. 计算沟槽基础回填土方清单工程量。

二、某库房地面做沥青砂浆防腐面层，踢脚线抹1∶3水泥砂浆，厚度均为20mm，踢脚线高度150mm，如图2–2所示。墙厚均为240mm，门洞地面做防腐面层，侧边不做踢

脚线。依据《房屋建筑与装饰工程工程量计算规范》GB 50854—2013 和广东省相关规定，完成下列问题（计算结果保留两位小数）。（共 12 分）

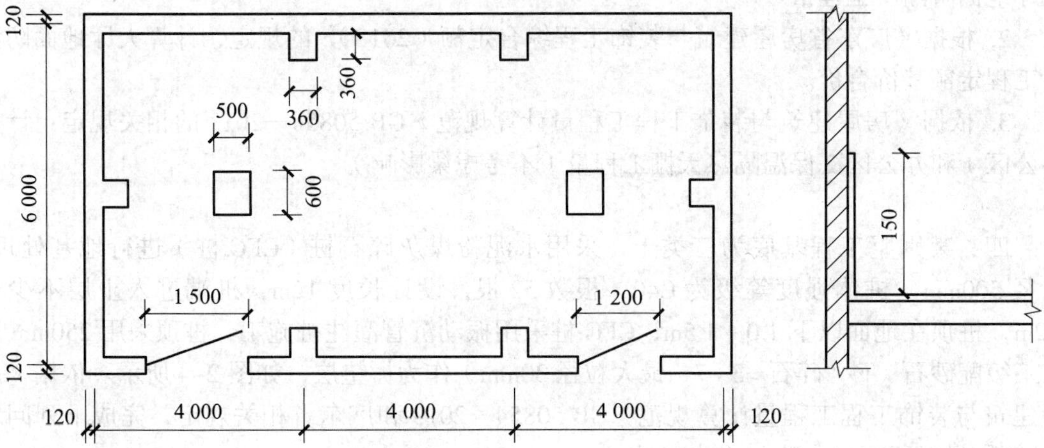

图 2–2 某库房平面示意图

问题：

1. 确定防腐砂浆面层清单项目编码。
2. 计算防腐砂浆面层清单工程量。
3. 确定砂浆踢脚线清单项目编码。
4. 计算砂浆踢脚线清单工程量。

三、某工程位于广州市，其建筑平面图如图 2–3 所示（墙体均为 240mm 厚，轴线居墙中心线布置），建筑大厅地面防潮采用单组分聚氨酯涂膜防水（2.0mm 厚）做法，办公区天棚采用在混凝土板下粘贴塑料板进行保温隔热，按要求回答以下问题（计算结果保留两位小数）。（共 14 分）

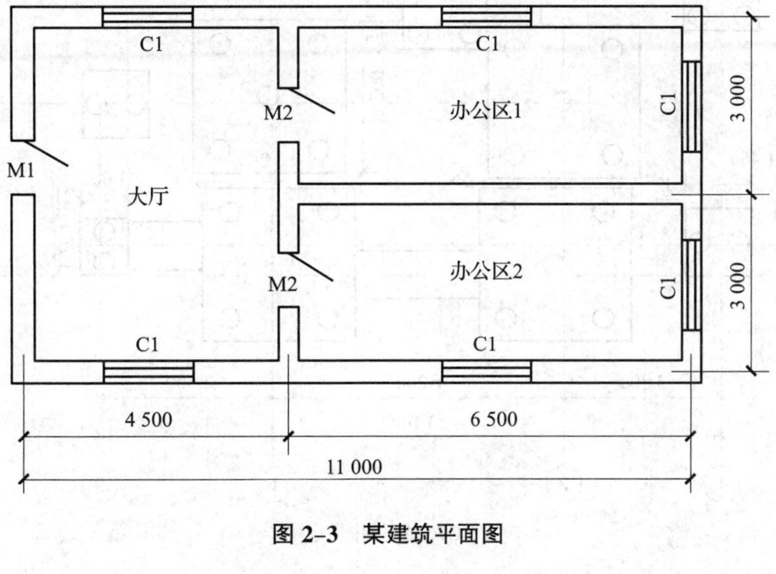

图 2–3 某建筑平面图

问题：

1. 依据《房屋建筑与装饰工程工程量计算规范》GB 50854—2013 的相关规定，计算大厅地面防潮层工程量。

2. 根据《广东省房屋建筑与装饰工程综合定额（2018）》的规定，计算大厅地面防潮层工程定额基价合价。

3. 依据《房屋建筑与装饰工程工程量计算规范》GB 50854—2013 的相关规定，计算办公区 1 和办公区 2 保温隔热天棚工程量（不考虑梁影响）。

四、某别墅工程基底为三类土，采用水泥粉煤灰碎石桩（CFG 桩）进行地基处理，桩径 500mm，桩体强度等级为 C40，根数 52 根，设计长度 12m，桩端进入土层不少于 1.2m，桩顶在地面以下 1.0 ~ 1.5m，CFG 桩采用振动沉管灌注桩施工，桩顶采用 250mm 厚人工级配砂石（砂：碎石 =3 : 7，最大粒径 30mm）作为褥垫层，如图 2–4 所示。依据《房屋建筑与装饰工程工程量计算规范》GB 50854—2013 和广东省相关规定，完成下列问题（计算结果保留两位小数）。（共 12 分）

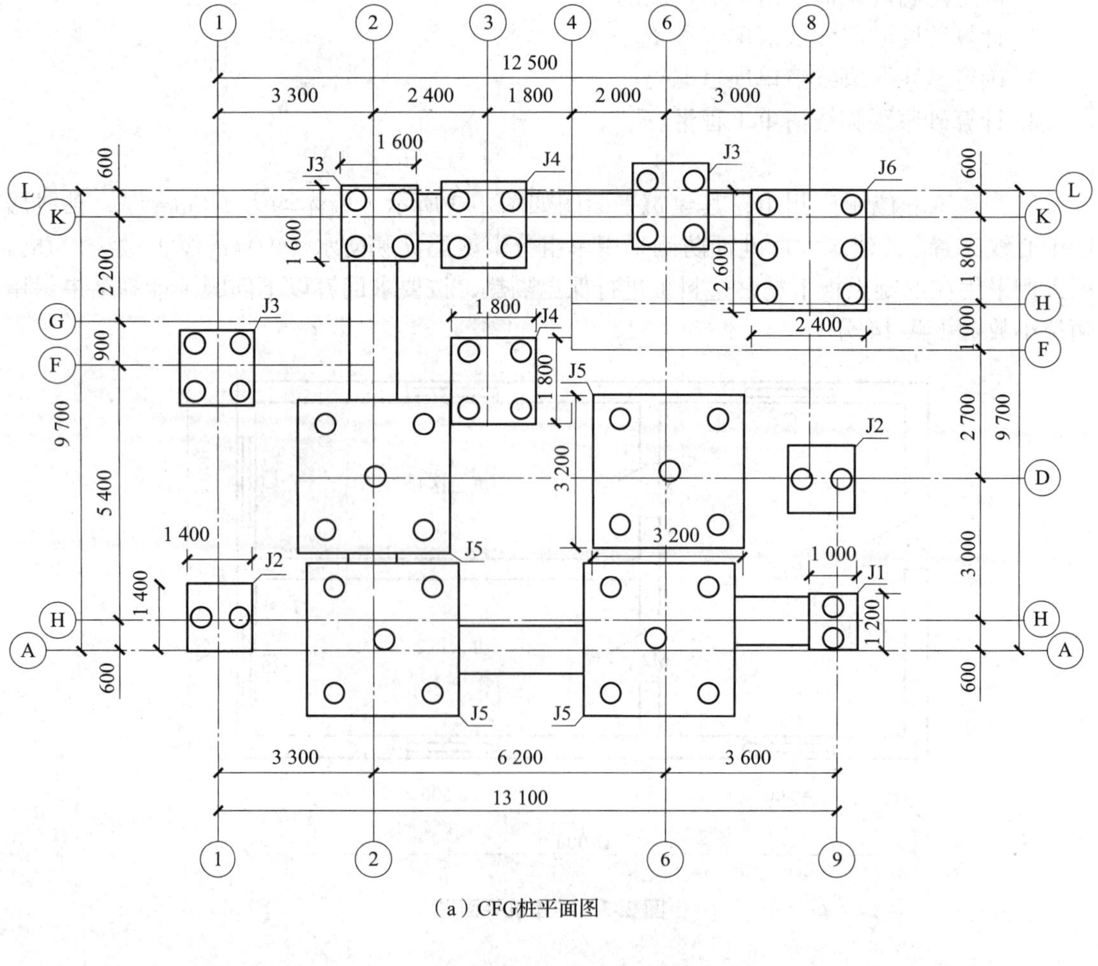

（a）CFG桩平面图

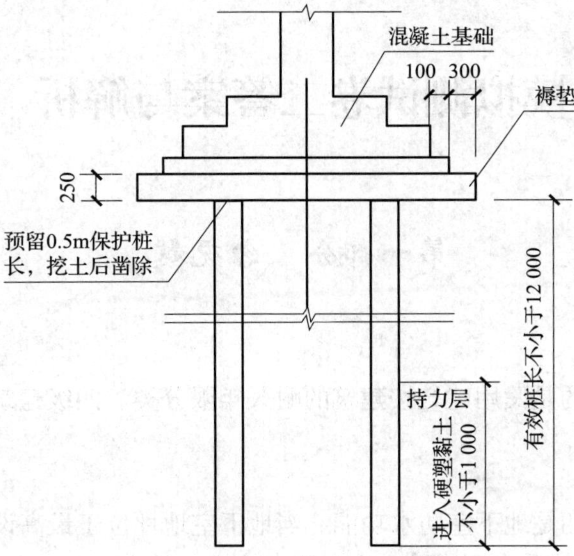

（b）CFG桩详图

图 2–4　某别墅 CFG 桩平面图和详图

问题：

1. 确定 CFG 桩清单项目编码。
2. CFG 桩清单工程量。
3. 确定褥垫层清单项目编码。
4. 褥垫层清单工程量。
5. 确定截桩头清单项目编码。
6. 截桩头清单工程量。

模拟测试卷二答案与解析

第一部分　客观题

一、单项选择题

1.【答案】D

【解析】本题考查的是民用建筑按建筑的耐久年限分类。四级建筑耐久年限为 15 年以下，适用于临时性建筑。

2.【答案】C

【解析】本题考查的是地下室防水功能。当地下室地坪位于最高设计地下水位以下时，地下室四周墙体及底板均受水压影响，应有防水功能。

3.【答案】D

【解析】本题考查的是钢材的冷弯性能。冷弯时的弯曲角度越大、弯心直径越小，则表示其冷弯性能越好。

4.【答案】A

【解析】本题考查的是槽段接头施工。接头管接头是目前地下连续墙施工中采用最多的一种接头。

5.【答案】D

【解析】本题考查的是砌体结构施工基本规定。正常施工条件下，砖砌体、小砌块砌体每日砌筑高度宜控制在 1.5m 或一步脚手架高度内；石砌体不宜超过 1.2m。

6.【答案】D

【解析】本题考查的是混凝土结构工程施工。直接承受动力荷载的结构构件中，纵向钢筋不宜采用焊接接头，宜采用机械连接。

7.【答案】C

【解析】本题考查的是钢构件预拼装。钢构件拼装方法有平装法、立拼法和利用模具拼装法三种。

8.【答案】C

【解析】本题考查的是混凝土灌注桩施工。打桩应避免自外向内，或从周边向中间进行。当桩基的设计标高不同时，打桩顺序宜先深后浅；当桩的规格不同时，打桩顺序宜先大后小、先长后短。

9.【答案】C

【解析】本题考查的是专项施工方案。超过一定规模的危险性较大的分部分项工程专项施工方案应当由施工单位组织召开专家论证会。

10.【答案】C

【解析】本题考查的是确定关键工作。在网络计划中，总时差最小的工作为关键工作。

11.【答案】C

【解析】本题考查的是建筑工程建筑面积计算规范及应用。建筑物间的架空走廊，有顶盖和围护结构的，应按其围护结构外围水平面积计算全面积；无围护结构、有围护设施的，应按其结构底板水平投影面积计算1/2面积。

12.【答案】A

【解析】本题考查的是项目编码。①一级：表示专业工程代码，两位；②二级：表示附录分类顺序码，两位；③三级：表示分部工程顺序码，两位；④四级：表示分项工程项目名称顺序码，三位；⑤五级：表示清单项目名称顺序编码，三位。前四级编码全国统一；第五级由招标人针对招标工程项目具体编制，从001起顺序编制，不得有重号。

13.【答案】B

【解析】本题考查的是《广东省房屋建筑与装饰工程综合定额（2018）》（以下简称《2018综合定额》）的概述。《2018综合定额》是完成单位工程量所需的人工费用、材料、机具等消耗量及管理费标准，该消耗量及费用标准是按正常的施工条件，以广东省建筑企业的施工机械装备程度、合理的施工工期、采用绿色施工标准的施工工艺、劳动组织为基础综合确定的，反映了社会平均水平。

14.【答案】D

【解析】本题考查的是砌筑工程计算规则。选项A错误，凸出墙面的砖垛并入墙体体积内计算；选项B错误，平屋顶算至钢筋混凝土板底；选项C错误，围墙的高度算至压顶上表面（如有混凝土压顶时算至压顶下表面），围墙柱并入围墙体积内计算。

15.【答案】D

【解析】本题考查的是木结构工程计算规则。木屋架按设计图示数量以“榀”计算，或按设计图示尺寸以“m^3”计算；钢木屋架按设计图示数量以“榀”计算。

16.【答案】B

【解析】本题考查的是保温、隔热、防腐工程计算规则。柱帽保温隔热应并入天棚保温隔热工程量内，池槽保温隔热应按其他保温隔热项目编码列项，保温柱、梁适用于不与墙、天棚相连的独立柱、梁。

17.【答案】C

【解析】本题考查的是天棚工程计算规则。天棚抹灰按设计图示尺寸以水平投影面积计算。板式楼梯底面抹灰按斜面积计算；艺术造型天棚抹灰按展开面积计算。

18.【答案】C

【解析】本题考查的是《2018综合定额》。该定额“A.1.1土石方工程”规定：挖桩间土不扣除桩芯直径60cm以内或类似尺寸桩体所占体积。

19.【答案】A

【解析】本题考查的是《2018综合定额》。该定额“A.1.1土石方工程”规定：机械挖土方需人工辅助开挖时，按施工组织设计的规定分别计算机械、人工挖土工程量，如施工组织设计无规定的，按机械挖土方95%、人工挖土方5%计算。

20.【答案】D

【解析】本题考查的是《2018综合定额》。该定额“A.1.3桩基础工程”规定：沉管灌注混凝土桩、夯扩桩工程量，按桩长乘以设计截面面积以“m^3”计算。

21.【答案】D

【解析】本题考查的是《2018 综合定额》。该定额“A.1.5 混凝土及钢筋混凝土工程”规定：凸出混凝土柱、梁的线条，并入相应柱、梁构件内；凸出混凝土外墙面、阳台梁、栏板外侧≤300mm 的装饰线条，执行压顶、扶手项目；凸出混凝土外墙面、梁外侧 >300mm 的板，按悬挑板考虑。

22.【答案】B

【解析】本题考查的是《2018 综合定额》。该定额“A.1.5 混凝土及钢筋混凝土工程”规定：栏板、反檐包括其伸入砌体内的部分，栏板、反檐高度超过 1.2m，按墙计算。

23.【答案】C

【解析】本题考查的是《2018 综合定额》。该定额“A.1.6 装配式混凝土结构、建筑构件及部品工程”规定：单元式幕墙安装工程量按单元板块组合后设计图示尺寸的外围面积以“m^2”计算，不扣除幕墙区域设置的窗、洞口的面积；承重隔墙安装工程量按设计图示尺寸的墙体面积以“m^2”计算；墙面成品木饰面安装工程量按设计图示尺寸以“m^2”计算。

24.【答案】C

【解析】本题考查的是《2018 综合定额》。该定额“A.1.8 木结构工程”规定：木地楞工程量，按设计图示以“m^3”计算。

25.【答案】B

【解析】本题考查的是《2018 综合定额》。该定额“A.1.9 门窗工程”规定：电子感应自动门、全玻转门、不锈钢电动伸缩门按设计图示数量以“樘”计算。

26.【答案】D

【解析】本题考查的是《2018 综合定额》。该定额“A.1.12 楼地面工程”规定：找平层的工程量按设计图示尺寸以“m^2”计算。扣除凸出地面构筑物、设备基础、室内管道、地沟等所占面积，不扣除间壁墙和 $0.3m^2$ 以内的柱、垛、附墙烟囱及孔洞所占面积。门洞、空圈、暖气包槽、壁龛的开口部分不增加面积。

27.【答案】A

【解析】本题考查的是《2018 综合定额》。该定额“A.1.13 墙、柱面装饰与隔断、幕墙工程”规定：通风器按设计图示尺寸以“m”计算。

28.【答案】C

【解析】本题考查的是《2018 综合定额》。该定额“A.1.14 天棚工程”规定：窗台板、筒子板按设计图示饰面外围尺寸展开面积以“m^2”计算。

29.【答案】B

【解析】本题考查的是广东省建筑与装饰工程计价依据的组成。广东省建筑与装饰工程计价方法包括工程量清单计价法和定额计价法两种，全部采用国有资金投资或国有资金投资为主的建设项目，必须采用工程量清单计价。其他投资主体的建设项目由业主确定采用工程量清单计价法或定额计价法，如施工合同未约定计价方法的，应采用工程量清单计价法。

30.【答案】B

【解析】本题考查的是设备及工器具购置费计算。设备购置费由设备原价和设备运杂费构成。

二、多项选择题

1.【答案】ACD

【解析】本题考查的是隔墙的分类。隔墙的类型很多，按其构造方式可分为块材隔墙、骨架隔墙、板材隔墙三大类。

2.【答案】ABDE

【解析】本题考查的是影响混凝土和易性的主要因素。影响混凝土和易性的主要因素有①水泥浆；②骨料品种与品质；③砂率；④其他因素。

3.【答案】BCD

【解析】本题考查的是填土压实方法。填土压实方法有碾压法、夯实法及振动压实法。

4.【答案】ABC

【解析】本题考查的是钢筋连接。钢筋的连接方法有焊接连接、绑扎搭接连接和机械连接。

5.【答案】CD

【解析】本题考查的是铲运机施工。根据实践，铲运机的开行路线有环形路线、8 字形路线。

6.【答案】BD

【解析】本题考查的是建筑工程建筑面积计算规范及应用。选项 A，附属在建筑物外墙的落地橱窗应按其围护结构外围水平面积计算，结构层高在 2.20m 及以上的，应计算全面积；结构层高在 2.20m 以下的，应计算 1/2 面积。选项 B，门廊应按其顶板水平投影面积的 1/2 计算建筑面积；有柱的雨篷按结构板水平投影面积的 1/2 计算建筑面积；无柱雨篷的结构外边线至外墙结构外边线的宽度在 2.10m 及以上的，应按雨篷结构板的水平投影面积的 1/2 计算建筑面积。选项 C，在主体结构内的阳台，应按其结构外围水平面积计算全面积；在主体结构外的阳台，应按其结构底板水平投影面积计算 1/2 面积。选项 D，窗台与室内楼地面高差在 0.45m 以下且结构净高在 2.10m 及以上的凸（飘）窗，应按其围护结构外围水平面积计算 1/2 面积。选项 E，有围护设施的室外走廊（挑廊），应按其结构底板水平投影面积计算 1/2 面积；有围护设施（或柱）的檐廊，应按其围护设施（或柱）外围水平面积计算 1/2 面积。

7.【答案】CE

【解析】本题考查的是地基处理与边坡支护工程计算规则。

（1）振冲桩（填料）：

1）以“m”计量，按设计图示尺寸以桩长计算；

2）以“m^3”计量，按设计桩截面乘以桩长以体积计算。

（2）砂石桩：

1）以“m”计量，按设计图示尺寸以桩长（包括桩尖）计算；

2）以“m^3”计量，按设计桩截面乘以桩长（包括桩尖）以体积计算。

（3）水泥粉煤灰碎石桩、夯实水泥土桩、石灰桩、灰土（土）挤密桩：以“m”计量，按设计图示尺寸以桩长（包括桩尖）计算。

（4）深层搅拌桩、粉喷桩、高压喷射注浆桩、柱锤冲扩桩：以“m”计量，按设计图示尺寸以桩长计算。

（5）注浆地基：

1）以“m”计量，按设计图示尺寸以钻孔深度计算；

2）以“m^3”计量，按设计图示尺寸以加固体积计算。

8.【答案】BE

【解析】本题考查的是混凝土及钢筋混凝土工程计算规则。箱式满堂基础及框架式设备基础中柱、梁、墙、板按现浇混凝土柱、梁、墙、板分别编码列项；箱式满堂基础底板按满堂基础项目列项，框架式设备基础的基础部分按设备基础列项。现浇混凝土基础按设计图示尺寸以体积“m^3”计算。

9.【答案】CD

【解析】本题考查的是混凝土及钢筋混凝土工程计算规则。天沟、挑檐板按设计图示尺寸以体积计算；现浇混凝土墙的工程量中墙垛及凸出墙面部分并入墙体体积内计算；沟盖板、井盖板、井圈，按设计图示尺寸以体积计算或按设计图示尺寸以数量计算。

10.【答案】ACD

【解析】本题考查的是油漆、涂料、裱糊工程计算规则。

（1）木扶手及其他板条、线条油漆：包括木扶手油漆，窗帘盒油漆，封檐板、顺水板油漆，挂衣板、黑板框油漆，挂镜线、窗帘棍、单独木线油漆 5 个工程量清单项目：以“m”计量，按设计图示尺寸以长度计算。

（2）木护墙、木墙裙油漆，窗台板、筒子板、盖板、门窗套、踢脚线油漆，清水板条天棚、檐口油漆，木方格吊顶天棚油漆，吸音板墙面、天棚面油漆，暖气罩油漆，其他木材面 7 个工程量清单项目：以“m^2”计量，按设计图示尺寸以面积计算。

11.【答案】ACDE

【解析】本题考查的是《2018 综合定额》。该定额“A.1.4 砌筑工程”规定：砖墙工程量，按设计图示尺寸以“m^3”计算。扣除门窗洞口、过人洞、空圈、嵌入墙内的钢筋混凝土柱、梁、圈梁、挑梁、过梁及凹进墙内的壁龛、管槽、暖气槽、消火栓箱所占体积。不扣除梁头、板头、砖旋、砖过梁、檩头、垫木、木楞头、沿缘木、木砖、门窗走头、砖墙内加固钢筋、木筋、铁件、钢管及单个面积 $0.3m^2$ 以内的孔洞所占体积。凸出墙面的窗台线、窗眉线、虎头砖、门窗套以及三皮砖以内的腰线、压顶线、挑檐的体积也不增加，凸出墙面的砖垛以及三皮砖以上的腰线、压顶线、挑檐的体积并入墙身工程量内计算。

12.【答案】ABE

【解析】本题考查的是《2018 综合定额》。该定额“A.1.5 混凝土及钢筋混凝土工程”规定：有梁板的柱高，应自柱基上表面（或楼板上表面）至上一层楼板上表面之间的高度计算；无梁板的柱高，应自柱基上表面（或楼板上表面）至柱帽下表面高度计算；钢管柱以钢管高度按钢管内径计算混凝土体积。

13.【答案】ABE

【解析】本题考查的是《2018 综合定额》。该定额“A.1.7 金属结构工程”规定：钢板天沟按设计图示尺寸以“t”计算；不锈钢天沟、彩钢板天沟按设计图示尺寸以“m^2”计算。

14.【答案】ABCD

【解析】本题考查的是《2018 综合定额》。该定额“A.1.8 木结构工程”规定：椽子工程量，按设计图示尺寸以“m^3”计算。

15.【答案】CDE

【解析】本题考查的是《2018综合定额》。该定额“A.1.12楼地面工程”规定：楼梯及台阶面层防滑条，按设计图示尺寸以“m”计算，设计未注明长度时，防滑条按踏步两端距离各减150mm计算；块料面层，门洞、空圈、暖气包槽、壁龛的开口部分另计面积；橡胶面层按设计图示尺寸以“m^2”计算，门洞、空圈、暖气包槽、壁龛的开口部分并入相应的工程量内。

16.【答案】ABDE

【解析】本题考查的是《2018综合定额》。该定额“A.1.13墙、柱面装饰与隔断、幕墙工程”规定：不扣除踢脚线、挂镜线和墙与构件交接处的面积，门窗洞口和孔洞的侧壁及顶面不增加面积。

17.【答案】BE

【解析】本题考查的是《2018综合定额》。该定额“A.1.20模板工程”规定：楼梯模板按水平投影面积计算，整体楼梯（包括直形楼梯、弧形楼梯）的水平投影面积包括休息平台、平台梁、斜梁和楼梯的连接梁；台阶模板按水平投影面积计算，台阶两侧不另计算模板面积。

18.【答案】ABCD

【解析】本题考查的是《2018综合定额》。该定额“A.1.26绿色施工安全防护措施费”规定：对于不能按工作内容单独计量的绿色施工安全防护措施费，具体包括绿色施工、临时设施、安全施工和用工实名管理。密目式安全网，属于应按相关定额子目计算的绿色施工安全防护措施费项目。

19.【答案】ABDE

【解析】本题考查的是建设项目总预算的编制。二级预算编制中总预算由单位工程施工图预算和工程建设其他费、预备费、建设期利息及铺底流动资金汇总而成。

20.【答案】ABCE

【解析】本题考查的是广东省建筑与装饰工程工程量清单计价的工程造价组成及计价程序。按照《2018综合定额》的规定计算建设工程造价的计价。采用定额计价时，工程造价由分部分项工程费（包括定额分部分项工程费、价差及利润）、措施项目费、其他项目费和税金组成。

第二部分　材料分析题

材料分析题一

问题1：

挖沟槽土方清单工程量：

$=[1.2+0.3\times2+0.33\times(1.8-0.20+0.15)]\times1.75\times(80+64.80)=602.46(m^3)$

问题2：

混凝土垫层清单工程量 $=1.20\times0.15\times(80+62.40)=25.63(m^3)$

问题3：

砖基础截面面积 $=0.24\times1.95+(0.062\,5\times0.063+0.062\,5\times2\times0.126+0.062\,5\times3\times0.063+0.062\,5\times4\times0.126)\times2=0.594(m^2)$

砖基础清单工程量 =0.594×（80+67）= 87.32（m^3）

问题 4：

砖基础埋深体积 =［0.24×1.60+（0.062 5×0.063+0.062 5×2×0.126+0.062 5×3×0.063+0.062 5×4×0.126）×2］×（80+67）=74.97（m^3）

沟槽基础回填清单工程量 =602.46−25.63−74.97=501.86（m^3）

材料分析题二

问题 1：

防腐砂浆面层清单项目编码：011002002001

问题 2：

防腐砂浆面层工程量 =（4.00×3−0.24）×（6.00−0.24）=67.74（m^2）

（注意：不扣除≤0.3m^2 柱、垛所占面积）

问题 3：

砂浆踢脚线清单项目编码：011105001001

问题 4：

砂浆踢脚线长度 =（4.00×3−0.24+6.00−0.24）×2+0.36×12+（0.5+0.6）×2×2−（1.50+1.20）=41.06（m）

砂浆踢脚线工程量 =41.06×0.15=6.16（m^2）

材料分析题三

问题 1：

大厅地面防潮层工程量 =（4.5−0.24）×（6−0.24）=24.54（m^2）

问题 2：

定额计算规则同清单计算规则，即清单工程量 = 定额工程量。

套用的定额编号为“A1−10−89”和“A1−10−90”（表 2−1）。

定额基价 =5 271.46+（2.0−1.5）/0.5×1 687.60=6 959.06（元 /100m^2）

定额基价合价 =6 959.06/100×24.54=1 707.75（元）

表 2−1 楼地面及墙面涂膜防水

工作内容：清理基层、调制、涂刷防水层。 计量单位：100m^2

定额编号		A1−10−89	A1−10−90	A1−10−91	A1−10−92
子目名称		单组分聚氨酯涂膜防水		双组分聚氨酯涂膜防水	
		平面			
		1.5mm 厚	每增减 0.5mm	1.5mm 厚	每增减 0.5mm
基价（元）		5 271.46	1 687.60	4 175.43	1 336.26
其中	人工费（元）	648.30	215.40	648.30	215.40
	材料费（元）	4 529.42	1 441.05	3 433.39	1 089.71
	机具费（元）	—	—	—	—
	管理费（元）	93.74	31.15	93.74	31.15

问题 3：

保温隔热天棚工程量 =（6.5−0.24）×（6−0.24）=36.06（m^2）

材料分析题四

问题 1：

CFG 桩清单项目编码：010201008001

问题 2：

CFG 桩清单工程量：52×12=624（m）

问题 3：

褥垫层清单项目编码：010201017001

问题 4：

褥垫层清单工程量：

J1：1.6×1.8×1=2.88（m^2）

J2：2.0×2.0×2=8.00（m^2）

J3：2.2×2.2×3=14.52（m^2）

J4：2.4×2.4×2=11.52（m^2）

J5：3.2×3.2×4=40.96（m^2）

J6：2.6×2.4×1=6.24（m^2）

合计 =2.88+8.00+14.52+11.52+40.96+6.24=84.12（m^2）

问题 5：

截桩头清单项目编码：010301004001

问题 6：

截桩头清单工程量：52（根）

模拟测试卷三

第一部分　客观题（共 50 分）

一、单项选择题（共 30 题，每小题 0.8 分，共 24 分。每小题的备选项中，只有 1 个最符合题意）

1. 下列关于柔性基础叙述正确的是（　　）。

A. 混凝土基础是柔性基础　　B. 钢筋混凝土基础是柔性基础

C. 柔性基础要受刚性角的限制　　D. 刚性基础比柔性基础受力好

2. 建筑物按其使用性质分为（　　）。

A. 高层建筑和低层建筑　　B. 居住建筑和公共建筑

C. 一级建筑和二级建筑　　D. 民用建筑和工业建筑

3. 施工组织设计按编制对象和范围分为施工组织总设计、单位工程施工组织设计和（　　）。

A. 建设项目总设计　　B. 单项工程施工组织设计

C. 分部分项工程施工组织设计　　D. 措施项目设计

4. 按照现行国家标准规定，热轧光圆钢筋牌号为（　　）。

A. HPB300　　B. HRB400　　C. HRB500　　D. HRB600

5. 建筑物与构筑物的主要区别在于（　　）。

A. 占地面积　　B. 体量大小

C. 满足功能要求　　D. 提供活动空间

6. 按层数分类，地上 7 层的住宅属于（　　）。

A. 低层住宅　　B. 多层住宅

C. 中高层住宅　　D. 高层住宅

7. 二级建筑的耐久年限为（　　），适用于（　　）。

A. 50 ~ 100 年，重要的建筑和高层建筑

B. 50 ~ 100 年，一般性建筑

C. 25 ~ 50 年，次要的建筑

D. 25 ~ 50 年，一般性建筑

8. 采用箱形基础较多的建筑是（　　）。

A. 单层建筑　　B. 多层建筑　　C. 高层建筑　　D. 超高层建筑

9. 地下室需做防潮处理的基本条件是地下室地坪位于（　　）。

A. 最高设计地下水位以下　　B. 常年地下水位以下

C. 常年地下水位以上　　D. 最高设计地下水位以上

10. 伸缩缝、防震缝、沉降缝的本质区别在于（　　）。

A. 伸缩缝和沉降缝比防震缝宽度大

B. 伸缩缝和沉降缝比防震缝宽度小

C. 伸缩缝和防震缝不断开基础，沉降缝断开基础

D. 伸缩缝不断开基础，沉降缝和防震缝断开基础

11. 某办公楼门厅 6m×6m，为了提高净空高度，宜优先选用（　　）。

A. 板式楼板　　B. 梁板式肋形楼板

C. 无梁楼板　　D. 井字形密肋楼板

12. 全部采用国有资金投资或国有资金投资为主的建设项目，（　　）采用工程量清单计价。

A. 宜　　B. 可以　　C. 必须　　D. 不必

13. 倒置式保温屋面是指（　　）。

A. 先做保温层，后做找平层　　B. 先做保温层，后做防水层

C. 先做找平层，后做保温层　　D. 先做防水层，后做保温层

14. 根据《广东省房屋建筑与装饰工程综合定额（2018）》的规定，压条、装饰线均按宽度（　　）mm 以内考虑，干挂石装饰按宽度（　　）mm 以内考虑。

A. 300，600　　B. 250，500　　C. 200，400　　D. 150，300

15. 根据《广东省房屋建筑与装饰工程综合定额（2018）》的规定，压顶、扶手模板按其长度以（　　）计算。

A. "m"　　B. "m^2"　　C. "m^3"　　D. "根"

16. 混凝土浇筑不符合要求的为（　　）。

A. 梁和板混凝土应分别浇筑，先浇梁后浇板

B. 有主次梁的楼板宜顺着次梁方向浇筑

C. 单向板宜沿板的长边方向浇筑

D. 高度大于 1m 的梁可单独浇筑

17. 在民用建筑中，很少使用的保温隔热材料是（　　）。

A. 岩棉　　B. 矿渣棉　　C. 石棉　　D. 玻璃棉

18. 钢结构涂装用防火涂料按涂层厚度共分为（　　）类。

A. 二　　B. 三　　C. 四　　D. 五

19. 钢筋混凝土预制桩的混凝土达到其设计强度（　　）后方可运输。

A. 50%　　B. 70%　　C. 90%　　D. 100%

20. 地下连续墙在进行槽段内混凝土浇筑时，钢筋笼就位后应及时浇筑混凝土，导管埋入混凝土面的适宜深度为（　　）m。

A. 1.5　　B. 1.8　　C. 2.5　　D. 4.2

21. 厕浴间蒸压加气混凝土砌块墙底部（　　）mm 高度范围内应做混凝土坎台。

A. 100　　B. 150　　C. 200　　D. 300

22. 在大体积混凝土养护的温控过程中，其降温速率一般不宜大于（　　）℃/d。

A. 2.0　　B. 3.0　　C. 4.0　　D. 5.0

23. 地下工程防水等级分为（　　）级。

A. 二　　B. 三　　C. 四　　D. 五

24. 关于钢结构防腐涂装施工顺序的描述，正确的是（　　）。

A. 先左后右　B. 先下后上　C. 先外后里　D. 先易后难

25. 在单层工业厂房吊装工程施工过程中，当安装10层以上结构时，应选择的起重机为（　　）。

A. 履带式起重机　B. 自升式塔式起重机

C. 塔式起重机　D. 汽车式起重机

26. 铺贴卷材时，同一层相邻两幅卷材短边搭接缝错开不应小于（　　）mm。

A. 600　B. 500　C. 400　D. 300

27. 止水带的构造形式有很多，实际工程中采用较多的是（　　）。

A. 固定式　B. 卡扣式　C. 可卸式　D. 埋入式

28. 反铲挖土机的挖土特点是（　　）。

A. 前进向上，强制切土　B. 后退向下，自重切土

C. 后退向下，强制切土　D. 直上直下，自重切土

29. 某网络计划中，工作N的持续时间为7天，最迟完成时间为第25天，该工作三项紧前工作的最早完成时间分为第10天，第12天和第13天，则工作N的总时差是（　　）天。

A. 12　B. 8　C. 5　D. 4

30. 招标人公布的最高投标限价未按照《建设工程工程量清单计价规范》GB 50500—2013的规定进行编制的，投标人应在最高投标限价公布后（　　）天内向招标投标监督机构和工程造价管理机构投诉。

A. 3　B. 5　C. 7　D. 14

二、多项选择题（共20题，每小题1.3分，共26分。每小题的备选项中，有2个或2个以上符合题意，至少有1个错项，错选、多选、少选均不得分）

1. 建筑工程中，变形缝包括（　　）。

A. 水平缝　B. 温度缝

C. 沉降缝　D. 垂直缝

E. 防震缝

2. 下列属于常用聚合物改性沥青卷材的是（　　）。

A. SBS改性沥青防水卷材　B. APP改性沥青防水卷材

C. 沥青复合胎柔性防水卷材　D. 三元乙丙橡胶防水卷材

E. 三元丁橡胶防水卷材

3. 烧结砖按其所用原材料不同，可以分为（　　）。

A. 烧结黏土砖　B. 炉渣砖

C. 烧结粉煤灰砖　D. 灰砂砖

E. 烧结页岩砖

4. 屋面卷材防水工程施工中，铺贴顺序与卷材接缝正确的是（　　）。

A. 由屋面最高标高向下铺贴

B. 檐沟、天沟卷材施工时，宜顺檐沟、天沟方向铺贴

C. 卷材宜平行屋脊铺贴

D. 搭接缝顺流水方向

E. 上下层卷材不得相互垂直铺贴

5. 当卷材防水层上有重物覆盖或基层变形较大时，优先采用的施工铺贴方法有（　　）。

A. 空铺法　　B. 满粘法

C. 点粘法　　D. 条粘法

E. 机械固定法

6. 预应力混凝土施工，孔道留设方法有（　　）。

A. 钢管抽芯法　　B. 波纹管抽芯法

C. 胶管抽芯法　　D. 预埋塑料管法

E. 预埋波纹管法

7. 下列防水卷材中，更适于寒冷地区建筑工程防水的有（　　）。

A. APP 改性沥青防水卷材　　B. SBS 改性沥青防水卷材

C. 沥青复合胎柔性防水卷材　　D. 氯化聚乙烯－橡胶共混型防水卷材

E. 氯化聚乙烯防水卷材

8. 下列属于节能装饰型玻璃的是（　　）。

A. 低辐射镀膜玻璃　　B. 着色玻璃

C. 压花玻璃　　D. 彩色平板玻璃

E. 真空玻璃

9. 坡屋顶承重结构划分有（　　）。

A. 硬山搁檩　　B. 屋架承重

C. 梁架结构　　D. 木结构

E. 钢筋混凝土梁板承重

10. 关于重要建筑屋面防水等级和设防要求，说法正确的有（　　）。

A. 等级为Ⅰ级防水　　B. 采用一道设防

C. 等级为Ⅱ级防水　　D. 采用三道设防

E. 采用两道设防

11. 建筑幕墙预埋件常用的有（　　）。

A. H 形　　B. 工字形

C. 平板形　　D. 槽形

E. L 形

12. 根据《房屋建筑与装饰工程工程量计算规范》GB 50854—2013 的规定，下列选项中关于墙面防水工程量计算正确的有（　　）。

A. 墙面涂膜防水按设计图示尺寸以质量计算

B. 墙面砂浆防水按设计图示尺寸以体积计算

C. 墙面变形缝按设计图示尺寸以长度计算

D. 墙面卷材防水按设计图示尺寸以面积计算

E. 楼（地）面防水反边高度 >300mm 按墙面防水计算

13. 根据《房屋建筑与装饰工程工程量计算规范》GB 50854—2013 的规定，关于现浇混凝土墙工程量计算规则，说法正确的有（　　）。

A. 短肢剪力墙，按设计图示尺寸以体积计算

B. 弧形墙按墙厚不同以展开面积计算

C. 挡土墙按设计图示尺寸以体积计算

D. 墙体工程量应扣除预埋铁件所占体积

E. 按设计图示尺寸以面积计算

14. 根据《房屋建筑与装饰工程工程量计算规范》GB 50854—2013 的规定，下列选项中关于措施项目工程量计算正确的有（　　）。

A. 里脚手架按所服务对象的垂直投影面积计算

B. 满堂脚手架按搭设的建筑面积计算

C. 混凝土墙模板按模板与墙接触面积计算

D. 混凝土构造柱模板按图示外露部分计算模板面积

E. 超高施工增加费不包括人工、机械降效的费用

15. 根据《广东省房屋建筑与装饰工程综合定额（2018）》的规定，关于抹灰面层工程量计算规则，不正确的有（　　）。

A. 天棚抹灰，除注明外，按设计图示水平投影面积以"m^2"计算

B. 扣除间壁墙、垛、柱、附墙烟囱、检查口和管道所占的面积

C. 天棚抹灰如带有装饰线时，装饰线按设计图示尺寸以"m"计算，计算天棚抹灰工程量时不扣除装饰线所占面积

D. 板式楼梯底面抹灰按斜面积以"m^2"计算

E. 梁式楼梯底板抹灰按投影面积以"m^2"计算

16. 根据《广东省房屋建筑与装饰工程综合定额（2018）》的规定，关于整体面层工程量计算规则，不正确的有（　　）。

A. 按设计图示尺寸以"m^2"计算

B. 扣除凸出地面构筑物、设备基础、室内管道、地沟等所占面积，不扣除间壁墙和 $0.3m^2$ 以内的柱、垛、附墙烟囱及孔洞所占面积

C. 门洞、空圈、暖气包槽、壁龛的开口部分并入计算

D. 散水、防滑坡道按设计图示尺寸以"m^2"计算

E. 台阶面层，按设计图示尺寸以台阶水平投影面积，以"m^2"计算

17. 根据《广东省房屋建筑与装饰工程综合定额（2018）》的规定，关于保温隔热工程工程量计算规则，说法不正确的有（　　）。

A. 屋面保温、隔热层工程量，按设计图示尺寸以"m^2"计算，不扣除柱、垛所占的面积

B. 屋面保温层排气管工程量，按设计图示尺寸以"m"计算，扣除管件所占长度

C. 墙体保温隔热层工程量，按设计图示尺寸以"m^2"计算，扣除门窗洞口所占面积，门窗洞口侧壁需做保温时，并入保温墙体工程量内

D. 地面隔热层工程量，按设计图尺寸以"m^2"计算，不扣除柱、垛所占的面积

E. 防火隔离带工程量按设计图示尺寸以"m"计算

18. 根据《广东省房屋建筑与装饰工程综合定额（2018）》的规定，关于门窗工程量计算规则，说法正确的有（　　）。

A. 特种门按设计门框外围面积以"m^2"计算

B. 卷闸门窗安装，按设计图示尺寸以“t”计算

C. 全玻璃门按设计图示门洞口面积以“m^2”计算

D. 纱窗安装工程量按设计图示框外围面积以“m^2”计算

E. 钢门窗安装工程量按设计图示框外围面积以“m^2”计算

19. 根据《房屋建筑与装饰工程工程量计算规范》GB 50854—2013 的规定，下列属于文明施工费范畴的是（　　）。

A.“五牌一图”费用

B. 现场围挡墙面的美化费用

C. 施工现场地面的硬化费用

D. 水平防护架、垂直防护架和外封闭架等防护的费用

E. 施工安全用电费用

20. 关于保修责任的说法，正确的有（　　）。

A. 具体分部分项工程的保修期可以由发包承包双方约定，不受法定最低保修年限的约束

B. 发包人未经竣工验收擅自使用工程的，保修期自转移之日起算

C. 工程保修期从竣工验收合格之日起算

D. 保修期内，承包人应当根据法律规定和合同约定承担保修责任

E. 发包人未经竣工验收提前使用工程的，保修期自开始使用之日起算

第二部分　材料分析题（共 50 分）

一、某工程柱下独立基础如图 3–1 所示，共 20 个。土壤类别为三类土，采用预拌混凝土，基础垫层混凝土强度等级为 C15，非原槽浇筑；混凝土基础及垫层支模板的工作面均为每边 300mm，三类土放坡起点深度为 1.5m。采用机械挖土（坑上作业），放坡坡度为 1∶0.67。独立基础及独立柱混凝土强度等级为 C20；弃土运距 200m；基础回填土夯填；土方挖、填均按天然密实土计算。依据《房屋建筑与装饰工程工程量计算规范》GB 50854—2013）和广东省相关规定，完成下列问题（计算结果保留两位小数）。（共 12 分）

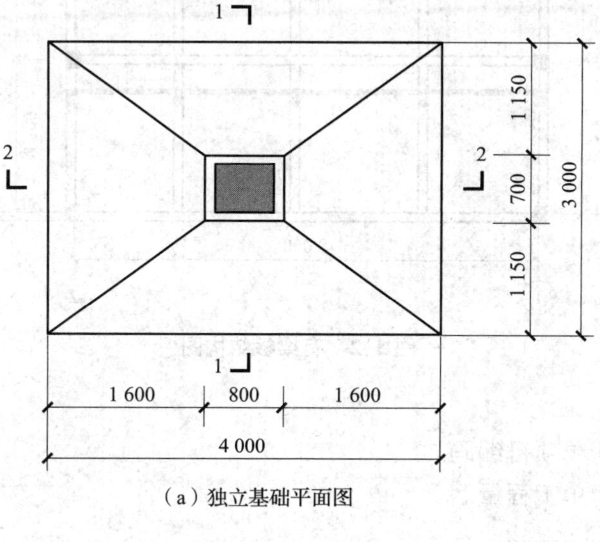

（a）独立基础平面图

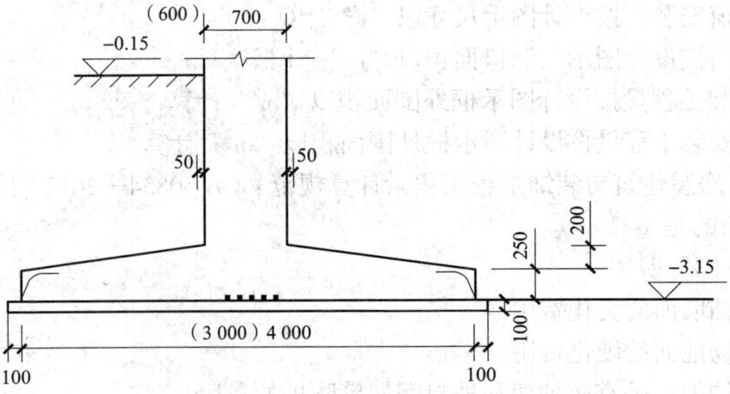

（b）（1–1）2–2剖面图

图 3–1　某工程柱下独立基础平面图和剖面图

问题：

1. 计算挖基础土方清单工程量。
2. 计算垫层混凝土清单工程量。
3. 计算独立基础混凝土清单工程量。
4. 计算回填土方清单工程量。

二、某有梁板结构如图 3–2 所示。混凝土强度级为 C30，抗震等级为一级，框架柱截面为 600mm × 600mm、主梁截面为 300mm × 700mm、次梁截面为 200mm × 500mm、板厚为 120mm，未注明的轴线位置居中。依据《房屋建筑与装饰工程工程量计算规范》GB 50854—2013 和广东省相关规定，完成下列问题（计算结果保留两位小数）。（共 8 分）

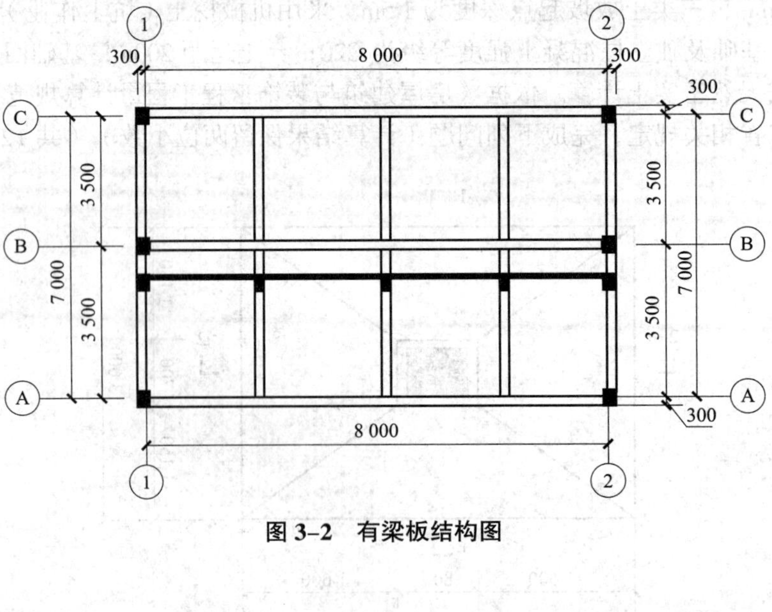

图 3–2　有梁板结构图

问题：

1. 确定有梁板清单项目编码。
2. 计算有梁板清单工程量。

三、某地下室土方工程，基础平面图、剖面图如图 3-3 所示。侧墙厚均为 300mm，垫层厚 100mm，筏板厚 500mm，图示轴线均为墙体中心线。合同约定：本工程承包人为一般纳税人，承包人完成本工程基础土方开挖与基础土方回填及边坡支护工程。交付施工场地标高为设计室外地坪 -0.45m，承包人进行基础土方大开挖。土方开挖采取机械坑内开挖作业（不考虑降水及下机坡道开挖影响，且无超深土方量）。开挖的基础土方直接采用自卸汽车外运 10km 至弃土场，基础回填土方采用 3∶7 灰土回填，蛙式打夯机夯实。已知土壤类别自下而上分别为一类土、三类土、四类土，1-1，2-2 采用放坡方式，垫层为原槽浇筑，自垫层上表面开始放坡。筏板基础施工所需工作面为 300mm，开挖后（除支撑面外）所有边坡进行喷射支护（工程量计算需要考虑工作面及放坡系数，计算结果保留两位小数）。（共 10 分）

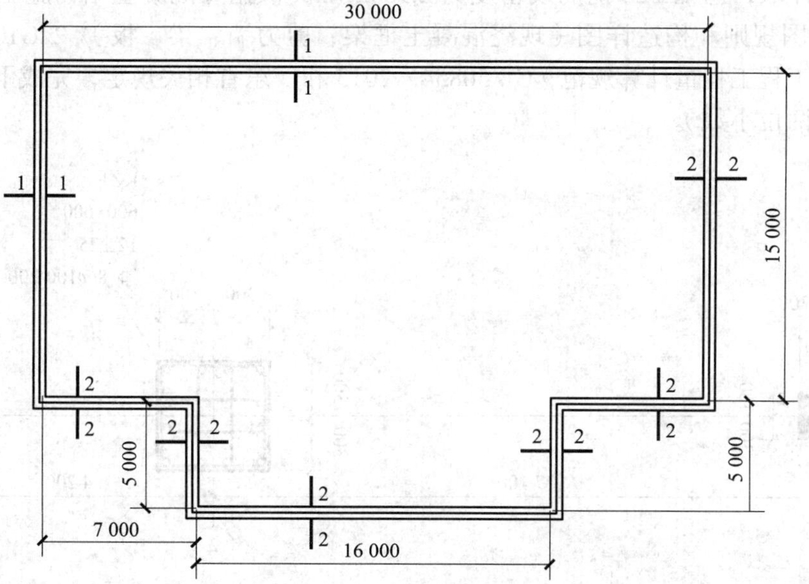

（a）平面图

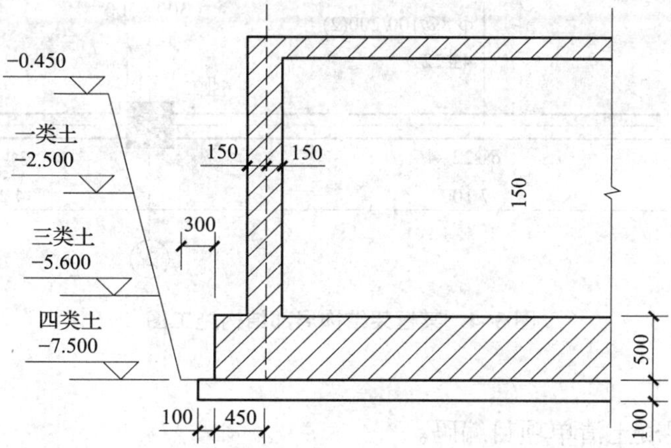

（b）1-1、2-2剖面图

图 3-3　某基础平面图和剖面图

问题：

1. 依据《房屋建筑与装饰工程工程量计算规范》GB 50854—2013 的相关规定，计算垫层工程量。

2. 依据《房屋建筑与装饰工程工程量计算规范》GB 50854—2013 的相关规定，基坑开挖中土类别不同时，综合计算放坡系数 K。

四、（20 分）某框架结构局部如图 3-4 所示。柱、梁混凝土强度等级均为 C30，梁、柱混凝土保护层厚 20mm，抗震等级为三级抗震。层高 3m，柱的截面尺寸为 600mm × 600mm，轴线与柱中心线重合。已知抗震设计中受拉钢筋基本锚固长度 L_{abE} 为 $33d$，受拉钢筋抗震锚固长度 L_{aE} 为 $35d$（d 为锚固钢筋直径），若纵筋锚固为弯锚时，弯锚长度按 $0.4L_{abE}+15d$ 计取；已知⌀22 钢筋线密度为 2.984kg/m。依据《混凝土结构施工图平面整体表示方法制图规则和构造详图（现浇混凝土框架、剪力墙、梁、板）》22G101-1、《房屋建筑与装饰工程工程量计算规范》GB 50854—2013 和广东省相关规定，完成下列问题（计算结果保留两位小数）。

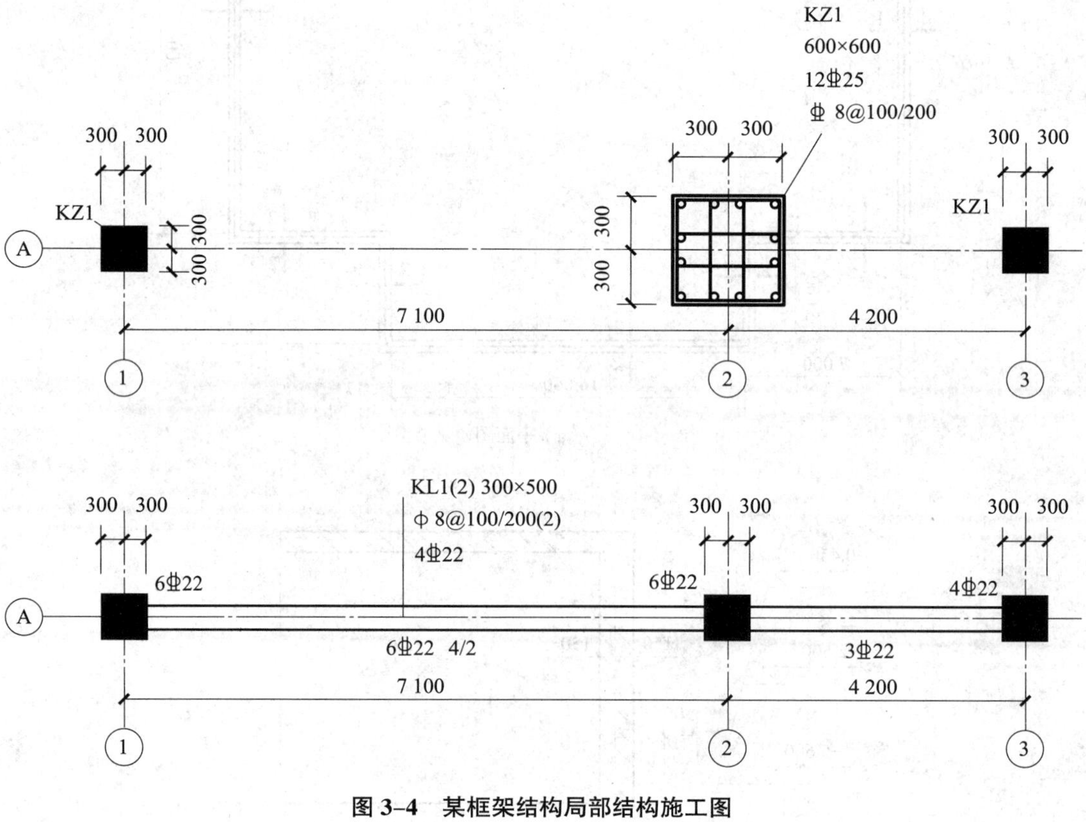

图 3-4 某框架结构局部结构施工图

问题：

1. 确定 KL1 混凝土清单项目编码。

2. 计算 KL1 混凝土工程量。

3. 确定 KL1 模板清单项目编码。

4. 计算 KL1 模板工程量。
5. 确定 KZ1 混凝土清单项目编码。
6. 计算 KZ1 模板工程量。
7. 计算 KL1 上部通长筋钢筋工程量。
8. 计算 KL1 下部钢筋工程量。
9. 计算 KL1 箍筋根数。

模拟测试卷三答案与解析

第一部分　客观题

一、单项选择题

1.【答案】B

【解析】本题考查的是柔性基础。在混凝土基础底部配置受力钢筋，利用钢筋的抗拉性能，使基础可以承受弯矩，也就不受刚性角的限制，所以钢筋混凝土基础也称为柔性基础。

2.【答案】D

【解析】本题考查的是建筑物分类。建筑物通常按其使用性质分为民用建筑和工业建筑两大类。

3.【答案】C

【解析】本题考查的是施工组织设计的类型。施工组织设计按编制对象和范围不同可划分为三类：施工组织总设计、单位工程施工组织设计和分部分项工程施工组织设计（施工方案）。

4.【答案】A

【解析】本题考查的是钢筋牌号。热轧光圆钢筋牌号为 HPB300。

5.【答案】D

【解析】本题考查的是建筑物与构筑物的主要区别。建筑一般包括建筑物和构筑物，满足功能要求并提供活动空间和场所的建筑称为建筑物；仅满足功能要求的建筑称为构筑物。

6.【答案】C

【解析】本题考查的是按建筑物的层数和高度分类。住宅建筑按层数分类：1 ~ 3 层为低层住宅，4 ~ 6 层为多层住宅，7 ~ 9 层为中高层住宅，10 层及以上为高层住宅。

7.【答案】B

【解析】本题考查的是按建筑的耐久年限分类。按建筑的耐久年限分：①一级建筑，耐久年限为 100 年以上，适用于重要的建筑和高层建筑；②二级建筑，耐久年限为 50 ~ 100 年，适用于一般性建筑；③三级建筑，耐久年限为 25 ~ 50 年，适用于次要的建筑；④四级建筑，耐久年限为 15 年以下，适用于临时性建筑。

8.【答案】C

【解析】本题考查的基础类型。高层建筑多采用箱型基础。

9.【答案】C

【解析】本题考查的是地下室防潮与防水构造。当地下室地坪位于常年地下水位以上时，地下室需做防潮处理。

10.【答案】C

【解析】本题考查的是墙体细部构造。基础因受温度变化影响较小，伸缩缝不必断开。防震缝一般从基础顶面开始，沿房屋全高设置。

11.【答案】D

【解析】本题考查的是楼板的类型。当房间平面形状近似正方形，跨度在 10m 以内时，常采用井字形密肋楼板。

12.【答案】C

【解析】本题考查的是广东省建筑与装饰工程计价依据的组成。广东省建筑与装饰工程计价方法包括工程量清单计价法和定额计价法两种，全部采用国有资金投资或国有资金投资为主的建设项目，必须采用工程量清单计价。

13.【答案】D

【解析】本题考查的是平屋顶的构造。倒置式屋面，防水层在下面，保温隔热层在上面。

14.【答案】D

【解析】本题考查的是《广东省房屋建筑与装饰工程综合定额（2018）》（以下简称《2018 综合定额》）。该定额“A.1.16 其他装饰工程”规定：压条、装饰线（干挂石饰线除外）均按宽度 150mm 以内考虑；干挂石装饰按宽度 300mm 以内考虑，宽度 300mm 以上的不作装饰线，应按墙柱面装饰工程计价。

15.【答案】A

【解析】本题考查的是《2018 综合定额》。该定额“A.1.20 模板工程”规定：压顶、扶手模板按其长度以“m”计算。

16.【答案】A

【解析】本题考查的是混凝土结构工程施工。梁和板宜同时浇筑混凝土，有主次梁的楼板宜顺着次梁方向浇筑，单向板宜沿着板的长边方向浇筑；拱和高度大于 1m 的梁等结构，可单独浇筑混凝土。

17.【答案】C

【解析】本题考查的是纤维状绝热材料。由于石棉中的粉尘对人体有害，因而民用建筑很少使用，目前主要用于工业建筑的隔热、保温及防火覆盖等。

18.【答案】B

【解析】本题考查的是防火材料。按其涂层厚度和耐火极限又可分为厚质型、薄型和超薄型三类。

19.【答案】D

【解析】本题考查的是桩基础施工。钢筋混凝土预制桩在混凝土达到设计强度的 100% 后方可运输。

20.【答案】C

【解析】本题考查的是地下连续墙混凝土浇筑。地下连续墙槽段内，混凝土浇筑过程中，导管埋入混凝土面的深度宜在 2.0～4.0m。

21.【答案】B

【解析】本题考查的是填充墙砌体工程。在厨房、卫生间、浴室等处采用轻骨料混凝土小型空心砌块、蒸压加气混凝土砌块砌筑墙体时，墙底部宜现浇混凝土坎台，其高度宜为 150mm。

22.【答案】A

【解析】本题考查的是混凝土工程。大体积混凝土降温速率不宜大于 2.0℃ /d。

23.【答案】C

【解析】本题考查的是地下防水工程施工。地下工程防水等级分为四级。

24.【答案】A

【解析】本题考查的是钢结构工程施工。钢结构一般按先上后下，先左后右，先里后外，先难后易的原则施涂，不漏涂，使漆膜均匀、致密、平滑平整。

25.【答案】B

【解析】本题考查的是结构吊装工程施工。起重机的选择要根据所吊装构件的尺寸、重量及吊装位置来确定，可选择的机械有履带式起重机、塔式起重机或自升式塔式起重机等。履带式起重机适于安装 4 层以下结构，塔式起重机适于 4～10 层结构，自升式塔式起重机适于 10 层以上结构。

26.【答案】B

【解析】本题考查的是屋面防水工程施工。同一层相邻两幅卷材短边搭接缝错开不应小于 500mm。

27.【答案】D

【解析】本题考查的是建筑防水工程施工技术。止水带构造形式有粘贴式、可卸式、埋入式等，目前较多采用的是埋入式。

28.【答案】C

【解析】本题考查的是单斗挖掘机施工。反铲挖土机其挖土特点是：后退向下，强制切土。

29.【答案】C

【解析】工作 N 最早开始时间 =Max｛所有紧前工作最早完成时间｝

=Max｛10，12，13｝

=13（天）

工作 N 最迟开始时间 = 工作 N 最迟完成时间 – 工作 N 持续时间

=25–7

=18（天）

所以工作 N 总时差 = 工作 N 最迟开始时间 – 工作 N 最早开始时间

=18–13

=5（天）

30.【答案】B

【解析】本题考查的是最高投标限价的编制原则。投标人经复核认为招标人公布的最高投标限价未按照《建设工程工程量清单计价规范》GB 50500—2013 的规定进行编制的，应在最高投标限价公布后 5 天内向招标投标监督机构和工程造价管理机构投诉。

二、多项选择题

1.【答案】BCE

【解析】本题考查的是墙体细部构造。变形缝包括伸缩缝（又称温度缝）、沉降缝和防震缝，它的作用是保证房屋在温度变化、基础不均匀沉降或地震时能有一些自由伸缩，以防止墙体开裂，结构破坏。

2.【答案】ABC

【解析】本题考查的是防水卷材。聚合物改性沥青防水卷材，常见的有 SBS 改性沥青防水卷材、APP 改性沥青防水卷材、沥青复合胎柔性防水卷材等。此类防水卷材一般单层铺设，也可复层使用，根据卷材的不同可采用热熔法、冷粘法、自粘法施工。

3.【答案】ACE

【解析】本题考查的是烧结砖。烧结普通砖，根据国家标准《烧结普通砖》GB/T 5101—2017 的规定，按主要原料分为黏土砖（N）、页岩砖（Y）、煤矸石砖（M）、粉煤灰砖（F）、建筑渣土砖（Z）、淤泥砖（U）、污泥砖（W）、固体废弃物砖（G）。

4.【答案】BCDE

【解析】本题考查的是卷材防水屋面施工。卷材防水层施工时，应先进行细部构造处理，然后由屋面最低标高向上铺贴；檐沟、天沟卷材施工时，宜顺檐沟、天沟方向铺贴，搭接缝应顺流水方向；卷材宜平行屋脊铺贴，上下层卷材不得相互垂直铺贴。

5.【答案】ACDE

【解析】本题考查的是屋面防水工程施工。当卷材防水层上有重物覆盖或基层变形较大时，应优先采用空铺法、点粘法、条粘法或机械固定法。

6.【答案】ACE

【解析】本题考查的是建筑工程主体结构施工技术。孔道留设方法有以下几种：钢管抽芯法、胶管抽芯法、预埋波纹管法。

7.【答案】BD

【解析】本题考查的是防水卷材。SBS 改性沥青防水卷材尤其适用于寒冷地区和结构变形频繁的建筑物防水。氯化聚乙烯 – 橡胶共混型防水卷材特别适用于寒冷地区或变形较大的土木建筑防水工程。

8.【答案】ABE

【解析】本题考查的是建筑玻璃。节能装饰型玻璃包括：着色玻璃、镀膜玻璃、中空玻璃、真空玻璃。镀膜玻璃又分为阳光控制镀膜玻璃和低辐射镀膜玻璃。

9.【答案】ABCE

【解析】本题考查的是坡屋顶的构造。坡屋顶的承重结构划分有：砖墙承重（又称硬山搁檩）、屋架承重、梁架结构、钢筋混凝土梁板承重。

10.【答案】AE

【解析】本题考查的是平屋顶的构造。I 级防水适用于重要建筑和高层建筑，两道设防。

11.【答案】CD

【解析】本题考查的是建筑装饰装修工程施工技术。常用建筑幕墙预埋件有平板形和槽形。

12.【答案】CDE

【解析】本题考查的是屋面及防水工程计算规则。选项 A、B 错误，墙面卷材防水、墙面涂膜防水、墙面砂浆防水（防潮），按设计图示尺寸以面积计算。选项 E 正确，楼

（地）面防水反边高度≤300mm算作地面防水，反边高度>300mm按墙面防水计算。

13.【答案】AC

【解析】本题考查的是混凝土及钢筋混凝土工程计算规则。直形墙、弧形墙、挡土墙、短肢剪力墙，按设计图示尺寸以体积计算；不扣除预埋铁件所占体积；墙垛及凸出墙面部分的体积并入墙体体积计算。

14.【答案】ACD

【解析】本题考查的是措施项目计算规则。选项A正确，外脚手架、里脚手架、整体提升架、外装饰吊篮，工程量按所服务对象的垂直投影面积计算；选项B错误，满堂脚手架按搭设的水平投影面积计算；选项C正确，混凝土墙模板按模板与墙接触面积计算；选项D正确，混凝土构造柱模板按图示外露部分计算模板面积；选项E错误，超高施工增加费包括人工、机械降效，供水加压以及通信联络设备费用。

15.【答案】BE

【解析】本题考查的是《2018综合定额》。该定额“A.1.14天棚工程”规定：不扣除间壁墙、垛、柱、附墙烟囱、检查口和管道所占的面积；梁式楼梯底板抹灰按展开面积以“m^2”计算。

16.【答案】CE

【解析】本题考查的是《2018综合定额》。该定额“A.1.12楼地面工程”规定：整体面层门洞、空圈、暖气包槽、壁龛的开口部分不增加面积；台阶面层，按设计图示尺寸以台阶（包括最上层踏步边沿加300mm）水平投影面积，以“m^2”计算。

17.【答案】BE

【解析】本题考查的是《2018综合定额》。该定额“A.1.11保温、隔热、防腐工程”规定：屋面保温层排气管工程量，按设计图示尺寸以“m”计算，不扣除管件所占长度；防火隔离带工程量按设计图示尺寸以“m^2”计算。

18.【答案】ACDE

【解析】本题考查的是《2018综合定额》。该定额“A.1.9门窗工程”规定：卷闸门窗安装，按设计图示尺寸以“m^2”计算。

19.【答案】ABC

【解析】本题考查的是安全文明施工的范围。文明施工：“五牌一图”；现场围挡的墙面美化（包括内外粉刷、刷白、标语等）、压顶装饰；现场厕所便槽刷白、贴面砖，水泥砂浆地面或地砖，建筑物内临时便溺设施；其他施工现场临时设施的装饰装修、美化措施；现场生活卫生设施；符合卫生要求的饮水设备、淋浴、消毒等设施；生活用洁净燃料；防煤气中毒、防蚊虫叮咬等措施；施工现场操作场地的硬化；现场绿化、治安综合治理；现场配备医药保健器材、物品和急救人员培训；现场工人的防暑降温、电风扇、空调等设备及用电；其他文明施工措施。

20.【答案】BCD

【解析】本题考查的是质量保证金的处理。保修期自竣工验收合格之日起计算，具体分部分项工程的保修期由合同当事人在专用合同条款中约定，但不得低于法定最低保修年限。在工程保修期内，承包人应当根据有关法律规定以及合同约定承担保修责任。发包人未经竣工验收擅自使用工程的，保修期自转移占有之日起算。

第二部分　材料分析题

材料分析题一

问题 1：

基础土方清单工程量 =［（4.2+0.3 × 2+0.67 × 3.1）×（3.2+0.3 × 2+0.67 × 3.1）× 3.1+ 1/3 × 0.67^2 × 3.1^3］× 20=2 594.95（m^3）

问题 2：

垫层混凝土清单工程量 =（4.0+0.1 × 2）×（3.0+0.1 × 2）× 0.1 × 20=26.88（m^3）

问题 3：

独立基础混凝土清单工程量 =4.0 × 3.0 × 0.25 × 20+［4.0 × 3.0+0.8 × 0.7+（4.0+0.8）×（3.0+0.7）］×（0.2/6）× 20=80.21（m^3）

问题 4：

回填土方清单工程量 =2 594.95−26.88−80.21−0.7 × 0.6 ×（3.15−0.15−0.45）× 20（室外地坪以下柱体积）=2 466.44（m^3）

材料分析题二

问题 1：

有梁板清单项目编码：010505001001

问题 2：

有梁板工程量：

$V_{主梁}$ =［（8.00−0.60）× 3+（3.50−0.60）× 4］× 0.30 ×（0.70−0.12）=5.88（m^3）

$V_{次梁}$ =（3.50−0.15）× 6 × 0.20 ×（0.50−0.12）=1.53（m^3）

$V_{板}$ =［（8.00+0.60）×（7.00+0.60）−0.60 × 0.60 × 6］× 0.12=7.58（m^3）

$V_{有梁板}$ =$V_{主梁}$ +$V_{次梁}$ +$V_{板}$ =5.88+1.53+7.79=15.20（m^3）

材料分析题三

问题 1：

$V_{垫层}$ =［（30.0+0.55 × 2）×（20.0+0.55 × 2）−5.0 × 7.0 × 2］× 0.1
=58.62（m^3）

问题 2：

$K_{加权平均}$ =（0.33 × 2.05+3.1 × 0.25+1.9 × 0.1）/（2.05+3.1+1.9）=0.23

材料分析题四

问题 1：

KL1 混凝土清单项目编码：010503002001

问题 2：

KL1 混凝土工程量 =（7.10−0.30−0.30+4.2−0.30−0.30）× 0.3 × 0.5=1.52（m^3）

问题 3：

KL1 模板清单项目编码：011702006001

问题 4：

KL1 模板工程量 =（0.50 × 2+0.30）×（7.10−0.30−0.30+4.20−0.30−0.30）
=13.13（m^2）

问题 5：

KZ1 混凝土清单项目编码：010502001001

问题 6：

KZ1 模板工程量 =（0.6×4×3−0.3×0.5）×2+（0.6×4×3−0.3×0.5×2）×1=21.00（m^2）

问题 7：

KL1 上部通长筋：4⌀22

长度 =7 100+4 200−300−300+（0.4×33×22+15×22）×2=11 940.8（mm）

上部⌀22 通长筋钢筋工程量 =11.940 8×4×2.984/1 000=0.143（t）

问题 8：

第一跨（长跨）下部钢筋：6⌀22

单根长度 =7 100−300−300+0.4×33×22+15×22+35×22=7 890.4（mm）

第二跨（短跨）下部钢筋：3⌀22

单根长度 =4 200−300−300+35×22+0.4×33×22+15×22=4 990.4（mm）

下部⌀22 钢筋工程量 =（7.890 4×6+4.990 4×3）×2.984/1 000=0.186（t）

问题 9：

三级抗震箍筋加密范围为 Max（1.5H_b，500），其中 H_b 为梁截面高度

加密区箍筋根数 =（1.5×500−50）/100+1=8（根）

第一跨（长跨）非加密区箍筋根数 =（7 100−300×2−1.5×500×2）/200−1=24（根）

第二跨（短跨）非加密区箍筋根数 =（4 200−300×2−1.5×500×2）/200−1=10（根）

箍筋总根数 =8×4+24+10=66（根）